执业兽医技能培训全攻略

宠物医师
临床影像手册

张红超　卓国荣　刘建柱　主编

中国农业出版社

内 容 提 要

《宠物医师临床影像手册》由河南农业职业学院张红超老师、江苏畜牧兽医职业技术学院卓国荣老师和山东农业大学刘建柱老师共同主编。三位主编多年从事影像教学及临床影像诊断，积累了丰富的临床经验。本手册收录了作者从其多年积累的千余幅影像图片中精选的400余幅具有代表性的影像图片，全面介绍X线、CR、DR、CT、MRI及超声等影像技术。基于我国宠物行业发展的现状，X线技术与B超技术在宠物临床应用最多，因此，本书重点介绍了X线摄影技术与B型超声诊断技术。

全书共分10章，内容包括影像检查技术基础，影像造影技术，胶片冲洗技术，宠物摄影摆位技术，宠物躯体正常影像解剖及病变表现，骨、关节及脊柱疾病的影像学诊断技术，呼吸系统、泌尿生殖系统与消化系统疾病的影像诊断技术。

本手册图文并茂，通俗易懂，适合广大宠物医师、畜牧兽医工作者及相关院校师生阅读参考。

编 写 人 员

主　　编　张红超　卓国荣　刘建柱

副 主 编　邱昌伟　宋巍巍　马保臣

编　　者　（按姓氏笔画排序）

马保臣　王传峰　牛绪东　邓　艳　卢　炜

史梦科　刘建柱　江希玲　李　玲　李秀侠

李微微　李鹏伟　邱昌伟　宋巍巍　张　鸿

张　斌　张元瑞　张红超　武彩红　卓国荣

周红蕾　施瑞勤　贺生中　秦　璇　秦彩玲

耿　娜　徐宇良　董　虹　程国栋　谢　宁

前　言

目前，影像检查技术在国外的宠物医院已经普及并得到广泛应用，这为宠物疾病的诊断和医院经营收入提供了很大帮助。随着我国宠物医学的不断发展，影像检查技术在我国大城市的宠物医院中得到了一定应用并发挥了重要作用，能够开展影像检查已成为宠物医院技术实力的象征。因此，只有掌握现代化的影像检查技术，才能紧跟宠物医学的发展，成为一名合格的宠物医疗临床工作者。

由于我国大多数大中专院校没有专门开设影像技术课程，大多数中小宠物诊疗机构没有配备影像检查设备，因此很多刚从事宠物临床的工作者缺乏影像技术知识。为了便于读者了解影像技术知识，我们组织多位在宠物医疗一线工作的宠物医师共同编写了《宠物医师临床影像手册》一书。

本书在编写过程中参考了大量临床资料，在此向各参考资料的作者表示感谢。此外，本书在出版过程中也得到了中国农业出版社的大力支持，为书稿的编写提供了很多宝贵的建议，在此表示衷心的感谢。

书中不妥之处在所难免，敬请读者批评指正。

编者
2016 年 11 月

目　录

第 一 章
影像检查技术基础

第一节　影像技术发展历史

影像技术是以影像方式显示动物体内部形态与功能信息进而诊断和治疗疾病的技术，主要包括 X 线、CR、DR、CT、磁共振成像及超声技术等。影像学的发展经历了 X 线学、放射学和影像学 3 个阶段。

一、放射影像技术的发展

影像学起源于 X 线的发现。1895 年，德国物理学家伦琴在大学期间进行阴极射线管的试验中偶然发现了 X 线。次年，X 线即被应用于医学领域。伦琴夫人成为第一个接受 X 线检查并得到手部 X 线片的人。从此，X 线在医学领域中得到广泛应用，并形成"X 线学"。

（一）以 X 线为基础的医学影像发展历史

1942 年，放射性核素显像应用于肝脏显像。20 世纪 50 年代，出现了照相机；70 年代单光子发射体层显像与正电子发射体层显像设备投入临床应用，是当时利用解剖形态方式进行功能、代谢和受体显像的重要技术之一。

计算机体层成像（CT）技术是英国工程师 Godfrey Hounsfield 发明的，在此基础上发展了电子束 CT（EBCT）及多层螺旋 CT（MSCT），它们已成为目前显示解剖形态分辨率最高的工具。

磁共振成像（MRI）自 20 世纪 80 年代初应用于临床以来，磁共振血管成像（MRA）、磁共振波谱等新技术也渐趋成熟。CT 及 MRI 的临床应用，开创了影像学诊断的新纪元。20 世纪 70 年代后期兴起的介入性放射学迅猛发展，使医学影像学从单纯的影像学诊断向影像治疗发展，从而拓宽了医学影像学的应用范围。目前，医学影像的存档和通信系统（PACS）使医学影像图像的储存、传输和显示，具有快速、准确、无失真及共享等特点，也为医学远程会诊带来极大便利。

100 多年的医学影像学发展不仅扩大了机体的检查范围，提高了诊断水平，而且也可以对某些疾病进行治疗。

（二）以 X 线为基础的兽医影像发展历史

自从 1895 年伦琴发现 X 线以来，X 线就开始被应用于医学诊断，很快兽医领域也开始应用 X 线技术，1896 年第一张动物 X 线片成功地被拍摄出来。兽医影像技术与医学影像技术一样逐步发展起来。100 年来兽医学家们就一直致力于兽医放射技术和设备的研究与开发。1896 年为马做了 X 线照相术，1897 年 Dollar 设计出了 X 线设备，1920 年首次对犬进行 X 线检查。在早期的研究和应用中，由于机器性能不良、曝光时间长，使得 X 线片质量较差。20 世纪 30 年代，在欧美等发达国家兽医 X 线技术有很大发展，X 线设备更加完善。目前，在兽医教育中也增加了放射学科目，相关专家出版了兽医放射学专著。20 世纪 50—70 年代，兽医放射学进入全面发展阶段，人们对马和犬、猫等动物的检查技术、X 线解剖结构及疾病的诊断进行了深入的研究，同时也有较多的专著出版。此外，美国还成立了美国兽医放射学会并出版了专业期刊《兽医放射学》，为兽医影像的发展奠定了坚实基础。

在发达国家自 20 世纪 80 年代开始，CT 和 MRI 技术逐步在兽医临床中进行研究与应用。最初对 CT 的研究主要集中于头部，现已能对小动物的胸部、腹部、脊柱、骨关节和大动物的肢体进行 CT 扫描。MRI 主要用于神经系统病变检查，检查技术已较为成熟，其检查的疾病有缺血性梗死、脑出血、脑脊髓肿瘤、脑垂体肿块和犬椎间盘疾病等。

我国宠物影像学的发展相对落后，传统 X 线技术也是在新中国成立以后才逐步发展起来的。到 1956 年，全国部分高等院校和兽医研究机构中已经配备了 X 线设备，并应用于临床实践中；1960 年中国的兽医放射学已经普遍开展，多数农业院校设有兽医 X 线诊断课，开展教学和科学研究；1990 年以后，随着宠物医学迅速发展，X 线已广泛应用于宠物疾病的诊断中，并且由最初的普通 X 线技术发展到数字 X 线技术，CR、DR 在宠物临床上的使用越来越广泛。

二、超声成像技术的发展

超声成像是 20 世纪 50 年代后期发展起来的，这是一种新型非创伤性诊断的临床医学新技术。超声成像研究和运用超声波的物理特性、成像原理及机体组织器官的解剖、生理、病理特征和临床医学基础知识，以观察机体组织、器官形态和功能变化的声像表现，然后分析归纳，探讨疾病的发生、发展规律，从而达到诊断与治疗疾病的目的。

早在 1942 年，奥地利 K T Dussik 使用 A 型超声装置来穿透性探测颅脑，并于 1949 年成功获得了头部（包括脑室）的超声图像。1951 年 Wild 和 Reid 首先应用 A 型超声对人体检测并报道了乳腺癌的回声图像。1954 年 Donald 将超声波应用于妇产科检查，随后开始用于腹部器官的超声检查。1965 年 Lalla-gen 首先应用 Doppler 法检测胎心及某些血管疾病。1973 年，荷兰 Bon 首次报道了实时超声显像仪，这是最早真正用于检查诊断心脏病的切面实时超声显像仪。20 世纪 70 年代，脉冲多普勒与二维超声结合，发展成双功能超声显像，能选择性获得取样部位的血流频谱。20 世纪 80 年代以来，超声诊断技术不断发展，应用数字扫描转换成像技术，图像的清晰度和分辨率进一步提高。脉冲与连续频谱多普勒联合应用，进一步提高了诊断的准确性。20 世纪 80 年代兴起的彩色多普勒新技术，能实时地获取异常血流的直观图像，不仅在诊断心脏瓣膜疾病和先天性心脏疾病方面具有独特的优越性，而且可以用于检测大血管、周围血管和脏器血管的病理变化，在临床上具有重要的意义。1992 年，McDicken 等人率先提出多普勒组织成像技术，随后此技术被广泛应用于临床中心肌活动的功能分析，这为临床心脏疾病的诊断与治疗提供了一种安全、简便、无创的检测手段。三维超声技术自 60 年代开始萌芽，至 90 年代成熟，随后出现了一些商业系统，并逐步用于临床，在很多应用领域表现出了优于传统二维超声的特性。近年来，超声医学成像技术正处于快速发展之中，很多新技术，如造影成像、谐波成像、心内超声成像等技术都在临床上得到了应用。

纵观超声医学成像技术的发展历史，可以看出超声医学成像技术沿着从低维到高维（一维、二维到三维和动态三维，即四维）和从解剖结构到功能成像的道路逐渐发展。

无论是一维、二维，还是三维超声成像系统，其成像原理都是脉冲回波成像。而且，现有的绝大多数的三维超声系统，均是利用一系列二维 B-Scan 图像经处理重建后得到三维图像。考虑到系统的通用性及一些技术上的问题，一般不会直接从超声探头获取信号并做低层次的处理，所以，现有的三维超声系统的性能和技术特性受到传统二维超声的限制，在二维超声中存在的伪像必然要影响后继的三维重建过程。

第二节　X线技术基础

X线是电磁波谱中的一种短波，俗称X射线。1895年，德国科学家伦琴发现X线之后，其立即被应用于医学。早在1898年，就有医院配备了X线机。X线检查是医学上最常见和应用最普遍的影像检查，迄今为止，仍然没有其他的方法能够完全取代它。

一、X线的波动性和粒子性

X线是一种类似可见光的电磁辐射，但波长更短。电磁辐射是一种空间内的能量传输形式，根据波长、频率和能级可分为不同类型。

电磁辐射有波动性和粒子性两个特性。

1. 电磁辐射的波动性　所有的放射能量都是以波动形式沿直线传输的，可根据波长的长短判断能量的强弱。一个波动内相对应的相邻两点之间的距离即波长。波长越短的电磁辐射，其频率越高。因此，较长波长的电磁辐射具有较低的频率。

频率是指1s内波经过某一固定点的周期数（单位：次/s）。频率越高，穿透空间和物体的能量越高。所有形式的电磁辐射根据其波长和频率分为不同类别，组成电磁波谱。常见的无线电波、雷达、红外线、可见光、紫外线、X射线和γ射线都属于电磁辐射。

2. 电磁辐射的粒子性　原子是由质子、电子、中子等粒子构成的。一个原子包含一个原子核和多个环绕原子核的电子，原子核内含有带正电的质子和不带电的中子，而带负电的电子沿着特定轨道环绕原子核运行。当带电粒子（电子）被靶区的原子减速或阻挡时，便产生了X线。该过程在X线管内发生即可产生X线束。X线束也是通过波动传输的能量束，这些能量束或量子被称为光子。光子没有质量或电荷，光子只是纯粹的能量，依靠波动传输或转运。用X线照射荧光屏及增感屏上的某些化学物质（如氰化铂钡、钨酸钙、碘化铯等）能激发荧光，X线能使气体或其他物质发生电离，X线照射的某些金属物能失去负电荷产生光电效应，以上充分说明了X线具有粒子性。

电磁辐射可以产生多种形式的能量，放射能量与波长成比例，波长越短，能量越大。因此在X线片中，短波长的X线比长波长的X线穿透力强。

二、X线的发现、产生及特性

（一）X线的发现与产生

1. X线的发现 1895年11月8日，德国维尔茨堡大学物理研究所物理学教授威尔姆·康拉德·伦琴使用"含气"管进行阴极射线试验，管内空气排出后形成真空，同时电子流穿过管内。管内安装一个阴极（负电荷）和一个阳极（正电荷），两个电极存在不同的电荷，导致电子向管的一端聚集。伦琴用黑纸板包裹玻璃管，在激发过程中，他看到从一片纸板上发出一缕绿光穿过实验室，纸板上涂有一层氰亚铂酸钡的荧光物质，这种荧光物质曾用于检测阴极射线。进一步研究后，他于1895年12月28日在维尔茨堡大学物理与医学学会上发表了论文。利用这一成果，他用自己制造的X线管为妻子拍摄了一张手部的X线片，成为人类获得的第一张X线片。1901年为了奖励伦琴的发现，他被授予诺贝尔奖。

2. X线的产生 X线由高速运动的电子群撞击物质后突然受阻而产生。撞击过程中发生能量转换，其中仅约1%能量形成了X线，其余99%则转换为热能。

X线产生，需具备以下3个条件。

● 要有电子源。

● 要有在真空条件下高速向同一方向运动的电子流。原子核外轨道电子与原子核之间有一定的结合能，若改变电子的轨道，击入原子内部的电子必须有一定动能传递给被撞击物质的核外轨道电子；若击入原子内部的电子动能不够大，则只能使原子的外层电子发生激发状态，产生可见光或紫外线；若击入原子内部的电子是高速的，它的动能能够把原子的内层电子击出，则可产生轨道电子跃迁，发出X线。

● 要有适当的障碍物，即靶面接受高速电子所带的能量，使高速电子的动能转变为X线的能量。根据计算可知，低原子序数的元素内层电子结合能小，高速电子撞击原子内层电子所产生的X线波长太长，即能量太小；原子序数较高的元素如钨，其原子内层结合能大，当高速电子撞击钨的内层电子时，便产生了波长短、能量大的X线。所以现在用于X线诊断与治疗的X线管的靶面是由钨制成的。另有特殊用途的X线管靶面是由钼等金属制成的，钼的原子序数比钨低，能产生较长波长的X线，即所谓"软射线"，用于乳腺等软组织摄影。

（二）X线的特性

X线与医学成像有关的特性主要有以下方面。

1. 穿透性 X线能穿透大部分的物质，动物机体也是其中之一。X线的穿透能力与其波长及被穿透物质的密度和厚度有关。X线波长越短，穿透力就越大；被穿透物质的密度越低，厚度越薄，X线越容易穿透。X线通常是通过真空管的放电而产生的，通过改变放电的电压和电流，可以控制X线的质和量。X线的质，即穿透能力，主要由电压决定；而X线的量，主要由电流决定。我们通常以单位时间内通过X线的电流与时间的乘积代表X线的量，其单位为毫安秒（mA·s）。

2. 荧光作用 X线的波长比常规可见光的波长短，因此也是一种不可见的光波。它在照射某些化合物（如钨酸钙、硫氧化钆等）并被吸收后，这些化合物就能发出波长较长肉眼可见的光，称为荧光。荧光的强弱和所照射的X线量成正比，与被照射物体的密度及厚度成反比。X线的荧光作用，利用特定的化合物制造透视荧光屏或照相暗匣里的增感纸，供透视或照片用。

3. 感光作用 X线和普通光线一样，对摄影胶片有感光作用。感光强弱和胶片所受照射的X线量成正比。胶片涂有溴化银乳剂，感光后放出银离子，经暗室显影和定影处理后，胶片感光部分因银离子沉着而显黑色，其余未感光部分的溴化银被清除而显出胶片本色，即白色。由于身体各部位组织密度不同，胶片出现黑白不同层次的影像，这就是X线照相。

4. 电离作用及生物效应 X线或其他射线通过物质被吸收时，可使组成物质的分子分解成为正负离子，称为电离作用。离子的量和物质吸收的X线量成正比，通过空气或其他物质产生电离作用，再利用仪器测量出电离的程度就可以计算出X线的量。X线通过机体被吸收，也产生电离作用，并引起体液和细胞内一系列生物化学变化，使组织细胞的机能和形态受到不同程度的影响，这种作用称为生物效应。X线对机体的生物效应是应用X线作放射治疗的基础。在实施X线检查时，应对检查者与被检查者进行防护，以避免产生生物效应，保护机体安全。

三、X线的影像特点

X线是一种波长极短、能量很大的电磁波。医学上应用的X线波长为0.001～0.1nm。X线的波长短，光子能量大，具有其他电磁波不具有的一系列特殊性质，医学充分利用了X线的这些特性。

X线是真空管内高速行进的电子流轰击钨靶时产生的。

(一) X线发生装置

X线发生装置主要包括X线管、变压器和操作台。

X线管为一高真空的二极管，杯状的阴极内装有灯丝，阳极由呈斜面的钨靶和附属散热装置组成。

降压变压器为X线管灯丝提供电源。

操作台主要由为调节电压、电流和曝光时间而设置的电压表、电流表、计时器及调节旋钮等组成。

(二) X线发生过程

X线的发生过程：向X线管灯丝供电、加热，在阴极附近产生自由电子，当向X线管两极提供高压电时，阴极与阳极间的电势差陡增，电子以高速由阴极向阳极行进，轰击阳极钨靶而发生能量转换，其中1%以下的能量转换为X线，99%以上转换为热能。

X线主要由X线管窗口发射，热能由散热装置散发。

(三) X线影像的形成

X线之所以能使机体组织结构在荧光屏上或胶片上形成影像，一方面，基于X线的穿透性、荧光效应和感光效应；另一方面，基于机体组织之间存在密度和厚度的差别。

当X线穿过机体时，由于它与物质的相互作用，产生吸收和散射而造成衰减，由于机体组织的密度不同而造成衰减程度的不同，最后就能在感光胶片上形成深浅不同的组织密度的影像。

因此，X线影像的形成基于以下3个基本条件。

● X线具有穿透能力，能穿透机体的组织结构。

● 被穿透的组织结构存在着密度和厚度的差异，X线在穿透的过程中被吸收的量不同，所以剩余X线的量也有差异。

● 这个有差别的剩余射线是肉眼不可见的，只有经过显像过程，如激发荧光或经X线胶片的显影，才能获得具有黑白对比、层次差异的X线影像。

(四) 机体组织密度与X线影像关系

机体组织结构是由不同元素组成的，依各种组织单位体积内各元素量总和的差异而有不同的密度。这样，不同的组织器官其X线衰减也有差别，这也是机体X线成像的基础。

1. 机体密度分类 机体组织结构的密度可归纳为三类：高密度的结构有骨组织和钙化灶；中等密度的有软骨、肌肉、神经、实质器官、结缔组织和体液等；低密度的有脂肪组织及存在于呼吸道、胃肠道和鼻窦等处的气体。

2. 机体密度与影像关系 当强度均匀的 X 线穿透厚度相等而密度不同的组织结构时，由于其对 X 线的吸收程度不同，所以会出现黑白等灰亮度不同的影像。在荧光屏上亮的部分表示该部结构密度低，如气体、脂肪等，对 X 线的吸收量少，透过量多；黑影部分表示该部结构密度高，如骨骼、金属和钙化灶，对 X 线的吸收量多，透过量少。在 X 线胶片上，其透光强的部分代表物体密度高，透光弱的部分代表物体密度低。这与荧光屏上的影像正好相反（表 1-1、图 1-1）。

表 1-1 组织密度差异和 X 线影像关系

组织	密度	吸收的 X 线量	透过的 X 线量	X 线影像照片	
				透视	平片
骨、钙化灶	高	多	少	暗	白
软组织、液体	稍低	稍少	稍多	较暗	灰
脂肪	更低	更多	更多	较亮	深灰
气体	最低	最少	最多	最亮	黑

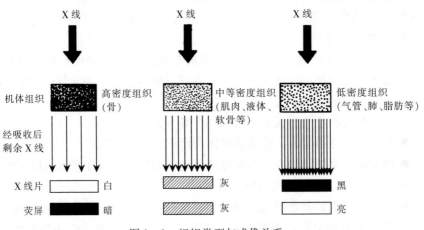

图 1-1 组织类型与成像关系

X 线穿透低密度组织时，被吸收的少，剩余的多，进而使 X 线胶片感光多，经光化学反应还原的金属银也多，所以 X 线胶片呈黑影；高密度组织则相反（图 1-2）。病理变化可使人体正常组织密度发生改变。例如，肺结核病变可在原属低密度的肺组织内产生中等密度的纤维性变化和高密度的钙化灶。在胸片上，于肺影的背景上出现代表病变的白影。因此，不同组织密度的病理变化可产生相应的病理 X 线影像。

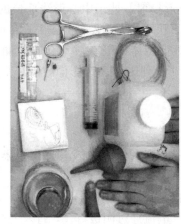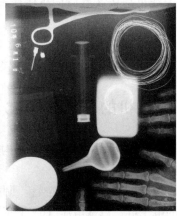

a   b

图 1-2　不同密度实物与影像对比
a. 实物　b. X 线

3. 机体厚度与影像关系　机体组织结构和器官形态不同，厚度也不一样。即使同一种密度的组织结构，如果厚度有差别，吸收 X 线量也会不同。较厚的部分，吸收 X 线总量多，透过的 X 线量少，较薄的部分则相反，于是在 X 线片和荧光屏上也显示出灰度的差别。

X 线影像中密度的差别不仅取决于组织器官密度的差别，也与组织器官厚度有密切关系。较厚的组织亮度增加，较薄的组织则亮度降低。在分析 X 线影像时要同时考虑密度和厚度的影响。

4. X 线影像特点　X 线影像是由黑影、白影和不同灰度的灰影所组成，这些不同灰度的影像可用密度这一名词进行描述。例如，用高密度、中等密度和低密度分别表示白影、灰影和黑影，由它们构成机体组织和器官的影像。

由于机体存在天然对比或应用人工对比，所以 X 线图像可以很好地反映机体组织和器官的状态，并在良好的解剖背景上显示出病变，这是应用 X 线进行诊断的基础。但是 X 线穿透某一部位时，这一部位存在不同密度、不同厚度的各种组织结构，这些结构形成的 X 线影像是互相重叠的二维图像，其中一些影像被掩盖。

另外，由于几何学的关系，X 线影像在成像过程中，可产生放大效果，影像比实际物体要大。同时，由于投照方向的关系，可使器官发生形态失真。X 线图像是 X 线束穿透某一部位的不同密度和厚度组织结构后的投影总和，是该穿透路径上各层投影相互叠加在一起的影像。

由于 X 线束是从 X 线管向机体作锥形投射，处于中心射线部位的 X 线影像，虽有放大，但仍保持被照体原来的形状，并无图像歪曲或失真；而边缘射线部位的 X 线影像，由于倾斜投射，对被照体则既有放大又有歪曲。因此，将使 X 线影像有一定程度放大并产生伴影。伴影使 X 线影像的清晰度降低。

四、X 线机的基本结构

X 线机的类型多种多样，但其基本构造包括 X 线管、变压器和控制器三部分。

（一）X 线管

目前常用类型是热阴极真空管。阴极是钨制灯丝，阳极为钨靶，用以阻挡高速运行的电子群。以低电压（6~12V）电流通过阴极灯丝，灯丝发热而产生电子群。当 X 线管的两极加以高电压（40~150kVp，一般为 40~90kVp）时，电子群高速从阴极向阳极运行，撞击钨靶突然受阻，从而产生 X 线和大量热能。

1. X 线管构造　X 线管外是一个真空玻璃封套，其内一端是阴极（带有负电荷），一端是阳极（带有正电荷）。在 X 线管内，阴极端产生高速运行的电子束，直接流向阳极。随着电子束撞击阳极靶面，并与之作用，即可产生大量能量；其中 1% 的能量以 X 线形式存在，99% 的能量以热能形式释放。在 X 线管的腹侧面有一个薄窗，是 X 线的射出通路。整个 X 线管位于一个金属封套内，可防止射线的漏出和保护玻璃封套免受破坏。

2. X 线管阴极　阴极是由加热后可产生电子的卷曲金属灯丝构成，其作用是提供电子源，并使电子向阳极运动。绝大多数 X 线管的灯丝直径约 0.2cm，长约 1cm。灯丝安装在质地较硬的钢丝上，钢丝起到支撑作用，并且传导电流加热灯丝。

阴极的灯丝类似于照明灯泡的灯丝。当灯丝被加热时，金属中电子与原子核的结合能力下降，也就是说，电子可能被激发。如果能量水平超过结合能，就可形成电子云并可能向阳极运行。

灯丝是由高熔点、高原子序数的钨制成，位于聚焦杯的凹面杯内。原子序数即原子核中的质子数目，也等于原子核周围运行的电子数目。原子序数与其潜在的导电能力成正比。灯丝中的金属同时也应具有较强的散热能力。

有些 X 线管，如小型便携式和移动式 X 线机的 X 线管，通常仅有一个灯丝。绝大多数现代的 X 线机 X 线管具有两个并列的灯丝，其中一个较小，两个灯丝具有不同的产热和激发电子能力。

聚焦杯由高熔点、低导热性的钼制成。随聚焦杯形状和电荷的改变，流向阳极的电子，其方向和范围也会改变。

灯丝通过低能电路加热。电路的电流以毫安（mA）计，当施加电流后，灯丝被加热，电子由原子轨道中释放出来。产生电子的质量取决于灯丝加热的程度。由于电子带有负电荷，电子云向对面阳极流动，电子流必须被加速，使其能量足够大而产生 X 线。电子的加速度受到阳极和阴极之间的电压控制。

3. X 线管阳极 阳极的基本结构是安装在圆柱状基质上的倾斜靶面。靶是由钨制成的，具有较好的耐热性和散热性。靶的基质通常是铜质。铜是良好的热导体，可以吸收钨靶产生的热量。在 X 线产生过程中，靶的温度有可能超过 1 000℃。如果热量不能及时散去，靶上的金属可能熔化，从而损坏 X 线管。电子作用过程中产生的能量约 99％以热的形式释放，仅 1％转化为 X 线。冷却 X 线管的方法是在玻璃封套和金属封套间填充绝缘油，绝缘油有助于阳极散热。在高容量的 X 线摄影的 X 线管内，封套内的油常可通过热交换器循环。

（二）变压器

变压器主要由一个铁芯、一个初级线圈和一个次级线圈构成。在 X 线机中，以高压变压器于 X 线管两极供应高压电，并以降压变压器（灯丝变压器）供应低压电流于阴极灯丝。当交流电输入初级线圈时，则次级线圈输出的电压可按照两个线圈的比例升高或降低。

（三）控制器

控制器由 X 线机运行所必需的按钮和开关组成。控制器主要用以调节通过 X 线管两极的电压和通过阴极灯丝的电流及电流发射时间，分别控制 X 线的质和量。摄影师必须熟悉控制面板的所有部件，绝大多数 X 线机控制器都具有以下装置：

1. ON/OFF（开关） 建立完整的电路，为曝光提供必需的电流。

2. 电源电压补偿器 通过变压器的调节，使主电源输出的电压保持稳定。每次打开仪器，必须检查电源电压。

3. 千伏选择器 绝大多数新型 X 线机都可以进行管电压的调节，然而，在一些小型的 X 线机上，管电压随管电流的变化而自动调节。

4. 毫安选择器 放射师通过调节该设备来控制通过阴极灯丝的电流，不同 X 线机毫安选择器各不相同。

5. 时间选择器 该设备要求放射师在每次曝光前都要调节。不同类型的 X 线机时间选择器也不相同，常见的时间选择器有钟表型、同步型和电子型。时间选择器可以准确控制较短的曝光时间。

6. 曝光按钮 曝光按钮安装在控制面板上，或通过一条长线与控制台相连；另一种形式的曝光按钮可以使操作者在距 X 线管封套至少 2m 以外的区域进行操作。多数 X 线机的曝光按钮有两个挡位。两挡分别启动阴极灯丝、加热并产生电子进行曝光。按下第一挡，灯丝启动，阳极旋转；持续数秒后，完全按下曝光键，接通电路，产生射线。

7. 警示灯 绝大多数控制台都有一个警示灯。当曝光完成，X 线已经发射时，该灯会发光。

五、X 线机的分类与 X 线摄影技术操作规程

(一) X 线机的分类

目前，兽医临床使用的 X 线机主要是普通诊断用 X 线机。根据动物 X 线检查的特点及实际生产需要，按结构形式可将兽医使用的 X 线机分为以下 3 种类型。

1. 固定式 X 线机 一般来说固定式 X 线机多为性能较高的机器，这种 X 线机机件多而重，结构复杂，组成结构包括机头、可使机头多方位移动的悬挂、支持和移动的装置、诊视台、摄影台、高压发生器和控制台等。机器安装在室内的固定位置，机头可做上下、前后、左右的三维活动，摄影床也可做前后、左右移动，这样在拍片时方便摆位。可用于大、小动物的透视和摄影检查。这种机器的最大管电压（千伏峰值）为 100～150kVp，管电流在 100～500mA。为避免动物活动造成的摄影失败或影像模糊，中型以上机器的曝光时间应控制在 0.01s。机器的噪声要小，机头的机动性要好。中型以上的机器一般有两个焦点，即大、小焦点。有些机器还有影像增强器和电视设备，从而方便透视和造影检查，保证了工作人员的安全，但需固定在专用机房内使用。这类机器对供电电源、机房、安装、调试等都有严格要求（图 1-3、图 1-4）。

图 1-3 固定式 X 线机

图 1-4 固定式 X 线机控制室

2. 携带式 X 线机　这种 X 线机结构简单，体积小，节约存放空间，重量轻。整机机件可装于手提箱或背包内携带，装卸方便，适合院外进行流动性临时检查，使用时从箱中取出机件进行组装即可。此类 X 线机也包括 X 线机头、支架和小型控制台。这种机器适合流动检查和小的兽医诊所使用，机动灵活，既可透视又可拍片。有些机器的最大输出可达到 90kVp、10mA，电子限时器在 0.2～10s 可调。携带式 X 线机可使用普通的单相电源，有

图 1-5　低剂量便携式 X 线机

的还可用蓄电池供电，因此外出摄影检查十分方便，可用于小动物身体各部的检查。但胸部摄影效果较差。携带式 X 线机只配备一个简单的透视屏，其防护条件较差，只宜做短时间的透视（图 1-5）。

3. 移动式 X 线机　这种 X 线机结构紧凑，体积小，X 线发生装置和应用设备组装在机座上，其机座带有滚轮或装有电瓶车，人力或电力驱动，移动方便。它能在病房或手术室内做流动性透视和摄影检查，支持机头的支架有多个活动关节，可以屈伸，便于确定和调整投照方位。移动式 X 线机的管电压一般在 90kVp 左右，管电流有 30mA、50mA 等，电子限时器在 0.1～6s 可调（图 1-6）。一直以来，移动式 X 线机以其体积小、重量轻、移动灵活、操作方便快捷，以及能用于多种环境等优点，在许多宠物诊所得到广泛使用。

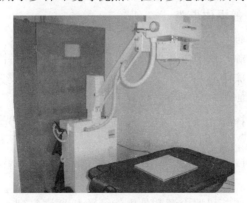

图 1-6　移动式 X 线机

电容放电式 X 线机也是一种可移动 X 线机。虽然这种机器管电压高、管电流大，最大管电压可达 150kVp，管电流为 100～400mA，但很适合大动

物 X 线摄影，因为大动物的特殊性，使得很多 X 线检查不可能都在机房内进行。电容放电式 X 线机不仅容量大，而且机动性好，它体积不大，整个机器安装在一个推车上，可随需要移动到病畜所在处进行检查。检查时，在不必移动动物的情况下，能很方便地改变和调整机器的位置和方向。该机器用高压电源向一组电容器升压充电，利用电容器上蓄积的电能向 X 线管瞬间放电进行摄影。

（二）X 线摄影技术操作规程

1. X 线机的使用原则

● 了解机器的性能、规格、特点和各部件的使用及注意事项，熟悉机器的使用限度及使用规格表。

● 严格遵守操作规范，正确熟练操作，保证机器使用安全。

● 在使用前，必须先调整电源电压，使电源电压表指针达到规定的指示范围。外界电压不可超过额定电压的±10%，频率波动范围不可超过额定频率的±1Hz。

● 曝光过程中，不可以临时调节各种技术按钮，以免损坏机器。

● 使用过程中，注意控制台各仪表指示数值，注意听电器部件工作时的声音，若有异常，则及时关机。

● 使用过程中，严防机件剧烈震动；移动部件时，注意空间是否有障碍物；移动式 X 线机移动前应将 X 线管及各种旋钮固定。

● X 线机如停机时间较长，则需将球管预热后方可投入使用。

2. X 线机的一般操作步骤

● 闭合外电源总开关。

● 接通机器电源，调节电源调节器，使电源电压指示针在标准位置上。

● 检查球管、床中心与 X 线片暗盒中心是否在一条直线上。

● 根据检查需要进行技术参数选择。

● 根据需要选择曝光条件，注意先调节管电流值和曝光时间，再调节管电压值。

● 以上各部件调节完毕后，摆好投照体位，一切准备就绪，即可按下手闸进行曝光。

● 工作结束，切断机器电源和外电源，将机器恢复到原始状态。

3. 投照原则

（1）有效焦点大小的选择　投照时，应在不影响 X 线管负荷的原则下，尽量采用小焦点投照，以提高 X 线片的清晰度。小焦点一般用于四肢、胸部等较薄的部位及部分头颅部位；大焦点一般用于头颅、脊柱、造影等较厚的部位。

（2）焦-片距与物-片距的选择 投照时患部要尽量贴紧暗盒，并与胶片平行。肢体与胶片不能靠近时，应根据X线机的负荷增加焦-片距，可同样收到放大率小、清晰度高的效果。患部与胶片不能平行时，应运用几何投影原理以避免影像变形。

（3）应用滤线设备 应按照摄片部位的大小和焦-片距，选用合适的滤线器。投照肢体厚度超过15cm或60kVp以上时一般要加滤线器。

（4）X线管、肢体与胶片的固定 X线管对准投照部位后要防止移动；为避免肢体移动应给予适当固定；暗盒要放置妥当，并放好铅标记。

（5）管电压、管电流、曝光时间的选择 为保证照片质量，应根据拍摄部位与动物的特点，结合机器的性能及曝光条件表，选择合适的曝光条件。对于不合作的动物应使用较高管电压、管电流及曝光时间进行投照；胸部摄影应选择较高管电压，低管电流和曝光时间；腹部摄影选择低管电压，高管电流及长时间曝光，以增加对比度。

（6）选择合适的曝光时机 要在动物安静不动时进行曝光，有时要注意控制动物的吸气与呼气。胸部肺野观察应在吸气末曝光，气管观察应选择呼气末曝光，腹部观察应在呼气末曝光。

4. X线摄影步骤

（1）明确检查目的和投照部位 病例多时要确认每个动物的拍摄部位，以防混淆。

（2）摄影前的准备 去掉一切影响X线穿透力的物质，如发夹、金属饰物、膏药。投照腹部、下部脊柱、骨盆和尿路等平片时，应事先做好肠道准备。

（3）暗室装片 根据动物大小与拍摄部位大小，选择合适的暗盒和胶片，在暗室进行装片。

（4）摄影室摄片 进入摄影室前，穿好防辐射服。打开机器后，调节焦-片距（按部位要求调节好球管与胶片的距离），调节投照范围，摆好投照体位，对准中心线，安放照片标记（照片标记应包括摄片日期、X线片号、左右，标记应放在暗盒的适当部位，不可摆在诊断范围之内），测量体厚，选择合适的投照条件。

（5）曝光 以上各步骤完成后，再校正控制台各曝光条件是否有错，在动物安静不动时进行曝光。在曝光过程中，密切注意各仪表工作情况。曝光结束后，操作者签字，特殊检查体位应做记录。

（6）暗室洗片　曝光完毕的胶片送暗室进行冲洗，可采用人工洗片或自动洗片机洗片。

（7）读片　冲洗好的胶片放于观片灯上读片。

六、X线检查中的危害与防护

（一）放射生物效应及基本概念

1. 辐射线照射所产生的生物效应阶段与危害

（1）生物学效应阶段

物理阶段：在放射生物作用的初期，能量被物体吸收，构成细胞与组织的原子、分子产生激发或电离过程。

物理化学阶段：物理阶段的生成物是不稳定的，其又与邻近的分子作用，产生二次生成物。

化学阶段：如自由电子与原子团反应性很强的生成物，可引发与周边物质的反应，其所生成的分子的变化，则将进入生化学阶段。

生化学阶段：数秒至数小时。分子的变化会引起 DNA 和蛋白质的生物构造的变化。

生物学阶段：数小时至数十年。在此阶段可观察到细胞坏死、癌的发生、遗传效应等生物学变化。

（2）辐射危害　所有活细胞对电离辐射的损害都很敏感，受影响的细胞可能损伤或死亡。对辐射最敏感的细胞是分化迅速的细胞（如生长细胞、生殖细胞、肿瘤细胞和代谢旺盛的细胞）。因此，未满 18 岁的青少年和怀孕的妇女不应参与 X 线摄影过程。其他对辐射比较敏感的组织有骨、淋巴组织、真皮、白细胞生成部位、造血部位和上皮组织。

近些年，人们已经获取了大量关于辐射对机体影响方面的知识。过度暴露辐射后可发生躯体损害和遗传损害。

躯体损害是指辐射导致的身体损害，接受者终生都会表现。辐射可立即造成细胞病变，尽管这种损害在一段时间内可能不明显，这是因为机体具有自我修复的能力，细胞损伤可能不会被发现。与小剂量累积当量的反复辐射相比，单一的大剂量辐射对机体造成的损害更为严重。如前所述，机体细胞对辐射的敏感程度不等，因此，不同细胞的修复过程也不相同。躯体损害包括癌症、白内障、再生障碍性贫血和不孕不育等。

　　遗传损害是指发生于生殖细胞基因的辐射效应。电离辐射可以破坏任何细胞内的染色体物质，损害的结果根据细胞的类型而定。对生殖细胞的损害可以导致基因突变，只有产生后代以后才会发现遗传损害。人受到辐射后，由于遗传物质的变化可导致个体表型（体表形态）改变，从而使其后代出现异常。这种突变可能致命，也可能仅仅表现为畸形。基因突变也可能保持潜伏或隐性，直到第二代或第三代才表现出来。

　　辐射造成的死亡是由于暴露于特别强的辐射所导致。暴露于 300rad* 或更大剂量的单一辐射对人类是致命的。在实际工作中，一个技术人员按照严格的安全程序操作是不会受到这种水平的辐射的。

　　就理论而言，任何辐射都会造成损害，即使在最好的条件下，也会发生一定程度的电离辐射。因此，X 线摄影技术员有责任减少电离辐射对患病动物、动物主人和自身的辐射。个人所接受的暴露辐射不能超过最大允许剂量。

　　2. 影响辐射损伤的因素　辐射线作用于机体后引起的生物效应受下列因素影响：辐射线性质（种类和能量）；X 线剂量；剂量率；照射方式；照射部位和范围；其他，包括年龄、性别、健康情况、精神状态、营养等。

　　3. 组织对 X 线照射的感受性

　　（1）高感受性组织　造血组织、淋巴组织、生殖腺、肠上皮、胎儿。

　　（2）中高感受性组织　口腔黏膜、唾液腺、毛发、汗腺、皮肤、毛细血管、眼晶状体。

　　（3）中感受性组织　脑、肺、胸膜、肾、肾腺、肝脏、血管。

　　（4）中低感受性组织　甲状腺、脾、关节、骨、软骨。

　　（5）低感受性组织　脂肪组织、神经组织、结缔组织。

　　4. 辐射效应的危险度　在受小剂量、低剂量辐射的人群中，引起的辐射损害主要是随机性效应。常用危险度（或危险系数）来评价辐射损害的危险程度。

　　危险度：即单位剂量当量（1Sv）在受照的器官或组织中引起随机性效应的概率。辐射致癌的危险度，用死亡率表示；遗传性损害的危险度，用严重遗传疾患的发生率表示。

　　国际放射线防护委员会（ICRP）对于人体受辐射危险的主要组织以及可能出现的随机效应给予了定量估计，规定了组织器官危险度的数值。在相同的剂量当量下，不同组织、器官辐射效应的危险度不同。为表征这种差异，这里引入一个表示相对危险度的权重系数（WT）的概念，即：WT＝组织 T 受

---

　　* rad 为吸收剂量的单位，为非法定计量单位，$1rad = 10^{-2}Gy$。

1Sv 照射的危险度/全身均匀受照 1Sv 时的总危险度。

5. X 线剂量单位

（1）照射量与照射量率　照射量是指 X 线光子在单位质量（dm）空气中释放出的次级电子完全被空气阻止时，所形成的任何一种符号离子的总电荷量（dQ）的绝对值（X），即 X＝dQ/dm。其 SI 单位为 C/kg（库仑/千克），原有单位为 R（伦琴）。1R＝2.58×10⁻⁴C/kg。

照射量率是指单位时间内照射量的增量，即时间间隔（dt）内照射量的增量（dX）除以 dt 的商。其 SI 单位为 C/(kg·s)［库仑/(千克·秒)］，原有单位为 R/s（伦琴/秒），X＝dX/dt。

（2）吸收剂量与吸收剂量率

吸收剂量：吸收剂量（D）是单位质量的物质吸收电离辐射能量大小的物理量。其定义为，任何电离辐射授予的物质的平均能量（dε）除以 dm 的商，即 D＝dε/dm。其 SI 单位为 J/kg（焦耳/千克），专用名称为戈瑞（Gy），与原有单位拉德（rad）换算如下：1rad＝10⁻²J/kg＝10⁻²Gy，1Gy＝10²rad。

吸收剂量率（D）：表示单位时间内吸收剂量的增量。为 dt 内吸收剂量的增量（dD）除以该间隔时间所得的商，即 D＝dD/dt。其 SI 单位为 J/(kg·s)［焦耳/(千克·秒)］。

（3）吸收剂量与照射量　吸收剂量与照射量是两个概念完全不同的辐射量，但在相同条件下又存在一定的关系。1R＝2.58×10⁻⁴C/kg，1R 的照射是能使每千克标准空气吸收射线的能量为 D＝8.7×10⁻³Gy。对于 X 线来说，在空气中最容易测得的是照射量（X），则空气吸收剂量应是 8.7×10⁻³·X(Gy)。

（4）剂量当量与剂量当量率　剂量当量是辐射防护中常用的单位。被生物体吸收的辐射剂量与引起某些已知生物效应的危险性往往不能等效，这是因为生物效应与吸收剂量之间的关系会因辐射的种类和其他条件变化而变化。因此，必须对吸收剂量加以修正，修正后的吸收剂量称作剂量当量（H），即 H＝DQN。其中，D 为物质某处的吸收剂量；Q 为线质系数；N 为修正系数。其 SI 单位为 Sv（希沃特），与原有单位 rem（雷姆）的换算关系是：1rem＝10⁻²Sv，1Sv＝100rem。

在 X 线诊断能量范围内，线质系数 Q＝1，修正系数 N＝1。所以，在此剂量当量和吸收剂量具有相同的数值和量纲。

剂量当量率（H）指单位时间内剂量当量的增量。SI 单位为 J/(kg·s)［焦耳/(千克·秒)］，专用单位为 Sv/s（希沃特/秒）。1 Sv/s＝1 J/(kg·s)。

（5）比释动能与比释动能率　间接电离辐射与物质相互作用时，其能量辐射有两个步骤：第一步将能量传递给直接电离粒子；第二步是直接电离粒子在物质中引起电离、激发，直至间接电离辐射能被物质吸收。第一步用吸收剂量来表征物质的吸收能量；第二步引出比释动能的概念。

比释动能：间接电离粒子与物质相互作用时，在单位质量（dm）的物质中，由间接辐射粒子释放出来的全部带电粒子的初始动能之和（$dEtr$），比释动能（K）是 $dEtr$ 除以 dm 的商，即 $K=dEtr/dm$。其 SI 单位为 Gy（戈瑞），原有单位为 rad（拉德），与吸收剂量单位相同。比释动能的概念常用于计算辐射场量，推断生物组织中某点的吸收剂量，描述辐射场的输出额等。国际放射防护委员会（ICRP）规定 X 线机输出额采用光子在空气中的比释动能率 Gy/(mA·min)［戈瑞/(毫安·分)］来表示。

比释动能率：时间间隔 dt 内的比释动能的增量（dk）称为比释动能率（K）。$K=dk/dt$。SI 单位为 Gy/s（戈瑞/秒），原有单位同吸收剂量率。

（二）放射防护的目的、基本原则与方法

1. 放射防护的目的 保障放射工作者和受检者及其后代的健康和安全，防止发生有害的非随机性效应，并将随机效应的发生率限制到可接受水平。

2. 放射防护原则

（1）建立剂量限制体系 包括辐射实践的正当化、防护水平最优化、个人剂量限值等 3 条基本原则。辐射实践的正当化是指医学影像学的放射检查必须具有适应证，避免给患病对象带来诊断和治疗效益外的辐射照射。放射防护最优化是指在保证患病对象诊断和治疗效益的前提下，所实施的辐射照射应保持在合理、尽可能低的水平。

（2）建立防护外照射的基本方法 缩短受照时间，增大与射线源的距离，屏蔽防护。

屏蔽是在射线源与人员之间设置一种能有效吸收 X 线的屏蔽物（图 1-7），从而减弱或消除 X 线对人体的危害。为便于比较各种防护材料的屏蔽性能，通常以铅为参照物，把达到与一定厚度的某屏蔽材料相同的屏蔽效果的铅层厚度，称为该屏蔽材料的铅当量，单位以 mmPb 表示。屏蔽防护分主防护与副防护两种。主防护指对原发射线照射的屏蔽防护；副防护指对散射线或漏射线照射的屏蔽防护。X 线诊断机房的主防护应有 2mm 铅当量的厚度，副防护应有 1mm 铅当量的厚度。应兼顾 X 线

图 1-7 铅挡板

工作者与被检者防护，合理降低个人受照剂量。

3. 放射防护的方法

（1）机房及机器的防护要求　X线机房的防护设计，必须遵守放射防护最优化的原则，即采用合理的布局、适当的防护厚度，使工作人员、受检查者及毗邻房间和上下楼层房间的工作人员与公众成员的受照剂量保持在可以达到的最低水平，不超过国家规定的剂量限值。机房宜面积大，并有通风设备，尽量减少放射线对身体的影响。另外，机房墙壁应由一定厚度的砖、水泥或铅皮构成，以达防护目的。X线球管应置于足够厚度的金属套（球管套）内，球管套的窗口应有隔光器，以适当缩小窗口面积，尽量减少原发射线的照射。X线透过机体后投照于荧光屏上，荧光屏前方应有铅玻璃阻挡原发X线。

（2）工作人员的防护　从事非隔离荧光透视、骨科复位、床边摄影、各类介入放射学操作的放射工作人员及必须在机房内或曝光现场工作的操作者，均需选择0.25mm铅当量的个人防护用品。防护用品能减少X线对工作人员的伤害。

防护用品：防护帽，保护头部；铅眼镜，保护眼晶状体；防护手套，保护双手免受射线直接照射；各种围裙，屏蔽胸部、腹部和性腺；各种防护仪，屏蔽整个躯干、性腺及四肢的近躯干端。工作人员不得将身体任何部位暴露在原发X线之中；透视时，尽可能避免直接用手操作，如骨折复位、异物定位及胃肠检查等。利用隔光器使透视野尽量缩小，管电流尽量降低，曝光时间尽量缩短。透视前应有充分的暗适应，以便用最短时间得到良好的透视影像。摄片时也要避免接触散射线，一般以铅屏风遮挡。如摄片工作量大，宜在摄片室内另设一个防护较好的控制室（用铅皮，水泥或厚砖砌成）。参加保定和操作的人员应尽量远离机头和原射线以减弱射线的影响。在符合检查要求的前提下，可对动物进行镇静或麻醉，利用各种保定辅助器材进行摆位保定，尽量减少人工保定。为减少X线的用量，应尽量使用高速增感屏、高速感光胶片和高管电压摄影技术。正确应用投照技术条件表，提高投照成功率，减少重复拍摄。在满足投照要求的前提下，尽量缩小照射范围，并充分利用滤线器。

（3）拍摄对象的防护　拍摄对象与X线球管须保持一定的距离，一般不少于35cm。这是因为拍摄对象距X线球管越近，接受放射量越大。球管窗口下须加一定厚度的铝片，以减少穿透力弱的长波X线，因这些X线可被拍摄对象完全吸收，而对荧光屏或胶片无作用。患者应避免短期内反复多次检查及不必要的复查。对性成熟及发育期的动物作腹部照射时，应尽量控制次数及部位，避免伤害生殖器官。怀孕早期第一个月内，胎儿对X线辐射特别敏感，易造成流产或畸胎，所以对怀孕早期动物应避免放射线照射骨盆部。对雄性患者，在不影响检查的情况下，宜用铅橡皮保护阴囊，防止睾丸受到照射。

一般情况下，一台 X 线机器都配有一套铅制的帽子、围脖、背心、围裙、手套（图 1-8、图 1-9）。

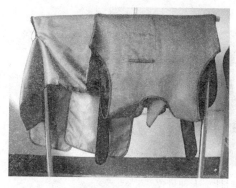

图 1-8　铅衣服

图 1-9　铅手套

（4）透视防护　透视检查是一种特殊的放射学诊断方法，可以"直视"机体内部的解剖结构。透视机的原射线束穿透动物后直接投射到透视屏上。透视检查主要用于评估消化道功能。消化道功能的检查可以借助硫酸钡（一种阳性造影剂）在胃肠道内运行进行观察。由于镇静或全身麻醉影响肠管的正常运动，所以通常使用人工保定。在透视检查过程中，机器启动时，可发射出连续的 X 线束。

（三）我国放射卫生防护标准

我国放射卫生防护标准（GB 4792—84），是采用 ICRP1977 年 26 号出版物中综合防护原则及剂量当量限值而制定的。将辐射实践正当化、放射防护水平最优化、个人剂量当量限值作为放射防护的综合原则，避免以剂量当量限值或最大允许剂量当量作为唯一指标。

1. 放射工作人员的剂量当量限值　放射工作人员辐射剂量可以通过个人辐射剂量仪进行监测（图 1-10），使个人接受的射线剂量在控制范围内。

（1）防止非随机性效应的影响　眼晶体 150mSv/年（15rem/年），其他组织 500mSv（50rem/年）。

（2）防止随机性效应的影响　全身均匀照射时为 50mSv/年（5rem/年）；不均匀照射时，有效剂量当量（HE）应满足下列公式：

$$HE = \sum WTHT \leqslant 50mSv(5rem)$$

式中：HT——组织或器官（T）的年剂量当量 mSv（rem）；

WT——组织或器官（T）的相对危险度权重因子；

HE——有效剂量当量 mSv（rem）。

一般情况下，连续 3 个月内一次或多次接受的总剂量当量不得超过年剂量当量限值的一半（25mSv）。

图 1-10　放射性个人剂量仪

2. 放射工作条件分类　年照射的有效剂量当量一般不超过每年 15mSv 的为甲种工作条件，要建立个人剂量监测，并对场所作经常性的监测，建立个人受照剂量和场所监测档案。

年照射的有效剂量当量一般不超过每年 15mSv，但可能超过每年 5mSv 的为乙种工作条件，要建立场所的定期监测及个人剂量监测档案。

年照射的有效剂量当量一般不超过每年 5mSv 的为丙种工作条件，可根据需要进行监测，并加以记录。

从业放射工作的育龄妇女，应严格按平均月剂量率加以控制。未满 16 岁者不得参与放射工作。

特殊照射：在特殊意外情况下，需要少数工作人员接受超过年剂量当量限值的照射时，必须事先周密计划。其有效剂量在一次事件中不得大于 100mSv，一生中不得超过 250mSv，同时应进行剂量监测、医学观察，并记录存档。针对放射专业学生教学期间，其剂量当量限值应遵循放射工作人员的防护条款；针对非放射专业学生教学期间，有效剂量当量不得大于每年 0.5mSv，单个组织或器官剂量当量不大于每年 5mSv。

3. 对被检者的防护　对被检者的防护包括以下内容：提高国民对放射防护的知识水平；正确选用 X 线检查的适应证；采用适当的 X 线质与量；严格控制照射野；屏蔽防护非摄影部位；提高影像转换介质的射线灵敏度；避免操作失误，减少废片率和重拍片率；严格执行防护安全操作规则。

4. 对公众的个人剂量当量限值　对于公众个人所受的辐射照射的年剂量当量应低于下列限值：全身 5mSv（0.5rem）；单个组织或器官 50mSv（5rem）。

七、X 线曝光条件的控制

X 线机参数有管电压、管电流、曝光时间和焦点至胶片距离。在进行 X 线摄影时，根据投照对象的情况如宠物种类、摄影部位、机体的厚度等对这 4 个参数进行适当的调整，以保证正确曝光，从而获得高质量的 X 线胶片。

（一）投照条件

1. 管电压　管电压是影响照片密度、对比度及信息量的重要因素。

管电压是加在 X 线管两极上的直流电压，医用诊断 X 线机的管电压范围一般为 40～150kVp。

管电压决定 X 线的穿透力。当管电压升高时，可以产生新的波长更短的 X 线，波长短的 X 线穿透力更强，到达胶片的 X 线百分比也相应增加，所以投照厚的部位时用较高的管电压，而投照薄的部位时用较低的管电压。

由于管电压控制 X 线的穿透力，因此调节管电压被认为是对 X 线的质的控制。另外，管电压也控制照片影像的对比度。

管电压对胶片感光效应的影响也很大。感光效应与管电压的 n 次方成正比，在诊断 X 线机上，n 为 2～4。所以在选择管电压时，必须充分注意。此外，高管电压设置允许较低的毫安秒设置，有助于设置更短的曝光时间。

管电压可以通过 Santes 氏规则方程式进行计算。该方程式根据投照部位的厚度来计算所需要的管电压。

Santes 氏规则如下：（2×厚度）＋40＝管电压。解剖部位的厚度用测量尺测定，用厘米表示。

Santes 氏规则所计算出的管电压适用于胶片放在摄影床面上未用滤线栅或胶片滤线器进行曝光的情况，可以为放射技术人员提供一个初始值，可以通过调节使其适用于使用滤线栅、片盒托盘或其他设备的曝光情况。

2. 管电流　管电流是 X 线管内由阴极流向阳极的电流，其量很小，以毫安（mA）为单位。

一般认为管电流决定着产生 X 线的量。管电流大意味着 X 线的发射量大，反之则小。它直接影响着增感屏上激发的荧光亮度，也直接影响着 X 线胶片上的感光化学反应，所以胶片的感光效应与管电流的大小成正比。

不同机器、不同规格的 X 线管所能发出的 X 线量差异很大。小型机器因受 X 线管规格的限制，管电流多在 50mA 以下；中型机的管电流可达 300mA；大型机的管电流都在 400mA 以上，甚至达到 1 000mA。

3. 曝光时间　管电流通过 X 线管的时间称为曝光时间。对曝光时间的选择就是对 X 线量的控制，曝光时间直接影响 X 线胶片的感光效应。

由于管电流和曝光时间都是 X 线量的控制因素，所以可以把管电流和曝光时间的乘积即毫安秒，作为 X 线量的统一控制因素，可以用下列公式计算：

$$管电流（mA）\times 曝光时间（s）＝毫安秒（mA \cdot s）$$

4. 焦点至胶片距离　焦点至胶片距离简称焦-片距（FFD）。

X 线对胶片的感光效应随距离的增加而减弱，即感光效应与距离的平方成反比。

在 X 线摄影时，常把胶片距设定为固定值如 100cm，但是也经常出现变动胶片距的情况。由于胶片距对感光效应的影响很大，所以必须按规则计算后进行调整。

（二）投照条件应用规则

1. 4 个参数的关系　在上述的 4 个投照条件中，与感光效应有直接关系的是 X 线的照射量，其单位是剂量单位伦琴（R）[*]，因测量不便，常以发生 X 线时的管电压、管电流和时间做代表。

胶片上的照射量因焦点至胶片距离不同而变化。其关系如下：

● 感光效应与 X 线管电流成正比；

● 感光效应与发生 X 线的曝光时间成正比；

● 感光效应与管电压的 n 次方成正比；

● 感光效应与焦点至胶片距离的平方成反比。

综合以上 4 个投照条件对胶片感光效应的影响，可用公式表示为：

$$感光效应 = \frac{管电流（mA）\times 曝光时间（s）\times 管电压（kVp）^n}{胶片距^2}$$

为保证 X 线胶片的质量和摄影工作顺利进行，有必要根据摄影要求对以上 4 个投照条件作出具体的规定，但也经常按需要对其中某一条件进行调整。比如，使用滤线器就要调整管电压，改变管电压就要调整电流、曝光时间等。不论调整哪个条件，都不应影响感光效应，因此，在调整时需按规则进行。

2. 管电压与组织厚度的关系　如果将其他条件固定不变，管电压应随组织厚度的变化而改变，具体的变化原则是：80kVp 以下，组织厚度每增加

＊　伦琴（R）为非法定计量单位。$1R＝2.58\times 10^{-4}C/kg$。

1cm 管电压需增加 2kVp；80～100kVp，组织厚度每增加 1cm 管电压需增加 3kVp；100kVp 以上，组织厚度每增加 1cm 管电压需增加 4kVp。

3. 使用滤线器时曝光条件的补偿 使用滤线器时，铅条吸收了散射线，同时也吸收了一部分原发射线，所以使用滤线器时应适当增加投照条件，增加量应根据栅比确定（表 1－2）。

表 1－2　不同栅比增加曝光条件

滤线栅比	增加毫安秒倍数	增加千伏数（kVp）
5：1	1	8
6：1	1	10
8：1	2	12
16：1	3	15

八、X 线片质量分析

投照 X 线胶片的目的是用 X 线片上的影像，正确地反映出机体内部结构的情况，用以诊断疾病。

X 线胶片上的影像是各种立体组织结构的平面投影，是各种组织结构的密度、厚度吸收 X 线量的差异的显示。一张良好的 X 线胶片应能充分表现出机体内部结构的层次，有表现这些层次的适当密度，并能鲜明地分清层次间的密度差异。此外，影像大小、各部轮廓及细节的边缘锐利程度、解像能力、影像形态的真实性等问题，则是依靠几何投影的一些因素。因此，对胶片质量的评价有以下几个方面的内容：

● 能表现影像的适当密度；

● 能分辨机体对 X 线吸收差异的各种对比度；

● 能分辨各部细节的层次；

● 能反映各部细节的清晰度；

● X 线影像具有最小的失真度。

（一）照片密度

1. 照片密度 照片密度为胶片乳剂膜在光的作用下致黑的程度。

已曝光胶片经冲洗后，还原的银颗粒沉积在胶片上，这种银颗粒对光起吸收和阻挡作用。银颗粒越多，阻挡的光线越多，透过的光线就越少，照片越黑。反之，银颗粒越少胶片越透明。

一张照片上如果只有一个密度，这样的照片就不能显示影像。影像是由多种密度的银颗粒所组成，并以密度的等级多少来衡量照片的影像质量好坏。人的眼睛能分辨的最小密度约为0.12，诊断用X线照片的适当密度应为0.25～2.0。在此密度范围内，密度最低部分，人眼能辨认；密度最高部分，能清晰显示组织的细微结构。在这个密度范围的灰阶中，人眼约能分辨16种深浅不同的灰度。

低密度的X线胶片，往往不能表现组织的细节。如密度太低的骨骼X线胶片，只能见到骨骼的轮廓，骨小梁等结构很难显示。密度过高的X线胶片，其浓厚的密度也往往掩盖了某些组织的细节。例如，肺部的浸润性病灶，在密度过高的X线片上不易显示。

在X线诊断工作中，是以人的眼睛来识别密度差所形成的影像，因人的个体差异，在观察同一影像时不同的人会各有不同的感受，对照片的标准要求也不一致。在一定条件下，密度过高的X线胶片，可在强光下或用缩小灯光面积的方法观察。同样，有时在暗室冲洗的微弱灯光下认为密度合适的照片，在较亮的观片灯下会认为密度不足。

2. 影响密度的因素　影响X线胶片密度的因素很多，它涉及摄影技术的各个方面，包括：
- 摄影用器材，如胶片的感光度、增感屏的增感速度、是否应用滤线器；
- 暗室显影过程，如显影液成分、显影时间、显影液温度；
- 投照对象，如投照部位、组织厚度、动物品种；
- 投照技术条件，如管电压、管电流、曝光时间、焦点至胶片的距离。

在投照对象、摄影器材和暗室显影都选定的情况下，决定X线胶片密度的是投照条件。

(1) 管电压　管电压对照片密度有一定效应，这种效应约等于管电压的n次方，n为2.0～4.5，具体应用数值要根据管电压、胶片类型和投照厚度而定。如对于增感屏-胶片体系，投照厚度16cm，管电压为40～150kVp时，n值从4降到2。由于n值随管电压的升高而降低，所以使用低电压技术时，管电压对照片密度的影响要大于高电压技术；由于密度与管电压的n次方成正比，所以增加管电压比增加电流对密度的影响要大，但这是在降低照片对比度的条件下进行的，对照片质量有影响。一般来说，管电压控制照片对比度，照射量控制照片密度。

(2) 照射量　在考虑对密度的影响时，常以管电流与时间的乘积，即总的照射量来说明。在正确曝光时，照射量与密度成正比。在实际应用中，应考虑瞬间电压对密度的影响。使用管电流越大，电压降幅越大，这样实际输出的管电压就达不到预定数值，照片密度因此而减小，所以应预先补偿电压数值。这种情况在使用没有补偿线路的移动式 X 线机时，尤其需要注意。

（3）焦-片距　X 线强度的扩散，遵循反比平方定律。所以作用在胶片上的感光效应与焦-片距平方成反比。从充分利用 X 线效能来增加密度的角度讲，应尽可能缩短焦-片距，但这势必增加影像模糊度及放大变形。因此，在实际工作中，必须以既不影响机器负荷又使胶片保持良好锐利度为原则来确定摄影距离，并根据部位的不同要求，抓住主要矛盾，将相应的距离固定下来。

（4）增感屏　X 线照射到胶片上时，有 98％透过，仅 2％被吸收。而增感屏的使用，可将吸收到的 X 线更多地转化成为可见光线，大大提高胶片密度，这一作用在厚部位摄影中更加明显。增感屏的增感率越高，可获得的照片密度越大。

（二）对比度

对比度涉及射线对比度、胶片对比度和 X 线对比度。

1. 射线对比度　X 线到达被照体前不具有任何医学信号，它是强度分布均匀的一束射线。当射线透过被照体时，由于被照体对 X 线的吸收、散射而减弱，透射线则形成了强度的不均匀分布，这种强度的差异称为射线对比度。此时即形成了 X 线信息影像。

2. 胶片对比度　射线对比度所表示的 X 线信息影像，不能为肉眼所识别，只有通过某种介质的转换才能形成可见影像，如 X 线片影像，这个转换介质可以是胶片或平片体系。X 线胶片对射线对比度的放大能力，称为胶片对比度。

3. X 线片对比度　X 线片的对比度指照片上相邻两点的密度差异，照片影像就是由无数的对比度构成的。X 线片上两种不同密度之间的亮度差，表现为人眼所感觉的对比度，称生理对比度；用光学的观点解释相邻两点的密度差称为对比度，也称物理对比度。有对比度才能使影像细节清楚地显示出来，一般来说，密度差别越大，越容易为人眼所察觉，但过高或过低的对比度也会损害影像的细节，只有适度的对比度才能增进影像细节的可见性。

影响 X 线片对比度的因素主要有 3 个方面。

（1）投照技术条件

①X 线质的影响。管电压代表 X 线的质，即穿透力。管电压是影响 X 线胶片对比度的最主要因素。

使用较低的管电压可增加对比度，而使用较高的管电压可降低对比度。当用不同管电压投照铝梯时会发现，低管电压投照时，铝梯黑白间的密度差异增大，但它显现的灰度等级却较少；高管电压投照表现出黑白间的密度差异减小，但它显现的灰度等级却较多。因此，不能简单地说对比度大的 X 线胶片就优于对比度小的 X 线胶片，因为对比度大往往会使灰度等级减少，使 X 线胶片失去某些影像细节。同样也不能简单地说对比度小的 X 线胶片因灰度等级较多而优于对比度大的 X 线胶片，因为对比度小的 X 线胶片往往给人眼辨别影像细节带来困难。

总之，管电压控制照片对比度的概念是成立的。在 X 线胶片的 γ 值一定时，低电压技术使照片对比度升高，这种照片对比度黑白分明，中间灰阶较少，即层次少；高电压技术使照片对比度降低，在影像黑与白之间有较大范围的灰阶，层次丰富，诊断信息增多。

②X 线量的影响。一般认为 X 线的量对照片对比度没有直接影响。但是，由于增加 X 线量会增加照片影像密度，可使照片上密度过低的部分对比度好转。相反，密度过高部分在照射量减少后，也可以改善其对比度。如果 X 线量过多，使照片密度太大，对比度也会变小；而 X 线量太少，照片密度变小，对比度也受影响。因此，必须使用恰当的管电流、曝光时间，才能得到合适的对比度。

③散射线的影响。从 X 线管中发射出来的 X 线，被机体吸收后产生一定波长但方向不一的散射线。这些散射线也能使胶片曝光，如果这种散射线大量存在，就会使胶片产生一层灰雾，影响照片质量。管电压越高，机体产生的散射线越多；受到照射的面积越大、越厚，产生的散射线越多，对照片的质量影响也越大。

散射线的减少与消除方法：合理使用 X 线束限制器，如遮线筒、多叶遮线器等，严格控制照射野，从而限制和阻挡焦点外 X 线及不必要的原发射线的照射，减少散射线产生。利用滤线栅，可减少或消除散射线对胶片的影响。在能穿透照射部位的前提下，选择较低管电压，可减少散射线发生。利用加大被照体与胶片的距离或使用金属后背盖的暗盒等方法，可减少到达胶片的散射线量。以上散射线的减少和消除方法中，最重要的两种方法是使用多叶遮线器（准直器）和滤线栅。

使用滤线栅时不能将滤线栅反置，X 线中心要对准滤线栅中线，倾斜 X 线管时；倾斜方向只能与铅条排列方向平行；使用聚焦栅时，焦点至滤线栅的距离要在允许范围内。使用活动滤线栅时，要调好与曝光时间相适应的运动速度，一般运动时间应长于曝光时间的 1/5。

选择滤线栅时，既要考虑照片的影像质量，又要把被检者的照射剂量控制在最低限度。一般来讲，管电压在 90kVp 以下时，可选用栅比值 8：1 的滤线栅，90～120kVp 可选用栅比值（10～12）：1 的栅，120kVp 以上的高管电压摄影，可选用（12～16）：1 的滤线栅。

为了提高照片质量，在投照厚的肢体时，采用滤线设备来减少或吸收散射线是十分必要的。另外，使用增感屏不仅可以增加 X 线胶片的密度，也可增加照片的对比度，胶片对增感屏发出的荧光比对 X 线具有较多的固有对比度。

（2）被照机体因素　机体被照部位的组织成分、密度和厚度及造影剂的使用是形成 X 线胶片图像密度和对比度的基础。

骨和周围的软组织相比，密度和有效原子序数的差别较大，因此在 X 线胶片上会形成较大的对比度。而肠道和周围的软组织的组成成分和密度近似，在 X 线胶片上密度差别较小，无法识别。若被照部位本身无差异，不能形成物体对比度，投照条件无论如何变化也不能形成照片上的密度对比度，密度对比度为零时则无影像。

（3）X 线胶片和暗室技术　X 线胶片有其固有的对比性能，这取决于 γ 值的大小，但过了保存期的胶片对比度会下降。若显影操作不当或暗室照明不安全，也可能在胶片上产生灰雾。另外显影液老化也会使 X 线胶片发灰而影响对比度。

（三）层次

照片上被照肢体组织结构的各种密度，称为照片的层次。理解层次的概念最典型的例子是对铝梯投照所形成的影像。在投照时用同一感光效应值，分别使用低、中、高 3 种管电压值对铝梯进行投照。当用低管电压时，因为 X 线能量较低，仅能穿透铝梯较薄的一部分，而铝梯对较低的管电压 X 线的吸收差异较大，未被穿透的部分在 X 线片上呈白色，少数穿透部分呈黑色。在黑白之间显示的灰度层次较少，表现出较大的黑白对比度。适当提高管电压值，使铝梯各部均被 X 线穿透时，X 线片上铝梯影像密度增加，而对比度比以前减小，层次较以前丰富，全部显示出铝梯层数和细节。如再度增加管电压，则穿透铝梯的 X 线增加更多，X 线胶片上影像的密度进一步加大而密度差减小，显示出层次较多的铝梯影像。由上可知，低管电压产生的影像对比度大，层次少；高管电压产生的影像对比度小，层次多。

由此可以推知，用适当感光效应值，投照肢体用低管电压时，只有软组织、脂肪、空气显示清晰，而骨骼因未被 X 线穿透其影像密度太小；提高投照管电压后则能在对比度稍低的情况下使骨骼、肌肉、皮肤、脂肪和空气等的密度差异在照片上以丰富的层次显示出来。但是，管电压过高层次太多会导致无对比度，最终影像模糊。可见在同一张X线胶片上要想得到既有较好的对比度，又能显示丰富的层次的影像，就必须选择恰当的管电压和管电流值。

（四）清晰度

清晰度是指影像边界的锐利程度。良好的清晰度有助于观察组织结构的微小变化。可用模糊度来说明清晰度，影像模糊度大，清晰度差；反之，模糊度小，清晰度就好。

根据光学原理，从一个焦点投射出来的光线，对物体边缘所形成的边影，因受焦点面积的影响，必会形成一个光晕，也称伴影。伴影的宽度即模糊度，所以伴影小者清晰度大，伴影大者清晰度小。

影响X线胶片清晰度的因素有以下几个方面。

1. 几何学上的因素　下式列出了与模糊度有关的几个因素：

$$P = \frac{d}{H-d}F$$

式中：P——糊度；

$\quad\quad d$——被照物体至胶片的距离；

$\quad\quad H$——焦点至胶片的距离；

$\quad\quad F$——有效焦点面积。

由上式可以看出，模糊度与X线管的有效焦点面积F成正比，与被照物体至胶片的距离d成正比，与焦点至物体的距离$H-d$成反比。

（1）X线管的焦点大小　焦点面积大者，伴影必大，清晰度差。所以使用小焦点X线管拍摄的X线胶片，伴影小，清晰度也高。

（2）焦点至胶片的距离　在焦点大小和物体至胶片距离都不变的情况下，若加大焦点至胶片距离，可使伴影减小，增加影像的清晰度，而且距离越大清晰度越高。但焦点至胶片的距离增加也使X线强度减弱，要使胶片得到合适的密度，就必须加大X线的曝光量。

（3）物体至胶片的距离　距离大时，伴影大，清晰度差；距离小，则伴影小，清晰度好。因此，投照时必须使被照部位紧贴片盒。

2. 增感屏和胶片的影响　在投照时，使用增感屏可以极大地降低曝光量，但增感屏也使X线胶片的清晰度有所降低。同理，增感屏的增感速度越大，其构成颗粒越粗，它产生的光影也越大，对清晰度的影响也越大。因此，为了提高照片的清晰度，在选用增感屏时应尽量使用中速增感屏，这样既可减少曝光量又能照顾到影像的清晰度。此外，X线胶片与增感屏的接触是否良好也会影响清晰度，X线胶片必须平坦地夹在一副增感屏之间，而且各处都应紧密接触，若有一处接触不良，增感屏发出的光线就会向四周散开，造成该点的影像模糊。

3. 运动产生的模糊　在X线照射过程中，X线管、被照体及胶片三者均应保持静止，若其中有一个因素发生移动，必然产生影像模糊（图1-11），产生移动的因素不外乎两个：

● X线管、台面、暗盒的移动；
● 被照体移动。

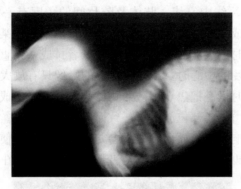

图1-11　运动模糊

X线管、被照体、胶片三者发生相对运动的情况很多，包括以下几方面：

（1）投照体运动　其原因之一是动物不与人配合，容易乱动；二是生理性的，如呼吸、心跳、胃肠蠕动、痉挛等，一般不受控制，只有呼吸移动可以通过屏息加以解决。

（2）X线管的震动　摄影时机头或X线机支架的震动是焦点发生移动的根源。

（3）活动滤线器固定不良　投照时活动滤线器固定不良引起胶片活动等，都能造成运动性模糊。

（五）失真度

X线影像是一幅有层次的黑白影像，而影像的形态则取决于X线投影过程中的几何条件。在X线投影中，如果物体影像与实际物体具有同样的几何形态，只有几何尺寸改变时，称为影像的放大；若同时又有形态上的改变，则称为变形。

失真度是指照片上的影像较物体原来的形态和大小改变的程度。X线胶片上的影像总是具有某种不真实性，不真实的表现就是失真。临床上获得的诊断用 X 线胶片应尽量减小失真，更应避免人为造成的过大失真而影响 X 线胶片的质量。

X 线胶片的失真有放大失真和形态失真。

1. 放大失真　由于 X 线是从 X 线管的焦点上发出的，当它投照到物体上并在胶片上形成影像时，其影像必大于实物，即实物被放大。放大的程度主要决定于两个主要因素：焦-片距和肢体至胶片距。当焦-片距一定时，物体影像放大就决定于肢体至胶片距，肢体至胶片距越远，影像放大就越大；如果肢体至胶片距保持不变，焦-片距越近，影像放大也越大。

2. 形态失真　X 线中心线、肢体及胶片间的角度有一定的规则，常规采用肢体与胶片平行或关节与胶片垂直，中心线投射于肢体某一点。在被照物体形状对称时，摄影时焦点、被照物体和胶片三者排成一条直线，X 线的中心线对准被照物体和胶片的中心时，X 线胶片上的影像只有放大失真。如果被照物体形状不正，摄影时没有把焦点、被照物体和胶片三者摆成一直线并位于中心轴上，这时的影像由于各部位放大不一致而发生形态失真。放大失真对分析 X 线胶片图像一般影响不大，而形态失真会妨碍图像分析，使其失去诊断价值。

一般可将变形归纳为放大变形、位置变形和形态变形（图 1-12）3 种形式。

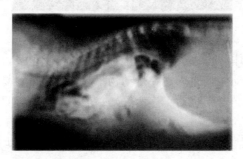

图 1-12　形态失真

九、数字 X 线成像技术（CR 与 DR）

（一）计算机 X 线成像（computed radiography, CR）

传统的 X 线成像是经 X 线拍摄，将影像信息记录在胶片上，在显定影处理后，影像才能显示在照片上。

计算机 X 线成像（CR）则不同，是将 X 线摄照的影像信息记录在影像板（image plate，IP）上，经读取装置读取，由计算机计算出一个数字化图像，再经数字/模拟转换器转换，于荧屏上显示出灰阶图像。CR 与后面所述的数字 X 线摄影（DR）同属数字化成像。

CR 利用 IP 取代传统的屏/片体系，进行机体影像的高敏感性记录，尽管看上去与传统的增感屏很相似，但其功能有很大差异，它是在光激励荧光体中记录 X 线影像，并将其影像信息以电信号方式提取出来。

1. CR 的特点　常规的屏-片组合因曝光的宽容度小，图像质量很大程度上取决于曝光条件。而计算机 X 线成像系统因影像板获取的信息能自动调节和放大增益，可在允许范围内对摄影部位以较大 X 线曝光宽容度获取稳定的、最适宜的光学密度影像。这样就可以最大限度地减少重拍率。

（1）计算机 X 线成像的优点

● 与常规 X 线摄影相比 X 线曝光量有一定程度的降低。

● 影像板替代胶片后，可重复使用。

● 可与原有的 X 线摄影设备匹配使用。

● 具有多种处理技术，如谐调处理、空间频率处理、时间减影、能量减影、体层伪影抑制、动态范围控制。

● 具有多种后处理功能，如测量（大小、面积、密度）、局部放大、对比度转换、对比度反转、影像边缘增强、多幅显示及减影等。

● 显示的信息易被诊断医生阅读、理解，且质量更易满足诊断要求。

● 可数字化存储，可进入网络系统，可节省部分甚至全部胶片，也可节约片库占有的空间及经费。

● 实现数据库管理，有利于查询和比较，实现资料共享。

（2）计算机 X 线成像影像特点

● 灵敏度较高。即使是采集较弱的信号时也不会被噪声掩盖而显示不出来。

具有很高的线性度：所谓线性就是指影像系统在整个光谱范围内得到的信号与真实影像的光强度是否呈线性关系，即得到的影像与真实影像是否能够很好吻合。人眼对光的感应呈对数关系，对细微的细节改变不能觉察，但在临床研究中往往需要做一些定量的测定，良好的线性度至关重要。在计算机 X 线成像系统中，在 $1:10^4$ 的范围内具有良好的线性，非线性度小于 1%。

● 动态范围大。即系统能够同时检测到极强和极弱的信号。它的另一显著特点是能把一定强度的影像信号分得更细，使影像显示出更丰富的层次。

● 识别性能优越。计算机 X 线成像系统装有曝光数据识别技术和直方图分析，能更加准确地扫描出影像信息，显示出高质量图像。

● 计算机 X 线成像系统曝光宽容度较大。常规屏/片系统因曝光宽容度较小，图像质量受摄影条件影响很大。计算机 X 线成像系统可在成像板获取的信息基础上自动调节光激励发光的量和放大增益，可在允许的范围对摄影的物体以任何 X 线曝光剂量，获取稳定的、最适宜的影像密度，同时获得高质量的影像。这样可以最大限度地减少重拍率，降低患者的辐射损伤。

（3）计算机 X 线成像的不足　时间分辨率差，不能满足动态器官和结构的显示；空间分辨率低，与常规 X 线检查的屏-片组合相比，计算机 X 线成像系统的空间分辨率有时显得不足。

2. 计算机 X 线成像系统的构造　计算机 X 线成像系统以影像板为探测器，利用现有的 X 线设备进行 X 线信息的采集来实现图像的获取。它主要由影像板、影像阅读器、影像处理工作站、影像存储系统组成。

（1）影像板（IP）　影像板是计算机 X 线成像系统的关键元件，作为记录机体影像信息、实现模拟信息转化为数字信息的载体，可代替传统的屏-片系统。它既适用于固定式 X 线机，也可用于移动式床边 X 线机，既可用于普通的 X 线摄影，也可用于体层摄影、胆囊造影、静脉肾盂造影和胃肠检查，具有很大的灵活性和多用性。影像板可以重复使用，但不具备影像显示功能。

影像板从外观上看就像一块增感屏，它由表面保护层、光激励荧光物质层、基板层和背面保护层组成。影像板成像层的氟卤化钡晶体中含有微量的二价铕离子，作为活化剂形成了发光中心。成像层接收 X 线照射后，X 线光子的能量以潜影的形式贮存起来，然后经过激光扫描激发所贮存的能量而产生荧光，继而被读出转换为数字信号馈入计算机进行影像处理和存储。

计算机 X 线成像影像的获取过程也是影像板的工作过程，即经过 X 线曝光后的暗盒插入计算机 X 线成像系统的读出装置后，影像板被自动取出，由激光束扫描，读出潜影信息，然后经过强光照射消除影像板上的潜影，又自动送回到暗盒中，供摄影反复使用。

影像板的规格尺寸与常规胶片一致，一般有 35cm×43cm（14in*×17in）、35cm×35cm（14in×14in）、25cm×30cm（10in×12in）和 20cm×25cm（8in×10in）4 种规格。根据不同种类的摄影技术，影像板可分为标准型（ST）、高分辨型（HR）、减影型及多层体层摄影型。

新的成像板改善了敏感度、清晰度和坚韧性，同时与旧的成像板兼容。可用电子束处理外涂层，用于保护成像板免于机械磨损和化学清洁剂的损伤。在

---

　　* in（英寸）为非法定计量单位，1in=2.54cm。——编者注。

正常条件下，成像板的使用寿命为数万次。

（2）影像阅读器 影像阅读器的功能是阅读影像板、产生数字影像、进行影像简单处理，并向影像处理工作站或激光打印机等终端设备输出影像数据。它具有将曝光后的影像板由暗盒中取出的结构，取出的影像板被放置在第一堆栈里，直到激光扫描仪准备好。

在激光扫描仪中，数字化影像被送到灰度和空间频率处理的内部影像处理器中，然后送至激光打印机或影像处理工作站。影像读取完成后，影像板的潜影被消除，存储在第二堆栈内，在这里等待装入暗盒。

（3）影像处理工作站 具有影像处理软件，提供不同解剖成像部位的多种预设影像处理模式，实现影像的最优化处理和显示，并进行影像数据的存储和传输。影像处理工作站可以进行影像的查询、显示与处理（放大、局部放大、窗宽窗位调节、旋转、边缘增强、添加注解、测量和统计等），并把处理结果输出或返回至影像服务器。

（4）监视器 监视器用于显示经影像阅读处理器处理过的影像。

（5）存储装置 存储装置用于存储经影像阅读处理器处理过的数据，有磁盘阵列、磁带阵列等。

3. 计算机 X 线成像的基本原理 计算机 X 线成像要经过影像信息的记录、读取、处理和显示等步骤。其基本结构如下（图 1-13）。

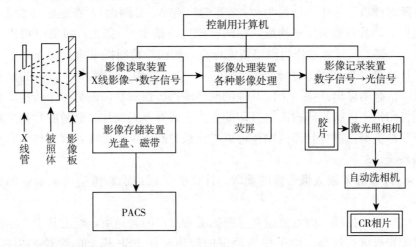

图 1-13 计算机 X 线成像装置示意图

影像信息的记录：用一种含有微量元素铕（Eu^{2+}）的钡氟溴化合物结晶（$BaFX$：Eu^{2+}，$X=Cl$、Br、I）制成的影像板代替 X 线胶片，通过接受透过机体的 X 线，使影像板感光，形成潜影。X 线影像信息由影像板记录，影像板可重复使用达 2 万～3 万次。

（1）信息采集　传统的 X 线摄影都是以普通的 X 线胶片为探测器，接受一次性曝光后，经冲洗来形成影像，但所获得的影像始终是一种模拟信息，不能进行任何处理。计算机 X 线成像系统实现了用影像板来接受 X 线下的模拟信息，然后经过模/数转换来实现影像的数字化，从而使传统的 X 线影像能够进入存储系统进行处理和传输。

（2）信息转换　信息转换是指存储在影像板上的 X 线模拟信息转化为数字化信息的过程。计算机 X 线成像的信息转换部分主要由激光阅读仪、光电倍增管和模/数转换器组成。影像板在 X 线下受到第一次激发时储存连续的模拟信息，在激光阅读仪中进行激光扫描时受到第二次激发而产生荧光，该荧光经高效光导器采集和导向，进入光电倍增管转换为相应强弱的电信号，然后进行增幅放大、模/数转换成为数字信号。

（3）信息处理　信息处理是指用不同的相关技术根据诊断的需要实施对影像的处理，从而达到影像质量的最优化。计算机 X 线成像的常用处理技术包括谐调处理技术、空间频率处理技术和减影处理技术。

（4）信息的存储与传输　在计算机 X 线成像系统中，影像板被扫描后所获得的信息可以同时进行存储和打印。影像信息一般被存储在光盘中，可随时刻录随时读取，一张存储量为 2G 的光盘（有 A、B 两面），在压缩比为 1：20 的前提下，若每幅影像平均所占据的存储空间是 4M，那么，每面盘可以存图像 5 000 幅。而且能够作为网络资源保存，为医学诊断提供检索和查询。

计算机 X 线成像系统本身就存在着一个小网络，能够实现影像的储存和传输。信息的输出是指一个向其他的网络输送影像资料，而另一个传送影像信息到打印机上进行打印输出。打印的方式主要有激光胶片、热敏胶片和热敏打印纸 3 种类型。进行打印的图像可以来自激光阅读仪、影像处理工作站和光盘存储系统。

4. 计算机 X 线成像影像的读取　计算机 X 线成像影像的读取示意图见图 1-14。

（1）激光扫描　由氦氖激光管或二极管发出的激光束，经由几个光学组件后对荧光板进行扫描。为了保持恒定的聚焦和在 PSP 板上的线性扫描速度，激光束经过一个透镜到达一个静止镜面。激光束横越荧光体板的速度的调整，要根据激励后发光信号的衰减时间常数来确定（$BaFBr：Eu^{2+}$ 约为 0.8ms），这是一个限制读出时间的主要因素。激光束能量决定着存储能量的释放，影响

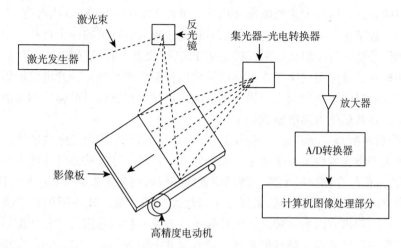

图 1-14　计算机 X 线成像影像读取示意图

扫描时间、荧光滞后效应和残余信号。较高的激光能量可以释放更多的俘获电子，但后果是由于在荧光体层中激光束深度的增加和被激发可见光的扩散，而引起空间分辨率降低。

到达扫描线的终点时，激光束折回起点。影像板（IP）荧光体屏同步移动，传输速度经过调整使得激光束的下次扫描从另一行扫描线开始。荧光屏的扫描和传送继续以光栅的模式覆盖屏的整个区域。扫描方向、激光扫描方向或快速扫描方向都是指沿激光束偏转路径的方向；慢扫描、屏扫描或副扫描方向是指影像板传送方向。影像板的传送速度根据给定影像板的尺寸来选择，使扫描和副扫描方向上的有效采样尺寸相同。激光经过影像板时 PSL 的强度与这个区域吸收的 X 线能量呈正比。

读出过程结束后，残存的潜影信号保留在荧光屏中。在投入下一次重复使用前，需要用高强度的光源对屏进行擦除。

（2）光激励发光（PSL）信号的探测与转换　光激励发光（photostimulable luminescence，PSL）从 IP 荧光层的各个方向发射出来，光学采集系统（沿扫描方向上位于激光-荧光体界面的镜槽或丙烯酸可见光采集导向体）捕获部分发射的可见光，并将其引入一个或多个光电倍增管（PMT）的光电阴极。光电阴极材料的探测敏感度与 PSL 的波长（如 400nm）相匹配。从光电阴极发射出的光电子经过一系列 PMT 倍增电极可加速和放大，增益（也就是探测器的感度）的改变可通过调整倍增电极的电压来实现，因此可以获得有用输出电流以适应满足适宜影像质量的曝光量。输出信号的数字化需要最小和最大信号范围的确认，因为大多数临床使用曝光量在 $100\sim400\text{mA·s}$ 内改变。

（3）数字化　数字化是将模拟信号转换成离散数字值的一个过程，由信号采样和信号量化两步组成。采样确定了 PSP 接收器上特定区域中 PSL 信号的位置和尺寸，量化则确定了在采样区域内信号幅度的平均值。光电倍增管的输出在特定的时间频率和激光扫描速率下测量，然后根据信号的幅度和可能数值的总量，将其量化为离散整数。

模/数转换器（analog to digital converter，ADC）转换光电倍增管信号的速率远大于激光的快速扫描速率（大约快 2 000 倍，与扫描方向的像素数相对应）。特定信号在扫描线上某一物理位置的编码时间与像素时钟相匹配。因此，在扫描方向上，模/数转换器采样速率与快速扫描（线）速率间的比率决定像素大小。副扫描方向上，荧光板的传输速度与快速扫描像素尺寸相匹配，以使得扫描线的宽度等同于像素的长度。像素尺寸一般为 $100\sim200\text{mm}$，它将根据影像板的尺寸而变化。

由于来自光电倍增管的模拟输出在最小和最大电压之间具有无限范围的可能值，所以模/数转换器要将此信号分解成一系列离散的整数值（模拟到数字单位）以完成信号幅度的编码。用于近似模拟信号的"位"数或"像素深度"决定了整数值的数量。PSP 系统一般有 10、12 或 16 位模/数转换器，因此有 $2^{10}=1\ 024$、$2^{12}=4\ 096$、$2^{16}=65\ 536$ 个可能数值来表达模拟信号幅度。

5. 四象限理论　计算机 X 线成像系统，应用数字成像处理技术把从影像板上阅读到的 X 线影像数据变换成具有理想密度和对比度的影像。实行这种功能的装置就是曝光数据识别器（exposure data recognizer，EDR），曝光数据识别器结合图像识别技术如分割曝光识别、曝光野识别和直方图分析，能很好地把握图像的质量。

（1）第一象限　显示入射的 X 线剂量与影像板的光激励发光强度的关系。它是影像板的一个固有特征，即光激励发光强度与入射的 X 线曝光量的动态范围成线性比例关系，二者之间范围超过 $1:10^4$。此线性关系使计算机 X 线成像系统具有很高的敏感性和大的动态范围。

（2）第二象限　显示曝光数据识别器的功能，即描述了输入到影像阅读装置（image reader，IRD）的光激励发光强度（信号）与通过曝光数据识别器决定的阅读条件所获得的数字输出信号之间的关系。影像阅读装置有一个自动设定每幅影像敏感性范围的机制，根据记录在影像板上的成像信息（X 线剂量和动态范围）来决定影像的阅读条件。

（3）第三象限　显示了影像的增强处理功能（谐调处理、空间频率处理和减影处理），它使影像能够达到最佳的显示，以求最大限度地满足临床诊断需求。

（4）第四象限 显示输出影像的特征曲线。横坐标代表了入射的 X 线剂量，纵坐标（向下）代表胶片的密度，这种曲线类似于增感屏/胶片系统的 X 线胶片特性曲线，其特征曲线是自动实施补偿的，以使相对曝光曲线的影像密度呈线性关系。这样，输入到第四象限的影像信号被重新转换为光学信号以获得特征性的 X 线片。

6. 计算机 X 线成像图像识别技术 从曝光后的影像板上采集到的影像数据，通过分割曝光模式识别、曝光野识别和直方图分析，最后确定影像的最佳阅读条件，此机制称为曝光数据识别（曝光数据识别器）；也就是说，最佳阅读条件的决定还有赖于分割曝光模式识别、曝光野识别和直方图分析的功能。

（1）分割曝光模式识别 影像板在 X 线摄影中，经常以采集单幅图像的形式来使用，但根据摄影的需要，有时也被分割成几幅图像，被分割进行摄影的各个部分都有各自的影像采集菜单。如果对分割图像未加分割识别，那么综合的直方图不可能具有适合的形状，S1 和 S2 也不可能被准确获取，由此也不能得到理想的阅读条件。因此，直方图分析必须根据各个分割区域的曝光情况独立进行，以获得图像的最佳密度和对比度。在计算机 X 线成像系统中分割模式有无分割、垂直分割、水平分割和四分割 4 种类型。

（2）曝光野识别 在整个影像板和影像板的分割区域内进行影像采集时，曝光野之外的散射线将会改变直方图的形状。由此直方图的特征值 S1 和 S2 将不能被准确探测。有效图像信号的最小强度 S2 被错误地探测，理想的阅读条件就不能被确定下来。而带有准直曝光野的影像采集，影像数据的直方图分析能够准确地执行，且这个区域能自动识别。整个影像板和分割区域是否被准直决定着曝光野的识别算法，也影响到曝光区域内信息的自动获取。

（3）直方图分析 直方图分析是曝光数据识别器运算的基础，利用曝光野区域内的影像数据来产生一个直方图，然后利用各个直方图分析参数（阈值探测有效范围）对每一幅图像的采集菜单进行调整，确定有效图像信号的最大和最小强度 S1 和 S2，即决定阅读条件，以便 S1 和 S2 能转换为影像的数字输出值 Q1 和 Q2（每一幅图像采集菜单都是单独调整）。即使 X 线曝光剂量和 X 线能量发生变化，也可自动调整灵敏度和成像的宽容度，所以，阅读的影像信号总是在数字值的标准范围内，最终得以获得最佳的密度和对比度。

7. 计算机 X 线成像图像处理技术

（1）谐调处理　谐调处理也称为层次处理，主要用来改变影像的对比度、调节影像的整体密度。在计算机 X 线成像阅读器（FCR）系统中，它以 16 种协调曲线类型（gradation type，GT）作为基础，以旋转量（rotation amount，GA）、旋转中心（rotation center，GC）和移动量（gradation shift，GS）作为调节参数，来实现对比度和光学密度的调节，从而达到影像的最佳显示。

在常规的增感屏/胶片摄影系统中，若给予适当的 X 线曝光剂量，就能得到一幅好的照片；若选择的曝光量过高或过低，那么所得到的影像则无法进行放射诊断。而计算机 X 线成像系统利用影像板有很大的曝光宽容度，即给每一个部位的曝光条件是一个范围，即使曝光量高一点或低一点，通过谐调处理技术也可把读出的影像调节为符合诊断要求的图像。

（2）空间频率处理　空间频率处理技术是边缘锐利技术，通过对频率响应的调节以突出边缘组织的锐利轮廓。在传统的屏/片系统中，频率越高，频率响应却越小。而在计算机 X 线成像系统中是根据图像的显示效果的需要来控制频率的响应。如提高影像高频成分的频率响应可增加此部分的对比度。空间频率的响应程度决定频率等级（frequency rank，RN）、频率增强（degree of enhancement，RE）和频率类型（frequency type，RT）组成。

（3）动态范围控制　目前，尽管发展起来了多种成像技术，但对肺脏和心脏疾病的最初评估仍然是胸部 X 线摄影。多年来，胸部摄影中始终存在着不能很好解决的一个问题是，胸部肺野和纵隔区域的密度差异太大，尽管采取了许多的措施，但胸片的信息诊断范围总不能达到一个理想的程度。但计算机 X 线成像系统的动态范围控制技术能较好地解决这一问题。

动态范围控制技术（DRC）是在谐调处理和空间频率处理的前期自动进行的。它是一种在单幅影像显示时提供宽诊断范围的影像增强新型影像处理算法，在具有高密度的胸部及四肢成像中显示出特殊的价值。

计算机 X 线成像图像后处理技术还包括体层伪影抑制技术和能量减影等。

8. 计算机 X 线成像的临床应用　计算机 X 线成像的图像质量与所含的影像信息量可与传统的 X 线成像相媲美。图像处理系统可调节对比，所以能达到最佳的视觉效果。摄照条件的宽容范围较大，患者接受的 X 线量减少。图像信息可由磁盘或光盘储存，并进行传输，这些都是计算机 X 线成像的优点。

计算机 X 线成像图像与传统 X 线图像都是所摄部位总体的重叠影像，因此，传统 X 线能摄照的部位也都可以用计算机 X 线成像，而且对计算机 X 线成像图像的观察与分析也与传统 X 线相同，所不同的是计算机 X 线成像图像是由一定数目的像素所组成。

计算机 X 线成像对骨结构、关节软骨及软组织的显示优于传统的 X 线成像，还可进行矿物盐含量的定量分析。对结节性病变的检出率高于传统的 X 线成像，但显示肺间质与肺泡病变则不及传统的 X 线图像。计算机 X 线成像在观察肠管积气、气腹和结石等含钙病变优于传统 X 线图像。

用计算机 X 线成像进行体层成像优于 X 线体层摄影。胃肠双对比造影在显示胃小区、微小病变和肠黏膜皱襞上，计算机 X 线成像优于传统的 X 线造影。

计算机 X 线成像是一种新的成像技术，在很多方面优于传统的 X 线成像，但从效益-价格方面来讲，尚难以替换传统的 X 线成像。在临床应用上，计算机 X 线成像不像计算机体层成像与磁共振成像那样不可代替。

（二）数字 X 线摄影

数字 X 线摄影（digital radiography，DR）指直接进行数字 X 线摄影的一种技术。它是在具有图像处理功能的计算机控制下，采用 X 线探测器把 X 线影像信息转化为数字信号的技术。

1. DR 的优点

● 受照射剂量小；

● 时间分辨率明显提高，在曝光后几秒内即可显示图像；

● 具有更高的动态范围、量子检出效能（DQE）和调制传递函数（MTF）性能；

● 能覆盖更大的对比度范围，使图像层次更加丰富；

● 操作快捷方便，省时省力，提高工作效率。

2. DR 成像的转换方式

（1）直接转换方式　包括直接转换平板探测器（非晶硒）、多丝正比电离室狭缝扫描方式或半导体狭缝扫描方式。

（2）间接转换方式　间接转换平板探测器（碘化铯＋非晶硅，或使用硫氧化钆/铽）、闪烁体＋CCD 摄像机阵列。当前，应用最多的是间接转换平板探测器和直接转换平板探测器。

3. 非晶硒探测器结构及其成像原理　直接数字化 X 线成像的平板探测器利用了非晶硒的光电导性，将 X 线直接转换成电信号，形成全数字化影像。

（1）基本结构　探测器主要由导电层、电介层、硒层、顶层电极、集电矩阵层、玻璃衬底层、保护层及高压电源和输入/输出电路所组成，其中硒层和集电矩阵层是主要结构。

硒层为非晶硒（a-Se）光电导体材料，它能将X线直接转换成电子信号。集电矩阵层包含薄膜晶体管（TFT）和储能电容。用薄膜晶体管技术在一玻璃基层上组装几百万个探测元的阵列，每个探测元包括一个电容和一个薄膜晶体管，且对应图像的一个像素。诸多像素被安排成二维矩阵，按行设门控线，按列设图像电荷输出线，每个像素具有电荷接收电极、信号储存电容及信号传输器，通过数据网线与扫描电路连接，最后由读出电路读取数字信号。

（2）成像原理　集电矩阵由按阵元方式排列的薄膜晶体管组成，非晶体态硒涂覆在集电矩阵上，当X线照射非晶硒层时，产生一定比例的电子-空穴对，在顶层电极和集电矩阵间加偏直压电，使产生的电子和空穴以电流形式沿电场移动，导致薄膜晶体管的极间电容将电荷无丢失地聚集起来，电荷量与入射光子成正比。每个像素区内有一个场效应管，在读出该像素单元电信号时起到开关作用。在读出控制信号的控制下，开关导通，把存储于电容内的像素信号逐一按顺序读出、放大，送到模/数（A/D）转换器，从而将对应的像素电荷转化为数字化图像信号。信号读出后，扫描电路自动清除硒层中的潜影和电容存储的电荷，为下一次的曝光和转换做准备。

（3）非晶硒平板探测器的特性

①直接光电转换。非晶硒平板探测器，直接将X线光子转换成电信号，没有中间环节，不存在光的散射，避免了电信号的丢失和噪声的增加。

②直接读出。X线曝光过程中的电荷分布图由检测器暂时保存，曝光后检测器上的薄膜晶体管转换电子元件将这些电荷输入放大器和模/数转换器中，产生原始的数字图像，称为"直接读出"，这是电子检测器的一个重要特性。

③量子检测率高。量子检测率（detective quantum efficiency，DQE）表示探测器的性能，是所给X线剂量量子与图像所得到剂量量子的百分比，是剂量和空间频率的函数。由于光导材料硒具有好的分辨率特性和高的灵敏度，加之光电直接转换，且都在一个电子板上进行，图像形成中间环节少，直接转换平板探测器的量子检测率较高。

④曝光宽容度大。探测器的动态范围是能够显示信号强度不同的最小到最大辐射强度的范围。探测器的转换特性在1：10 000范围内是线性的，非晶硒的吸收效率很高。电子信号在很宽的X线曝光范围内显示出良好的线性，即使是曝光过量或曝光不足，通过全自动的影像处理也能产生高质量的影像。加之应用高效的自动曝光控制，可杜绝由于曝光方法不当而造成废片。

⑤后处理功能强大。处理功能包括对比度、亮度、边缘处理、增强、黑白

反转、放大、缩小、测量等，通过这些功能的调节可以使图像的质量得到改善。

目前，数字 X 线摄影系统只能专机专用，平板显示（FPD）对环境要求高，需要较高的偏直电压，刷新速度慢，仍不能满足动态摄影。

4. 非晶硅探测器结构及其成像原理 非晶硅平板探测器，是一种以非晶硅光电二极管阵列为核心的 X 线影像探测器。它利用碘化铯（CsI）的特性，将入射后的 X 线光子转换成可见光，再由具有光电二极管作用的非晶硅阵列转变为电信号，通过外围电路检出及 A/D 变换，从而获得数字化图像。由于经过了 X 线、可见光、电荷图像、数字图像的成像过程，通常被称为间接转换型平板探测器。

（1）基本结构 非晶硅平板探测器的基本结构为碘化铯闪烁体层、非晶硅光电二极管阵列、行驱动电路及图像信号读取电路四部分。与非晶硒平板探测器的主要区别在于，荧光材料层和探测元阵列层的不同，其信号读出、放大、A/D 转换和输出等部分基本相同。

①碘化铯闪烁体层。探测器所采用的闪烁体材料由厚度为 $500\sim600\mu m$ 连续排列的针状碘化铯晶体构成，针柱直径约 $6\mu m$，外表面由重金属铊包裹，以形成可见光波导，防止光的漫射。出于防潮的需要，闪烁体层生长在薄铝板上，应用时铝板位于 X 线的入射方向，同时还起到光波导反射端面的作用。形成针状晶体的碘化铯可以像光纤一样把散射光汇集到光电二极管，以提高空间分辨率。碘化铯 X 线吸收系数是 X 线能量的函数。随 X 线能量增高，材料的吸收系数逐渐降低；随材料厚度增加，吸收系数逐渐升高。在诊断 X 线能量范围内，碘化铯材料具有优于其他 X 线荧光体材料的吸收性能。此外，碘化铯晶体具有良好的 X 线/电荷转换特性。

②非晶硅光电二极管阵列。非晶硅光电二极管阵列完成可见光图像向电荷图像转换的过程，同时实现连续图像的点阵化采样。探测器的阵列结构由间距为 $139\sim200\mu m$ 的非晶硅光电二极管按行列矩阵式排列，如间距为 $143\mu m$ 的 17in×17in 的探测器阵列，由 3 000 行乘以 3 000 列，共 900 万个像素元构成。每个像素元由具有光敏性的非晶硅光电二极管及不能感光的开关二极管、行驱动线和列读出线构成。位于同一行所有像素元的行驱动线相连，位于同一列所有像素元的列与读出线相连，以此构成探测器矩阵的总线系统。每个像素元由负极相连的一个光电二极管和一个开关二极管对构成，通常将这种结构称作双二极管结构。也有采用光电二极管—晶体管对构成探测器像素元的结构形式。为了区分上述结构，通常将前一种结构的探测器阵列称为薄膜二极管（TFD）

阵列，后一种则称为薄膜场效应晶体管（TFT）阵列。

（2）成像原理　非晶硅平板探测器成像的基本过程为位于探测器顶层的碘化铯闪烁晶体将入射的 X 线图像转换为可见光图像。位于碘化铯层下的非晶硅光电二极管阵列将可见光图像转换为电荷图像。每一像素电荷量的变化与入射 X 线的强弱成正比，同时该阵列还将空间上连续的 X 线图像转换为一定数量的行和列构成的总阵式图像。点阵的密度决定了图像的空间分辨率。

在中央时序控制器的统一控制下，居于行方向的行驱动电路与居于列方向的读取电路将电荷信号逐行读出，转换为串行脉冲序列并量化为数字信号。获取的数字信号经通信接口电路传至图像处理器，从而形成 X 线数字图像。

5. 电荷耦合器件探测器结构及其成像原理　电荷耦合器件（charge coupled device，CCD）是一种固定摄像器。它是一种半导体器件，在光照射下能产生与光强度成正比的电子电荷，形成电信号。这一特性被广泛用于电荷耦合器件成像设备，即电荷耦合器件摄像机。

（1）基本结构　电荷耦合器件的结构由数量众多的光敏像元排列组成。光敏元件排列成一行的称为线阵电荷耦合器件，用于传真机、扫描仪等；光敏元件排列成一个由若干行和若干列组成的矩阵的称为面阵电荷耦合器件，用于摄像机、数码相机等。按照电荷转移和信号读出的方式不同，面阵电荷耦合器件又可分为两大基本类型：帧间转移（frame transfer，FT）电荷耦合器件和行间转移（interline transfer，ILT）电荷耦合器件。光敏像元的数量决定了电荷耦合器件的空间分辨力。常用的光敏元件有金属氧半导体（metal oxygen semiconductor，MOS）电容和光敏二极管两大类。

（2）成像原理　电荷耦合器件 X 线成像的主要原理是 X 线在荧光屏上产生的光信号由电荷耦合器件探测器接收，随之将光信号转换成电荷并形成数字 X 线图像。大体经过以下步骤：

①光电子转移与储存。当 X 线光子投射到光敏元件 MOS 电容器上，并穿过透明氧化层，进入 P 型 Si 衬底时产生电子跃迁，形成了电子-空穴对。电子-空穴对在外加电场作用下，分别向电极两端移动，形成了光生电荷。这些光生电荷将储存在由电极造成的"势阱"中，形成电荷包。势阱是电极下面的一个低势能区，势阱深浅与电压大小有关，电压越高势阱越深。光生电荷的产生决定于入射光子的能量（波长）和光子的数量（强度）。每个电荷的电量与对应像元的亮度成正比，这样一幅光的图像就转变成了对应的电荷图像。

②电荷转移。电荷耦合器件是通过变换电极电位使势阱中的电荷发生移动，在一定时序的驱动脉冲下，完成电荷包从左到右的转移。其实质是一个模拟量的位移寄存器。

③信号读出。当信号电荷传到电荷耦合器件的终端时，由位于器件内部输出多根场效应管组成的电路将该信号读出。图像信号读出的过程可概括为：在一个场的积分周期内，光敏区吸收从目标投射来的光信号，产生光电子。这些光电子储存在各像元对应的势阱中，积分期结束时（一场周期过后），在场消隐期外来场脉冲的作用下，所有像元势阱中的光生电荷，同时转移至与光敏区对应的存储区势阱中，然后开始一场光积分。与此同时，消隐期间已经转移至储存区的光生电荷，在脉冲的控制下，一行行依次进入水平位移寄存器。水平位移寄存器中的像元信号在行正程期间，由水平时钟脉冲控制，逐个向输出端转移，最后在输出端转换为视频信号。以上电荷积累、转移、读出过程的完成，由驱动器产生的场、行驱动脉冲和读出脉冲控制。

第三节　计算机体层成像（CT）技术基础

CT机应用于临床几十年中发生了巨大的变革。变革的主要目标是围绕着提高成像速度、检查效率和图像质量。CT机扫描方式的变化，使其发展出现了飞跃。CT机（图1-15）由当初单方向非连续旋转型向连续旋转型发展，在此基础上出现了螺旋扫描方式。螺旋扫描方式又称容积或体积扫描，与常规CT相比，它除了扫描速度快（能亚秒扫描）以外，更重要的是它获得是三维信息，实现了CT图像的任意方位重建，给影像学诊断带来了更多的信息。

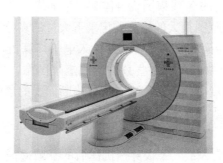

图1-15　CT机

一、概念与成像原理

计算机体层成像技术（CT）是由 Hounsfield 等于 1969 年发明的。它的发明使医学影像学诊断水平有了突破性进展。随着电技术及其他技术的发展，CT 装置由头颅 CT 逐步发展至全身，从而开始了全身各个系统的 CT 检查；由第一、二代 CT 发展到高分辨率的第三、四、五代 CT，从单排螺旋 CT 发展为双排、四排、八排螺旋 CT，使机体各部的骨、软骨、软组织等细微结构甚至支气管等腔内结构均能很好地被展现。

CT 检查安全、简便、迅速、无痛苦。CT 图像是断层图像（图 1-16），分辨率高，解剖关系清楚，病变显示良好，对病变的检出率和诊断准确率均较高。此外，还可以获悉不同正常组织和病变组织的 X 线吸收系数，以供临床应用。

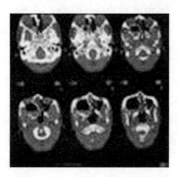

图 1-16　CT 片断层图像

（一）概念

CT 是用高度准直的 X 线束围绕身体某一个部位作一个断面扫描。扫描过程中由灵敏的、动态范围很大的检测器记录下大量的衰减信息，再由快速的模/数转换器将模拟量转换成数字量，然后输入电子计算机，高速计算出该断层面上各点的 X 线衰减数值，由这些数据组成矩阵图像，再由图像显示器将不同的数据用不同的灰度等级显示出来，这样横断面上的诸解剖结构就由电视显示器清晰地显示出来。

（二）成像原理

CT 采用的能量是 X 线，X 线穿透机体后的衰减遵循指数衰减规律。X 线穿透机体经部分吸收后为检测器所接收，检测器接收 X 线的强弱取决于机体断面内的组织密度。如组织为骨，则吸收较多的 X 线，检测器将测得一个比较弱的信号。反之，如组织为脂肪、气腔等，吸收较少的 X 线，检测器将测得比较强的信号。不同组织对 X 线吸收不同的性质可用组织的吸收系数（也称为衰减系数）来表示。

X 线束通过的路径上，物质的密度和组成等都是不均匀的，为便于分析，可将目标分割成许多小部分像素，每个像素的长度为 W，W 应足够小，使得每个小单元均可假定为单质均匀密度体，因而每个小单元衰减系数可以假定为常值。CT 建立图像的过程就是计算每个小单元衰减系数的过程。X 线在每个角度上照射物体，探测器获得每个角度的投影数据，通过断面重建技术，得出每个小单元的衰减系数。CT 机的像素越小，检测器数目越多，计算机所测出的衰减系数就越多越精确，从而可以建立清晰图像，以满足医学诊断上的需要。

二、CT 图像重建

（一）图像的重建

用来进行 CT 图像重建的数学运算处理方法，直接关系到图像质量和重建时间。

图像重建有多种方法，包括直接投射法、迭代法和解析法。而解析法是目前 CT 图像重建技术中使用最广泛的方法，它的基础是傅里叶变换投影定理，即一个投影的一维傅里叶变换是图像的二维傅里叶变换在中心线的值，具体有二维傅里叶变换重建法、空间滤波反射投影法和褶积反投影法三种方法。

（二）图像的重组和三维成像

CT 图像是断层图像，常用的是横断面。为了显示整个器官，需要多帧的断层图像，通过 CT 设备上图像重组程序的使用，还可重组冠状面和矢状面的断层图像，新的多层螺旋 CT 机还可进行多平面重组和曲面重组成像。图像再现技术包括表面再现、最大强度投影、容积再现等。仿真内窥镜显示技术是近期 CT 发展的三维成像新技术，采用容积数据同计算机的虚拟现象结合，如管腔导航技术或漫游技术，可模拟内窥镜检查过程，即从一端向另一端逐步显示管腔器官的内腔。

（三）影响图像的因素

1. 窗宽与窗位　CT 检查中，无论是矩阵图像或矩阵数字都由 CT 值代表，而 CT 值又是从机体不同组织、器官吸收 X 线后的衰减数值。目前，绝大多数的 CT 扫描机具有 1 000 或 2 000 以上的 CT 值的变化范围。在多数情况下，实际所需了解的只是一个较小范围的组织吸收 X 线值的变化，例如，大多数颅内病变 CT 值的变化都在 $-100 \sim -20\text{Hu}$。但是，有时要了解一个较宽范围的组织吸收 X 线值的变化，例如，做胸部 CT 扫描，拟同时了解肺和其他软组织的情况时就是如此。这就要求检查者选择显示的 CT 值的范围和范围的中点，这个范围即窗宽，这个范围的中点即窗位。在 CT 的黑白显示器上，根据医生的习惯，往往将高 CT 值显示为淡色，即白色；低 CT 值显示为深色，即逐渐加深直至黑色。显示器具有一定数量的灰度等级。由于机眼只能分辨有限数量的灰度等级，根据拟显示结构 CT 值的变化范围来确定窗宽和窗位是相当重要的。每一灰度等级所包括的 CT 值范围随窗宽的加宽而增大，随其宽度变窄而变小。每一灰度等级所包括 CT 值的范围，可用灰度级数除以窗宽而算出。窗位即窗宽所表示 CT 值范围的中点，只有窗位选择恰当才能更好地显示不同密度的组织。

2. 噪声与伪影

（1）噪声　扫描噪声即光子噪声，是由于穿透机体后到达检测器的光子数量有限且其在矩阵内各图像点（像素）上的分布不绝对均匀而造成。所以均质的组织或水在各图像点上的 CT 值并不相等，而是在一定范围内呈常态曲线分布。为减少噪声，必须增加 X 线剂量，噪声减半需增加约 4 倍的 X 线量。组织噪声为各种组织（如脂肪组织和脑组织）的平均 CT 值的变异所造成，即同一组织的 CT 值常在一定范围内变化，以至不同组织可以具有同一 CT 值。因此，根据 CT 值确定病理性质时需注意这一点。

（2）伪影　伪影是由于扫描时的实际情况与建像所带来的一系列假设不符所造成。常见的有以下几种：

①移动伪影。扫描时病机的移动可产生移动伪迹，一般呈条状低密度影，与扫描方向一致。

②高对比伪影。投射经过高密度物质如齿冠等时，引起衰减计算的错误所致。

③射线硬化伪影。为高密度结构引起体内 X 线硬化程度密度不匀，虽经计算和重建程序纠正但仍不能完全去除所造成的伪影，可呈放射状或条状高密度或低密度影。

④机器故障伪影。这种伪影也有多种，常见的为第三代 CT 中，部分检测器不工作或工作不正常时所出现环形或同心圆状低密度伪影。

3. 部分容积效应　矩阵图像中像素代表体积，即像素面积×层厚，此体积内可能含有各种组织。因此，每一像素的 CT 值，实际所代表的是单位体积各种组织 CT 值的平均数。因而这种 CT 值所代表的组织密度可能实际上并不存在，例如，骨骼与气体加在一起可能类似肌肉。由此，在高密度区域中间的较小低密度病灶的 CT 值偏高，而在低密度区域中间的较小高密度灶的 CT 值常偏低。

4. 空间分辨率与密度分辨率　空间分辨率所表示的是影像中能够显示的最小细节，而密度分辨率所表示的是能够显示的最小密度差别，两者之间有着密切关系。CT 的空间分辨率是指密度分辨率大于 10% 时能显示的最小细节，与像素大小有密切关系，一般为像素宽度的 15 倍。CT 的密度分辨率受噪声和显示物的大小所制约，噪声越小和显示物越大，密度分辨率越佳。CT 图像的空间分辨率不如 X 线片高，但密度分辨率则比 X 线片高得多。随着 CT 机的不断改进，CT 的空间分辨率和密度分辨率也在不断提高之中。

三、CT 设备及分类

（一）CT 设备

CT 一般由高压发生器、计算机系统、扫描机架、检查床、操作控制台、照相机等部位所构成。从功能上，它又可分为以下 4 部分。

1. X 线发生部分　包括高压发生器、机架内的 X 线球管等。高压发生器为 X 线球管提供高压，保证 X 线球管发射能量稳定的 X 线。X 线球管可分为固定阳极球管和旋转阳极球管。固定阳极球管热容量小，仅用于第一、二代 CT。旋转阳极球管热容量较大，焦点较小，目前 CT 均采用。X 线发生部分的基本功能是提供稳定的高压。

2. X 线检测部分　主要任务是检测机体对 X 线的吸收量，包括位于扫描机架内的检测器、检测回路和模/数转换器等。探测器用于探测透过动物体的 X 线信号，并将其转换成电信号。模/数转换器用于将探测器收集的电信号转换成数字信号，供计算机重建图像。

3. 电子计算机部分　包括电子计算机、图像显示器、磁盘、胶片打印机等。其主要任务为进行数字处理和图像重建，以及记录、储存和显示有关信息或图像。

4. 操作、控制部分　为整个 CT 操作或控制的命令部分，通过它进行 X 线曝射条件的选择，控制 X 线源-检测系统工作，控制图像的显示，以及窗宽、窗位的选择等。

（二）CT 分类

目前常用 CT 有三大类。

1. 常规 CT　常规 CT 高压发生器置于机架之外，通过电缆与 CT 机架内的球管相连。每次扫描，球管都有一个启动、加速、停止过程，因此扫描速度受限，每次扫描需数秒钟至数分钟。

2. 电子束 CT　电子束 CT 又称超高速 CT，与常规 CT 最大的不同是没有 X 线球管，是由电子枪发射电子束，将电子束打到靶环上产生 X 线。其特点是扫描速度快，每层 0.05s，对心血管特别是冠状动脉成像有独到之处。但由于价格昂贵，限制了它的应用。

3. 螺旋 CT　螺旋 CT 是目前广泛应用的 CT，它与常规 CT 扫描不同，螺旋 CT 扫描时，被检查对象躺在检查床上以匀速进入 CT 机架，同时 X 线球管连续旋转式曝光，这样采集的扫描数据分布在一个连续的螺旋形空间内，所以螺旋 CT 扫描也称为容积 CT 扫描。螺旋的意思为扫描过程中围绕被检查对象 X 线束的轨迹呈螺旋状。由于得到这一区域的信息，可以组成任意平面或方向的重建，如矢状、冠状等，能得到真正的三维图像，其诊断价值有很大提高。螺旋 CT 采用多列探测器采集，可达到一次采集 2～64 层图像，扫描速度达到亚秒。

四、CT 检查技术

CT 检查技术有平扫、增强扫描、薄层扫描技术、CT 重建技术、CT 血管成像和 CT 仿真内窥镜等。

(一) 平扫

平扫指静脉内不使用造影剂的 CT 扫描，通常与增强扫描并用，也可酌情单独使用，多用于肺部病变、骨骼系统、尿路结石和胆囊结石的检查，也可用于部分肿瘤病例治疗后的随访。平扫得到的信息量相对较少，应选择性使用。

(二) 增强扫描

增强扫描指静脉内使用造影剂后进行的 CT 扫描。增强扫描前一般应常规进行平扫，特别是实质性脏器。

增强扫描的方式有：

1. 常规增强扫描　滴注或团注造影剂后在合适的时间内进行的 CT 扫描，是目前应用最多的增强方法，可用于全身各个部位的检查。

2. 多期扫描技术　指在一定的时间内，多次地进行目标部位的 CT 扫描，如在造影剂注射后 15～25s 内进行动脉相扫描，60～70s 门脉相扫描，3～6min 平衡期扫描等。增强扫描有利于提高 CT 的密度分辨率，提高 CT 对解剖结构的显示、肿瘤血供特点的观察、病变的定位和定性，特别是多期扫描技术更有利于小病灶的检出和病变的定位、定性。

（三）薄层扫描技术

薄层扫描技术一般指不大于 5mm 的扫描。该技术在常规 CT 或单排螺旋 CT 常规扫描方式时应用，可以提高小病灶的检出率和囊实性病变的判断的准确性，提高 CT 对病灶内部细节和周围改变的显示。因此，它是一个很简单，但非常实用的技术。

（四）CT 重建技术

螺旋 CT 的原始容积资料输入工作站后，可内插重建任意数量的重叠图像，然后按临床需要进行多种模式的图像重建。

较为成熟和常用的重建技术有：多层面重建术（multiplanar reconstructions，MPR）；多层面容积重建术（multiplanar volume reconstructions，MPVR），包括最大密度重建（maximum intensity projection，MIP）、最小密度重建（minimum intensity projection，MinP）；表面遮盖法重建技术（surface shaded display，SSD）；仿真内窥镜重建技术（virtual endoscopy，VE），又称腔内三维表面重建术（internal 3D shaded surface recon-structions）；容积重建术（volume rendering）。

重建的图像在肿瘤诊断的应用中，对于显示肿瘤的部位、大小及与周围组织、器官的关系，显示表浅隆起或凹陷性病变有一定的价值。

（五）CT 血管成像（CT angiography，CTA）

CTA 是经静脉注射造影剂强化靶血管，通过螺旋 CT 容积扫描结合计算机三维重建，多角度、多方位观察、显示血管的一种技术。临床上主要应用于血管性病变的检查，如动脉瘤、动脉狭窄、门静脉、下肢血管等。高质量的 CTA 可以可靠地显示 2mm 以上的血管分支。多排螺旋 CT 已经可以进行冠状动脉成像以及血流量测定。

（六）CT 仿真内窥镜（CT virtual endoscopy，CTVE）

螺旋 CT 容积扫描数据不但可形成横断图像，还可得到三维的图像。CT 仿真内窥镜利用计算机软件功能，将螺旋 CT 容积扫描所得的图像数据进行后处理，重建出空腔器官内表面的立体图像，类似纤维内窥镜所见，是计算机技术与三维图像相结合的结果，是三维医学图像的一种表现形式。自 1994 年 Vining 首次报道 CT 仿真内窥镜成像技术以来，经过对此技术进行试验和临床应用的研究，已获得鼻腔、鼻旁窦、喉、气管、支气管、胃肠道、血管等空腔器官的 CT 仿真内窥镜图像。虽然此技术目前尚处于发展阶段，但已显示出了其在医学教育、影像学诊断及减少侵入性治疗等方面的巨大潜力。

(七) CT 灌注技术

常规的 CT 增强检查显示的是肿瘤血管结构的特征，这对于判断肿瘤的性质、治疗后有无复发是不够的。CT 灌注技术可通过显示的各种参数更详细地反映肿瘤实质的结构特征，借以提高肿瘤诊断的准确性与特异性。

五、CT 的优越性和局限性

CT 是放射诊断学的革命。它将 X 线照射机体射出的衰减 X 线照射到探测器，经计算机处理重建图像，提高了解剖影像的空间分辨率和对比分辨率，使一些密度近似、在传统 X 线上无法辨认的结构，如肝、胆、脾、胰、肾、肾上腺及纵隔内结构等清晰可见。

横断面断层避免了解剖影像的重叠，能够发现较小的肿瘤，如使用螺旋 CT 进行低剂量普查可以发现早期肺癌，肝脏的螺旋 CT 多期扫描发现微小肝癌等；还可发现传统 X 线上不能或难以发现的病变，如胸片中的后肋膈窦、心后、锁骨或肋骨下、椎旁等区域的病变。CT 不但在肿瘤的早期诊断和鉴别诊断中有较高的价值，而且在进展期肿瘤的分期和术前可切除性估价、预后判断、治疗后的随访及肿瘤放射治疗计划制订等方面发挥重要的作用。CT 的另一优点是它相对的无创性、无痛苦、无危险、方法简便。此外，可以对正常或病变组织的密度作比较可靠的定量测量——CT 值，从而识别出空气、脂肪、水或液体、软组织及钙化等密度，有助于对某些肿瘤作出定性的判断。

CT 的局限性主要是设备昂贵，保养维修费用高，造影剂较贵。CT 对病变检出的敏感性虽高，但特异性相对有限，如一些良恶性病变判断的准确性不够高，如对淋巴结病变性质的判断。CT 发现淋巴结增大的敏感性较高，但增大的淋巴结不一定都是肿瘤性的，而未增大的淋巴结也未必不具有转移性。CT 对消化道肿瘤的早期诊断目前尚不及钡餐检查。

CT 机的广泛应用，特别是螺旋 CT 的应用，为临床提供了丰富的诊断信息，提高了疾病早期诊断和鉴别诊断能力，丰富了 X 线诊断的内涵。随着 CT 技术的不断发展，CT 检测病变的能力和定性诊断的能力将不断提高。

六、CT 诊断的临床应用

(一) 正常解剖

正常犬横断面 CT 扫描，可按不同的扫描部位选用窗位与窗宽（表 1-3）。

表 1 - 3　比格犬 CT 扫描的常用窗位与窗宽

扫描部位	窗位（WL）	窗宽（WW）
鼻中部	＋21	200
眼眶部	＋21	200
眼眶后部	＋53	400
额　部	＋39	200
颧弓中部	＋28	75
顶颞部	＋24	400
脑　部	＋32	100
延髓部	＋87	400
第 1 颈椎	＋76	400
第 2 颈椎	＋56	400
第 3 颈椎	＋61	400
第 1 胸椎	＋61	200
纵　隔	＋61	400
主动脉弓	＋22	200
气管分叉部	－178	400
心中部	－196	400
第 6 胸椎	－182	400
心后部	－164	400
肝脏膈面	＋7	400
胆囊部	＋20	100
食道终端	＋21	400
胃与十二指肠	＋20	200
右肾前端	＋20	200
右肾中部	＋20	200
左肾中部	＋20	200
荐　部	－3	200
耻骨联合	＋35	400

（二）机体各部扫描

1. 头颈部 CT 扫描　头颈部逐层横断面 CT 扫描可清晰显示鼻腔、副鼻窦、鼻咽、喉、气管等上呼吸道系统。脑部、延髓部和第 1 颈椎扫描，可显示舌骨、喉软骨及周围软组织。甲状腺紧靠气管。口腔、咽、食道等上消化道系统则可在鼻、眼眶、眼眶后部、颧弓中部扫描中显示。眼眶后部、额部、颧弓中部、顶颞部、脑部、延髓部和第 3 颈椎区域扫描可显示中枢神经系统结构。此外，颌骨、颅骨、椎骨的孔和管道均可显示。犬头部肿瘤 CT 扫描，可显示脑膜瘤、星状细胞瘤、垂体瘤、脉络丛瘤、间胶质瘤、原始神经外胚层瘤、室管膜瘤、神经胶质瘤等脑肿瘤 CT 影像。脑膜瘤为外周肿瘤，有宽基，造影时均匀增强。星状细胞瘤与间胶质瘤，边界不清，造影时环状不均匀增强。脉络丛瘤边界清晰，造影时均匀增强。垂体瘤边界清晰，周围水肿小，造影时均匀增强。

2. 颅脑 CT 扫描　　颅脑 CT 检查方法常规取横断位，采用平扫或平扫结合增强扫描。颅脑的强化扫描多采用一次快速大剂量注入造影剂，根据诊断的需要选择合适的时机进行扫描。目前，螺旋 CT 的应用，可发现颅内小的原发肿瘤或转移瘤，观察不同肿瘤的血供特点，特别是血管瘤、血管畸形等；增强扫描也可以使用多期扫描的检查方法。冠状扫描可作为横断扫描的补充，特别是对于垂体病变的显示很有利，对于显示视神经、眼肌等结构都很有价值。常规 CT 直接冠状扫描时因体位关系，容易出现伪影。目前多排螺旋 CT 的应用，容积扫描后可以进行多方位的重建，提高了 CT 显示大脑深部、大脑凸面、接近颅底的脑内和幕下病变的能力。

3. 胸部 CT 扫描　　胸部由于充气的肺产生良好的天然对比，日常临床工作中，常规 X 线检查仍然是胸部疾病检查的重要手段。由于常规 X 线检查的密度分辨率较低，加之前后组织结构相重叠，使肺门区、纵隔旁、心后、近横膈区等部位的病变难以显示。CT 具有极佳的密度分辨率，其密度分辨率是普通胸片的 10 倍，两维和三维的图像无结构重叠，由此 CT 在胸部疾病诊断的应用十分广泛。高分辨率 CT（简称 HRCT）技术的发展和应用，使 CT 能更清晰地显示肺组织的细微结构，提高了 CT 对肺部弥漫性病变的诊断和鉴别诊断的价值。高分辨 CT 结合肺部的三维重建技术可以较好地显示气管、支气管腔内的占位。螺旋 CT 三维重建技术和肺部灌注技术的应用，进一步提高了 CT 胸部疾病诊断和鉴别诊断的能力。

胸部检查常规从肺尖扫至肺底，多使用连续扫描。螺旋 CT 采用容积扫描方式，目前层厚 2～7mm，螺距根据机器的不同有所差异。容积扫描理论上可以包括全部胸部组织结构，避免了呼吸运动造成的病灶遗漏。常规的增强扫描，可以提高纵隔内血管结构、淋巴结的显示，动态增强或螺旋 CT 多期扫描可观察肿块的血供情况，有利于肺部孤立结节的诊断和鉴别诊断，肺部血管性病变的定性，对于纵隔肿瘤，特别是纵隔血管性病变的诊断等非常重要。

4. 肝、胆、胰、脾脏CT扫描　腹部检查前常规禁食4h，对于上腹部的CT检查，目前多主张使用水对比剂。检查前30min饮水。中、下腹部CT检查，口服3‰～5‰泛影葡胺，以充盈胃肠道。下腹部CT检查，为了避免造成假象，需在口服阳性对比剂1.5～2h后进行CT扫描。肝、胆、胰、脾脏病变的CT检查，常使用常规平扫结合增强扫描。对于小于3cm的病灶，目前非螺旋CT多主张采用动态增强扫描；螺旋CT多主张使用多期增强扫描方式，即大剂量团注造影剂后，进行多次上腹部CT扫描，有些病例需要进行延迟期（6～5min）扫描。对于胆系的部分疾患，横断位扫描和常规的增强扫描不能明确诊断的，可采用口服碘番酸或静脉注射胆影葡胺后行CT扫描，螺旋CT扫描者，结合工作站后处理，可进行CT胆道造影（CT cholangiography，CTC）检查，进一步直观、全面地观察胆道系统情况，判断胆道梗阻的部位及性质。胆道的CT水成像技术不需要使用对比剂即可进行胆系三维成像，已经显示出良好的应用前景。

5. 胃肠道CT扫描　胃和十二指肠CT扫描常规禁食4～6h，使胃充分排空，避免食物残渣的影响。检查前10min肌内注射654-2或其他低张药，服对比剂，使胃充分扩张。常规取仰卧位扫描，从胸骨剑突扫至脐部，部分视需要可扫描至盆腔。层厚和间隔5～10mm。如病变范围局限，可在局部区域加薄层扫描。增强扫描可使胃壁显示更清晰，应列为常规检查手段。增强扫描时，可根据病变的部位和检查需要改变体位，如胃窦部和十二指肠病变可选用右侧卧位，其目的是采用适当体位使胃窦和十二指肠得以良好充盈。

6. 小肠CT扫描　检查前1～2h口服阳性对比剂，只要能够耐受，服用的量越多，小肠充盈扩张的情况就越好，越利于病变的发现和避免假象。若同时口服山梨醇或甘露醇，可加快胃肠道对比剂的充盈过程，大约1h即可。取仰卧位，如病变部位不明确，应做全腹扫描。

7. 直肠和结肠CT扫描　充盈直肠和结肠有2种方法。①扫描前4～6h口服阳性对比剂，或加用甘露醇；②做清洁灌肠后，用对比剂通常是生理盐水作保留灌肠。后者能使结肠充分扩张，对比良好。直肠和结肠检查取仰卧位，左半结肠病变使用左侧卧位，右侧者反之。近年来，计算机软件技术不断发展，CT仿真内窥镜成像越来越受到重视。文献报道，该技术对结肠内息肉的敏感性、特异性和诊断准确性与纤维结肠镜相仿。该技术对肠腔狭窄导致不能完成纤维结肠镜检查的病例是很好的补充检查手段，仿真内窥镜结合横断位的图像对于肿瘤的诊断和分期有较高的临床应用价值。

8. 泌尿系CT扫描　扫描范围从第11胸椎下缘或第12胸椎上线开始至耻

骨联合，常规情况下需要进行平扫，碘过敏试验应在检查前 6h 进行，以免少量的造影剂排泄入肾脏而误诊为结石。对于肾脏和输尿管及膀胱区的小病灶，薄层动态增强扫描特别是螺旋 CT 双期或多期扫描有重要作用，应作为常规手段使用。

9. 肾上腺 CT 扫描 因肾上腺体积小，加之肾上腺的腺瘤多较小，薄层扫描技术在肾上腺检查中是常规检查方法。肝肾区的巨大占位，往往需要横断位图像结合矢状面或冠状面重建图像综合分析，以及结合临床表现和其他影像学方法综合分析。

10. 骨骼和软组织 CT 扫描 骨肿瘤以其多样性、复杂性和易变性成为临床、影像甚至病理诊断的难题。骨肿瘤的诊断中，X 线平片迄今为止仍然是骨肿瘤诊断的基础，其在初筛骨肿瘤的第一地位仍不可动摇。X 线平片无法克服密度分辨率不高和组织互相重叠的缺陷，特别是在解剖结构复杂的部位，如脊柱和松质骨内早期骨破坏病变难于显示。随着 CT 设备的改进及扫描技术的提高，CT 在骨关节、肌肉系统的应用日益普及，对骨肿瘤诊断领域不断扩大，获得的信息量不断增加。CT 可以提供多层面、互不重叠的影像，有利于明确肿瘤的大小和形态、骨髓腔内外的范围，如肿瘤、肌间隙、筋膜、邻近关节的关系。对于恶性骨肿瘤，CT 对于了解肿瘤纵向、横向侵犯范围，选择手术方案及制订放射治疗计划非常重要。借助增强造影还可以提高对软组织肿瘤的检出和定性。CT 对观察骨质破坏区内细小的钙化、骨化、破坏区周围骨质微细改变、软组织肿块，以及肿块向软组织浸润的程度及范围优于平片。目前认为常规 X 线检查与 CT 检查各有特点，对一个复杂的骨肿瘤还不能期望用一种检查方法解决诊断问题，应尽可能选择几种最适合的方法进行综合评价。实践证明，骨肿瘤诊断需要临床、影像和病理三重结合，互相补充。

11. 椎间盘脱出 椎间盘脱出时，作横断面 CT 扫描，脱出的椎间盘出现 CT 值不同程度的增加。如脊髓轻微受压，脱出的椎间盘 CT 值为（59±17）Hu，略高于正常犬脊髓的 CT 值（31.3±8.6）Hu。如脊髓严重受压，脱出的椎间盘 CT 值为（219±95）Hu。如复发性椎间盘脱出，脱出的椎间盘 CT 值可高达（745±288）Hu。CT 影像上，脱出的椎间盘显示为在椎体背侧缘中央的一小类圆形的对比增强阴影。

12. 脂肪瘤 脂肪瘤多见于老龄犬，其大小不一、单发或多发。脂肪瘤可因侵入肌肉间而造成边界不清，可复发。恶性脂肪癌较罕见，虽为局部浸润，但几乎不迁移。由于普通脂肪瘤和浸润性脂肪瘤的细胞学与组织学特征相同，因而活检不能准确诊断浸润性脂肪瘤。CT 可对浸润性脂肪瘤的范围作出充分评价，浸润性脂肪瘤内可显示细微的软组织条纹。

第四节　磁共振成像（MRI）技术基础

从 20 世纪 40 年代起核磁共振作为一种物理现象就已应用于物理、化学和医学领域。美国哈佛大学的 Purcell 及斯坦福大学的 Bloch 因发现了核磁共振现象，共同获得了 1952 年的诺贝尔物理奖。1973 年 Iauterbur 等人首先报道利用核磁共振原理成像的技术，而 Mansfield 则更进一步地开拓了梯度应用技术。1978 年，Mallard、Hutchison 及 Iauterbur 等人报告了 MRI 用于人体的情况。1980 年，商品 MRI 机出售，开始应用于临床。由于 MRI 所具有的独特功能和巨大潜能，这一新的医学影像学诊断技术在 20 世纪 80 年代得到迅速发展。2003 年，美国的 Iauterbur 和英国的 Mansfield 共同获得了诺贝尔生理与医学奖。为避免与核医学中放射成像相混淆，现在将此技术称为磁共振成像（magnetic resonance imaging，MRI）。

MRI 提供的信息量不但大于医学影像学中的其他许多成像技术，而且其提供的信息也不同于已有的成像技术，所以其用于诊断疾病具有很大的优越性（图 1-17）。

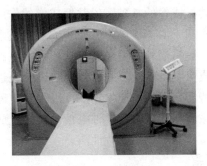

图 1-17　MRI 机

一、磁共振成像原理

自然界任何原子核的内部均含质子与中子，统称核子。

核子具有自旋性，并由此产生自旋磁场，具有偶数核子的许多原子核其自旋磁场相互抵消，不出现磁场，只有那些具有奇数核子的原子核在自旋中具有磁矩或磁场，如^1H、^{13}C、^{19}F、^{31}P 等，因而才能作为磁共振图像的靶子，其中以^{1}H 更优。

H 是机体内数量最多的物质，原子核内有一个中子而无质子，最不稳定、最易受外界磁场的影响而发生磁共振现象，因而是 MRI 的最佳靶子。氢原子核带一个正电荷，又能自旋，在其周围形成一个小磁场，因而氢原子核实际是一个小磁体。

原子核的自旋很像一个微小磁棒沿自己的纵轴旋转，无外加磁场时，质子或中子的自旋方向是随机的。当处于一个外加磁场中时，单数原子的原子核自旋轴就会趋于平行或反平行于外加的磁场方向，并以一种特定的方式绕主磁场方向旋转，这种旋转动作称为进动。

进动的频率取决于外加磁场的强度、原子核的性质和磁旋比。处于静磁场中的原子核系统受到一个频率和进动频率相同的射频脉冲（RF）激发，原子核将在它们的能级间产生共振跃迁，引起原子核的共振现象，即核磁共振。

当 RF 激发停止后，受激原子核的相位和能级都恢复到激发前的状态，这个过程称为弛豫。核系统从共振激发到恢复平衡所需要的时间称为自旋-晶格弛豫时间，又称纵向弛豫时间，通常用 T_1 表示。T_2 弛豫时间又称横向弛豫时间，表示在完全均匀的外磁场中横向磁化所维持的时间。

机体不同组织，不论它们是正常还是异常，其组织器官的 T_1、T_2 值的差别是很大的，这是磁共振成像的基础。磁共振成像的作用之一就是利用这些差别来诊断和鉴别诊断疾病。由于机体中氢原子的数量最多，且只有一个质子而不含中子，最不稳定，最易受外加磁场的影响而发生核磁共振现象，所以现阶段临床上用的磁共振成像主要涉及氢原子核。机体一旦进入磁场中，体内的磁性核就具备了共振的特性，也就是说生物体可以吸收电磁波的能量，然后再发射具有特定频率的电磁波，计算机把这种电信号再转化成图像。磁共振图像实质上是体内质子的分布状态图或弛豫特性图。

（一）磁共振的概念

"核"是指磁共振成像涉及的目标原子核（靶核，主要指氢原子核），与核周围的电子层关系不大。

"磁"是指外加磁场，即 MR 发生在一个巨大的外磁场孔腔内，它能产生一个恒定不变的强大磁场（B_0）；在静磁场上按时叠加一个小的射频磁场以进行和激励并诱发磁共振（B_1）；叠加另一个小的梯度磁场以进行空间描记并制成图像。

"共振"是借指宏观现象解释微观现象，当两个音叉的固有频率相同，一个静止的音叉在另一个振动的音叉的不断作用下即可引起同步振动。核子间能量的不断吸收和释放也可引起振动，当质子释放或获得的能量恰好等于质子能级差时，质子就会在高能级和低能级间来回运动。这种升降运动是在一个磁场中进行的，所以称为核磁共振（NMR）。

（二）磁共振原理

机体在强大的外界磁场（B_0）作用下，可获得 MR 图像，而体内的氢质子也发生一系列变化。在无外加磁场（B_0）作用下，平常状态下动物体内氢质子排列杂乱无章，磁矩方向不一致，所产生的磁力相互抵消。在外加磁场（B_0）的作用下，自旋质子的磁矩将按量子力学规律纷纷从无序状态向外磁场磁力线方向有序排列，其中，多数处于低能级质子的磁矩与 B_0 的磁力线同向，少数高能级质子磁矩与 B_0 磁矩方向相反，最后达到动态平衡。当通过表面线圈从与 B_0 磁力线垂直的方向施加射频（RF）磁场（RF 脉冲）时，受检部位的氢质子从中吸收能量并向 XY 平面偏转，这一过程称为激励；射频磁场中断后，氢质子释放出所吸收的能量而重新回到 Z 轴的自旋方向上，这一过程称弛豫，释放的电磁能量以无线电波的形式发射出来并转化为 MR 信号。在梯度磁场的辅助作用下，MR 信号形成 MR 图像。

二、磁共振成像设备

磁共振成像设备主要由磁体系统、射频发射和接收系统、图像重建和显示系统、检查床及图像记录存储系统、软件系统五部分构成。

（一）磁体系统

1. 主磁体　主磁体即用于产生静磁场的磁体，它是设备的主体部件，按其构造分为 3 种类型。

（1）永久磁体　简称永磁型。此型主磁体采用永磁材料（如铁氧体）制成，其磁场强度衰减极慢，可视为永久不变。具有运行维护简单，无水电消耗，维持运行费用低，磁力线闭合，磁体漏磁小，磁场方向与机体长轴相互垂直，S-N 极在机体上下方向，射频线圈的设备制作容易，填充因子大，线圈的效率高，对磁体间即扫描室场地和周围环境的要求较低等优点。但其同时具有磁体笨重、占地大、永磁材料昂贵，磁体受环境温度的影响大，磁场均匀度的稳定性较差，周围环境稍有变化，磁场内各部位的场强就发生变化，使磁场均匀度破坏，导致图像质量下降等缺点；且由于受设计和制造上的制约，永磁磁体的场强较低，一般最高不超过 0.3T。

（2）阻抗式磁体　又称常导型磁体，系常温下，应用励磁电流通过线圈产生磁场。此型磁体又大致分为空芯磁体、铁芯磁体（线圈中心插有铁棒）和电磁永磁混合型磁体。阻抗式磁体有制造安装容易、造价低廉等优点，但磁场的均匀度和稳定性均较差，所以图像质量较差，开机后电磁耗电量大，磁体运行中产生较多热量，主要依靠水冷却，需水量也较大，所以维持运行费用高。目前，此型磁体已很少应用，其磁场强度也较低，一般不超过 0.3T。

（3）超导磁体　又称电磁体，将其置于液氦之中，达绝对零度（−273℃），此时线圈处于超导状态，其电阻为零。超导磁体配有一个励磁电源，当励磁电流使磁场达预定值后，将超导磁体开关闭合，励磁电源去掉，电流在闭合的超导线圈内几乎无衰减地循环流动，产生高强稳定的磁场。此型磁体的优点是磁场稳定性好，室温的波动对磁场几乎没有影响，所以所获图像质量好，并且可获很高的磁场强度，一般临床应用的磁共振成像机可达 3.0T，实验室用可达 11.0T。

缺点是运行需消耗一定量的液氦，致维持运行费用较高，但近年各公司致力于降低液氦蒸发量的研究，液氦消耗已下降至相当低的水平，有的公司还推出首次充填后永不再添加液氦的磁体。该型磁体应用最广泛，占主导地位。

2. 梯度场　包括梯度线圈和梯度电源两部分。梯度线圈共有 3 组，在 3 个互相垂直的方向上产生梯度场。梯度电源包括梯度脉冲发生器和功率放大器，梯度电源在主计算机控制下进行工作。

3. 匀场系统　匀场系统包括匀场线圈和匀场电源两部分，通常主磁体的匀场线圈有十几对，甚至更多，以补偿主磁体的不均匀性，也有用永磁材料辅助匀场的。主磁体均匀度应优于 0.001%。

（二）射频发射和接收系统

射频的发射和接收都在计算机的控制之下进行。

发射系统包括信号源，用以产生射频信号，先形成脉冲，再加工处理，然后经功率放大器放大，最后由发射线圈向机体发射射频信号。

射频接收系统包括接收线圈，接收机体发射的磁共振成像信号，经功率放大器和模/数（A/D）转换器转换成数字信号，输入计算机进行成像处理。接收线圈包括体线圈、头线圈和各种表面线圈。

心脏大血管 MRI 扫描应用体线圈多，但表面线圈有两个突出的优点。

● 充填因子大，接收 MRI 信号的效率高，可增加信噪比，提高图像质量；

● 可明显提高空间分辨率，有利于微小病变的观察。

（三）图像重建及显示系统

该系统将输入计算机的数字信号进行处理，重建图像，并对图像加工处理，最后存储和显示图像，其硬件主要包括：

1. 计算机　属高档小型计算机，它是整个扫描机的中枢，图像重建、显示、存储均由其控制进行。此外，还包括阵列处理机和海量存储器等。

2. 高分辨率监视器　与操作台或称工作站结合在一起。技术人员通过操作台控制整个扫描机工作，除监视器用以显示文字指令、程序菜单和 MRI 图像外，还可配有键盘及若干功能键、选择调节旋钮、跟踪球等，也可配置鼠标器或视频触摸屏，操作 MRI 扫描机采用人机对话方式。近年有操作简化、预设置增多的趋势，使其操作更方便、简单、快速。

（四）检查床及图像记录存储系统

1. 检查床　磁共振成像扫描机配有能垂直升降和水平移动的检查床，使检查对象方便地出入磁体。该床带有激光定位器，用无磁材料制造，一般有电视监视系统，以便于扫描过程中监护。有的机型，检查床边还配有用无磁材料制造的输液架。

2. 图像存储记录系统　图像存储记录系统包括计算机本身的磁盘及配置的激光盘，或可读写重复使用的光磁盘、磁带机等，用于存储图像。

临床多用胶片存储 MRI 图像资料，也可存储于 PACS 系统内。胶片打印越来越多地应用环保型的干式打印机。

（五）软件系统

磁共振成像机的运行均由软件系统来实施。

购买机器时，随机带有软件系统，由于 MRI 技术发展迅速，软件系统更新较快，一般 8～10 个月升级一次。借助软件升级，MRI 扫描机的功能将不断提高和完善。

三、磁共振成像特征

磁共振成像反映机体特定层面包含的组织特征。在成像过程中，采用选择性激励、相位编码和频率编码3 种功能在机体内创造一个特殊的层面，同时在该层面内创建一个具体的体素，每个相应体素的信号强度决定像素的阵列，即决定了像素的亮度。这 3 种成像功能在磁场中是通过暂时性磁场梯度来完成的。在磁体孔洞壁内有 3套磁场梯度线圈，它们的功能可以随时转换，借以转动成像平面（图 1-18）。

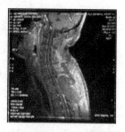

图 1-18　MRI 图像

（一）成像质量

成像质量即解剖分辨率，其主要决定因素是每一个组织体素的大小（空间分辨率）。由于每一个体素在磁共振成像上均由一个像素亮点代表，体内所有的结构实质上都是叠加在一起的。每个具体体素的大小均由视野大小、矩阵大小和层厚3个因素决定，其中任何一个因素均可由操作者在扫描中选定。减少体素的大小可改善空间分辨率，但成像质量受到信噪比的限制。所以，要获得高的成像质量，就必须妥善处理信噪比与空间分辨率这两个重要的成像因素的关系。

（二）信噪比（SNR）

磁共振成像实际上是组织发出的射频信号（RF）地形图。每个像素的宽度与相应组织体素发出的射频信号强度呈正比。但是，动物体产生的散乱射频发射波在像素信号强度上造成杂乱的变化，这就是磁共振成像上见到的噪声。噪声的存在降低了磁共振成像质量，减弱了低对比度组织结构的能见度，延长了图像采集时间。为了获得高于特殊噪声水平的信号强度，必须采用一定的最小的体素，而这又限制了空间分辨率，进而限制了细微结构图像的质量。解决这一问题的方法是相应增加检测的次数（如激励、采集、数据处理或平均次数），将这些重复的检测叠加并形成单一图像。

（三）层面选择

每个磁共振成像平面都代表一层组织，其部位、方向和厚度可由操作者选定。目前，最常用的方法是选择性激励，在信号采集过程中形成层面，这种方法通常称为二维（2D）成像。三维（3D）或容积成像是另一种成像方法，其层面是在图像重建过程中形成的。

在二维成像中，将磁场局限于一定层厚的组织内，从而产生一个MR层面。当对动物施加激励脉冲时，在磁场中都加用一个磁场梯度，即可完成层面选择。

在一定频率条件下，核磁共振与磁场强度成正比。如果在一个大的体层内磁场均匀一致，所有氢质子的共振磁场均匀一致，所有氢质子共振频率则相同，并同时受到RF脉冲激励。如果存在梯度磁场，其共振频率就会随部位的改变而改变。射频（RF）信号脉冲的频率范围有一定限度，它只能激励位于较薄层厚的氢质子。换言之，只有选定层厚内的氢质子才能接收RF脉冲的激励并发射MR信号。改变RF脉冲的频率，就会改变选择层面的部位；改变RF脉冲的频率范围或梯度磁场强度就可以改变层厚。

根据相位编码和频率编码创建二维MRI。接收线圈采集的RF信号是每个组织体素的复合信号。

(四) 图像重建

重建是 MRI 的第二个重要阶段，它将采集阶段获得的复合信号转换成图像，其过程由阵列处理机或计算机完成。傅里叶转换是重建 MRI 最常用的方法，其功能主要是将信号从时间阈值转换成频率阈值。傅里叶转换在相位方向上必须将整套复合信号与其位相特征结合起来，才能组成一排排像素。

(五) 三维容积成像

三维成像又称容积成像。这种成像方法的每一次 RF 脉冲将激励组织的全部容积，而不是单独激励一个层厚。容积成像很耗费时间，因为成像周期的数目很大，它需要较长的采集时间。另外，容积成像的图像重建过程也很长，因为还需要其他数据。三维成像的优点是能够重建较薄的连续性层面，从而提高信噪比。

(六) 多层面成像

多层面成像可以同时显示不同的解剖层面，在每一个成像周期中每一层面均被依次激励。第一个 RF 脉冲从第一层组织中激励并读出，其他层面依此类推。多层面图像不增加采集时间。一定脉冲所能获得的层面数受成像周期和回波时间的限制：

$$最大层面数 = 成像周期 / (回波时间 + 常数)$$

(七) 层面外形

多数 MRI 方法均不能产生边缘清晰锐利的层面图像。磁场梯度的均匀性、RF 脉冲的特殊形状及层厚等使层厚周边的组织对 RF 脉冲也会有反应，因而，影响 MRI 边缘的清晰度。

(八) 磁弛豫现象

磁共振成像中的软组织及其病变的对比度主要取决于 T_1 与 T_2 弛豫时间差。正常组织与病变组织的弛豫特征均取决于其共振频率，MRI 对比度是组织弛豫差异的分子基础，即取决于亲水大分子结构的运动状态。

机体内 $60\% \sim 80\%$ 是水，每单位水重量中含氢量为 25% 或 11% 左右。组织中含水量较为恒定，因而含氢量也较为恒定。形成 MR 信号的主要因素是水中的氢质子，而水中的氢质子数大大超过了有机分子中的氢质子数，所以形成 MR 信号的分子数就等于"氢质子密度"。

有机氢质子主要存在于蛋白质中，因而具有固体的特征。固体中的氢质子在 MRI 上难以显示，因为其 T_2 弛豫时间极短，几乎无信号，但这部分氢质子却能影响某些组织中的氢质子密度。

大多数无脂肪组织的弛豫可按结合水、结构水和容积水 3 种水组分加以讨论。各种水组分都有自己特征性弛豫率，分别称为结合水弛豫率（Rb）、结构水弛豫率（Rst）和容积水弛豫率（Rus）。其中，结合水弛豫率（Rb）最为重要，它直接反映大分子特征。

四、磁共振成像检查技术及图像分析

磁共振成像较其他影像技术的主要优势是能显示对比度低的病灶。MR 的敏感性主要取决于病灶与周围正常组织的对比度和用以显示组织固有对比度的 MR 成像技术。

（一）磁共振成像组织对比度的来源

质子的弛豫是与周围磁场共振而发生的。质子受周围分子磁场影响而发生的弛豫，称为自旋—晶格弛豫（纵向弛豫、T_1 弛豫）；质子受其他质磁场影响而发生的弛豫，称为自旋—自旋弛豫（横向弛豫、T_2 弛豫）。

以 T_1 弛豫为例，质子周围的分子是在不断振动的，振动频率与分子大小成反比。水分子非常小，振动频率过高，无法与质子交换能量，弛豫速度就慢；蛋白质分子非常大，振动频率过低，也无法与质子交换能量，弛豫速度也慢，但快于水；脂肪的振动频率与质子的共振频率接近，所以脂肪的弛豫速度最快。弛豫速度越快，采集到的信号就越强。由于不同组织含有上述 3 种成分的比重不同，它们之间就会出现信号对比。

实际扫描过程中，获得的信号既包含 T_1 信号，也包含 T_2 信号。调节扫描参数，可以使所得信号中某种信号所占的比例增大，称为加权成像（WI）。除 T_1 加权（T_1WI）、T_2 加权（T_2WI）外，还可以有质子密度加权（PdWI）和混合加权。

组织固有对比度的决定因素共有 4 种。

1. 自旋密度 $[N(H)]$ 的固有差别　即氢质子密度的固有差别。

2. 纵向弛豫时间（T_1）的固有差别　即组织间 T_1 值的固有差别。

3. 横向弛豫时间（T_2）的固有差别　即组织间 T_2 值的固有差别。

4. 流动效应引起的差别　组织中 T_1 值随磁场强度的增加而相应增加，其固有的 T_1 对比度也将相应增加。一般认为 T_2 值并不随磁场强度变化而变化，但有些组织由于磁敏度效应其 T_2 值可随磁场强度的增加而减小。自旋密度值及自旋密度固有的对比度与磁场强度的变化无关。组织或病灶中 T_1 与 T_2 值越长，其自旋密度（即氢质子密度）越高。

MR 与 CT 一样也具有负信号，但在图像上不一定显示出来。MRI 的对比度像 CT 一样，可用以下公式表示：

$$C(图像) = [SB - SA]/S(参照)$$

S（参照）是一个恒定不变的参照信号，与选定组织、脉冲序列、脉冲间延迟时间等均无关。在 CT 中，SA 与 SB 代表衰减系数，以 Hounsfield 单位（Hu）表示，S（参照）= 1 000Hu。在 MR 中 SA 与 SB 是信号强度，是人为的设定单位，随扫描序列与扫描机的不同而发生相应的改变，S（参照）在 MR 上还没有标准的参照值。CT 与 MR 图像的对比度均与组织间的信号差异呈正相关，因而，"对比度"与"信号差"常可交互使用。

（二）扫描序列

临床上常用的扫描序列有自旋回波序列（SE）、反转恢复序列（IR）、梯度回波脉冲（GRE）3 种。

1. 自旋回波成像 Hahn（1950）在 NMR 波谱分析中首创的自旋回波成像是目前 MR 成像中最常用的脉冲序列。完整的自旋回波信号是自旋密度因素 [$N(H)$]、T_1 因素、T_2 因素 3 个因素的乘积。

自旋密度因素与每个容积成分（体素）内有效的氢原子核数目成正比，其作用是固定的，与 TE 和 TR 的变化无关。T_1 因素与 T_2 因素对自旋信号的作用取决于 TR 与 TE 的变化。

T_1 加权像：选用短 $TR(<500ms)$ 与短 $TE(<25ms)$ 即产生 T_1 加权像，MR 信号强度主要取决于组织的 T_1 弛豫时间，长 T_1 呈低信号（黑），短 T_1 呈高信号（白）。

T_2 加权像：选用长 $TR(>2\,000ms)$ 与短 $TE(>75ms)$ 即产生 T_2 加权像，MR 信号强度主要取决于组织机的 T_2 弛豫时间，长 T_2 呈低信号（白），短 T_2 呈高信号（黑）。

质子密度加权像：选用长 $TR(>2\,000ms)$ 与短 $TE(<25ms)$ 即产生质子密度加权像，此时 T_1 和 T_2 的作用相对无意义。MR 信号强度主要取决于组织的质子密度，如皮质骨内氢质子密度很低，则几乎无信号。

选用 TR 与 TE 均为中度长，则弄不清 T_1、T_2 与氢质子密度对 MR 信号强度及组织对比度的作用。

自旋回波（SE）序列的图像与参数有关。SE 序列中组织的 MR 信号强度可用 Bloch 方程推算：$SS_E = f(H)\, g(v)\, [1-e^{-TR/T_1}]\, e$

式中，SS_E 为 SE 序列的 MR 信号强度；$f(H)$ 为氢质子密度函数；$g(v)$ 为流速函数，固态组织为 1；TR 为重复时间；T_1 为纵向弛豫时间。

分析该方程可得出以下结论：SE 决定 MRI 的亮度，弱信号呈黑色，强信号呈白色。$f(H)$ 值很低的组织如空气、骨皮质，含氢质子很少，故呈黑色。$g(v)$ 指相对流速，流动的血液可呈黑色或白色。一般来说，快速流动的血液呈黑色流空影，慢速血流呈白色增强影。信号强度与 TR、T_2 成正比，与 TE 和 T_1 成反比。

两种组织的相对信号强度随 TR 或 TE 的增加而发生逆转，这种现象称对比逆转现象。如脑脊髓液在短 TR 和短 TE 序列中呈黑色的信号，在长 TR 与 TE 序列中逆转为白色的高信号。

MR 中某一组织或病灶的灰阶对比度不是固定不变的，而是随扫描参数的改变而不断变化。

自旋回波（SE）成像具有以下特征：SE 序列具有 TR 和 TE 两个时间参数；TR 一般为 2 000～3 000ms，TE 一般为 15～90ms。选择不同的 TR 与 TE 时间，可获得相应的 T_1 加权像、T_2 加权像及氢质子密度加权像；Bloch 方程可用于解释各种组织在 SE 序列中的信号特征；TE 与 TR 增加时两种组织间的对比度可发生逆转现象；SE 序列的 MR 信号强度取决于 TR、TE、T_1、T_2、氢质子密度 5 个参数。

2. 反转回复成像 典型的反转回复成像序列（IR）包括 180°反转脉冲、90°脉冲和 180°复相脉冲。该成像序列采用自旋回波作为采集信号，故又称为反转回复自旋回波序列（IRSE）。来自组织体素的信号代表着 $N(H)$、T_1、T_2 的特征，其脉冲也呈长方形。

IR 在临床使用上仅次于 SE 和 GRE。IR 是一组双脉冲序列。第一个 180°脉冲先将组织磁化矢量反转 180°，几百毫秒后再施加一个 90°脉冲，间隔时间成为翻转时间（TI）。整个过程可以间隔一定的时间予以重复，称为重复时间（TR）。90°脉冲旨在把部分恢复的磁化矢量转至垂直的横断面上，以利于接收线圈检测信号。

IR 序列典型的参数值为 TI 为 200～800 ms，TR 为 500～2 500ms，TE 为 50ms，单 TR 一定要长于 TI。选用的 TI 等于两种组织平均 T_1 的值，即可以在其间产生理想的对比度，通常 TI 等于 T_1 的 3 倍左右时信噪比较好。IR 序列可以写成 IR $TR/TI/TE$，如 TR 为 1 500、TI 为 400、TE 为 30 时，可以记录为 IR 1 500/400/30。如果检测叠加 3 次，则总扫描时间大约为 10min。

3. 梯度回波脉冲序列（GRE） 梯度回波序列是目前 MR 快速扫描中最为成熟的方法。它不仅使扫描时间大大缩短，而且分辨力、信噪比均无明显下降。GRASS、FLASH、FISP 成像均属于梯度回波序列（GRE）的范畴。

GRE 又分为快速小角度激发成像（fast low angle shot，FLASH）、稳定进动快速成像（fast imaging with steady procession，FISP）和稳态梯度回返采集成像（gradient recalled acquisition in steady state，GRASS）3 种成像方法。GRE 序列采集一个层厚的 T_1 或 T_2 加权像仅需要几秒或几十秒钟，所以俗称快速扫描。

梯度回波成像在每单位时间内的信噪比与对比度噪声比大为提高，比常规 SE 序列要优越数倍。这些快速扫描技术比较有价值的方面包括能获得流动诱发的对比度；能分辨脑脊髓液与头骨、灰白质；能使 MR 对比及迅速成像；能使三维傅里叶转换容积成像的总时间缩短。

（三）噪声对低对比度病灶的作用

MR 成像中的噪声包括统计学噪声和系统性噪声，两者形成系统总噪声。

$$总噪声＝统计学噪声的平方＋系统性噪声的平方$$

$$对比度噪声比(CNR) ＝ 对比组织噪声差(SA － SB) / 噪声(\sigma_0)$$

统计学噪声是由每个像素信号强度盲目波动所致，在均匀背景上呈点对点变化，在感兴趣区呈高斯形；系统性噪声属于意外信号，呈特殊的非高斯形结构，运动和化名性伪影就是 MRI 中的系统性噪声。

为了获得最佳的 CNR，必须选择合适的脉冲序列。没有一种序列能使所有的组织都能达到最佳 CNR。

五、磁共振成像技术优缺点

（一）磁共振成像的优点

1. 无电离辐射危害　波长较长，无电离辐射损伤；尽管 RF 的峰值功率达数千瓦，但平均功率仅为数瓦。

2. 多参数成像　一般的医学成像技术都使用单一的成像参数，如 CT 使用 X 线的吸收系数作为成像参数，US 用来使用组织界面的反射回波作为成像参数等。MRI 可以多参数成像，目前 MRI 设备主要是观测活体组织中氢质子密度的空间分布及其弛豫时间的新型成像工具，用以成像的参数主要有质子密度、纵向弛豫时间（T_1）、横向弛豫时间（T_2）、体内液体流速 4 个。

上述参数既可以分别成像，也可以相互结合获取对比图像。其中，质子密度与 MR 信号的强度成正比，所以 $N(H)$ 成像主要反映所观察平面内组织脏器的大小、范围和位置，T_1、T_2 参数则含有丰富和敏感的生理和生化信息。

3. 软组织成像出色 由于机体体重的 70% 是水，这些水中的氢核是 MR 信号的主要来源，其余信号来自脂肪、蛋白质和其他化合物中的氢质子。由于两者间 MR 信号强度不同，所以 MRI 图像必然是高对比度的。

MRI 的软组织对比分辨率最高，优于 CT，对于软组织病变的检查有特别优势。

4. 磁共振成像设备具有任意方向断层能力 通过调节 3 个梯度磁场来确定扫描层面的空间位置信息，MRI 设备可以获得横断面、冠状面、矢状面和不同角度斜状面的成像，检查过程中无须移动。

5. 无须使用对比剂，可直接显示心脏和血管结构 传统的心血管造影需要使用对比剂（造影剂）才能显示心血管的图像，而 MRI 可以直接显示心脏和血管结构，无须使用对比剂。它的最大优点是无创伤，也无须考虑造影药物的副作用，是一种全新的血管造影技术，称之为磁共振血管成像（MRA）。

6. 无骨伪影干扰 有利于观察后颅窝病变。

7. 可进行功能、组织化学和生物化学方面的研究

（二）磁共振成像的局限性

1. 成像速度慢 相对于 CT 来说，磁共振成像的速度较慢，但是随着技术的发展，新的成像方法不断出现，现在的磁共振成像速度已经大大加快了。

2. 对于不含或少含氢质子的组织结构显示不佳 如钙化灶、骨骼等。这是由于这部分组织的 MR 信号较弱。

3. 禁忌证相对较多 主要是带有金属异物的不能进行 MR 检查，如内固定带钢针或钢板等。

4. 图像易受多种伪影影响 尽管 MRI 可以消除骨伪影，但其他形式的伪影仍然影响着图像的质量。

5. 设备价格昂贵

六、磁共振成像在临床上的应用

磁共振扫描主要使用强磁场与射频脉冲。

磁场强度为 0.15～2.0T。强磁场使宠物体内的原子核磁化；射频脉冲给予磁化的原子核一定的电磁能，这种电磁能在弛豫过程中又释放出来，形成磁共振信号。计算机将这种信号收集起来，按强度转化成黑白灰度并按位置组成二维或三维的图形，灰阶和图形共同组成了 MR 图像。临床上通过对这一图像的分析，作出临床诊断。从以上的叙述可以了解，MRI是一种新型的无创性影像技术，不同于一般的X线技术和CT技术。

（一）被检宠物的准备

被检宠物及检查执行人员必须严格按照要求进入磁共振室。

● 详细询问病史，结合临床症状、实验室检查结果及拟诊，确定扫描部位并进行层面选择，缩小扫查部位，有的放矢地查出病变部位、性质和范围。

● 询问宠物体内是否有植入性金属物品或电磁物品，如犬芯片、铃铛、犬链等。进入磁共振室的人员不可以携带任何金属物品和电磁物品，包括手表、项链、手机、戒指、钥匙、硬币、信用卡及其他磁卡等。这些物品易被损坏，也给MRI造成伪影，影响图像质量。

● 宠物须经麻醉方可移入监察室，防止宠物移动造成运动性伪影或影像缺失。

● 心电监护仪、心电图机、心脏起搏器等仪器设备不能进入检查室。

（二）磁共振成像的优势及适应证

临床应用中，磁共振成像在对中枢神经系统、四肢关节肌肉系统的诊断方面优势最为突出。

1. 颅脑　中枢神经系统位置固定，不受呼吸运动、胃肠蠕动的影响，故MRI以中枢神经系统效果最佳。磁共振成像的多方位、多参数、多轴倾斜切层，对中枢神经系统病变的定位定性诊断极其优越。颅脑MRI检查无颅骨伪影，脑灰白质信号对比度高，使得颅脑磁共振成像检查明显优于CT。

头部MRI检查的适应证有以下几种。

（1）脑肿瘤　多方向切层有利于定位，无骨及气体伪影，尤其在颅底后颅窝、脑干病变优势更明显。多种扫描技术结合，对良性、恶性肿瘤的鉴别及肿瘤的分级分期有明显的优势。

（2）脑血管疾病　急性脑出血首选CT，主要是由于CT扫描速度比MR快；而亚急性脑出血首选MRI，脑梗塞诊断方面，MRI明显优于CT，发现早、不容易漏病灶，其弥散加权成像极具特异性。脑血管畸形、动静脉畸形、动脉瘤诊断中，MRI明显优于CT，可对血管性病变进行三维观察。

（3）脑白质病变　脱髓鞘疾病、变性疾病明显优于CT。如皮层下动脉硬化性脑病、多发性硬化症等。

（4）脑外伤　脑挫伤、脑挫裂伤诊断中，MRI明显优于CT。磁共振的DWI和SWI技术对弥漫性轴索损伤的显示有绝对优势，颅骨骨折和超急性脑出血不如CT。

（5）其他脑部疾病　感染性疾病，如脑脓肿、脑炎、脑结核、脑囊虫等；脑室及蛛网膜下腔病变，如脑室内肿瘤、脑积水等；先天性疾病，如灰质异位、巨脑回等发育畸形。这些疾病中，应首选 MRI。

总之，除急性外伤、超急性脑出血外，颅脑部影像检查均应首选 MRI。

2. 脊柱及脊髓　对脊柱、脊髓检查时，与 CT 相比，MRI 有成像范围大、多方位成像、无骨伪影、对比度高等优势。

脊柱及脊髓 MRI 检查的适应证有椎管内肿瘤、颅底畸形、脊髓炎症、脊柱先天畸形、颈椎病、腰椎病、椎体病变、外伤等。

总之，脊柱及脊髓检查，除骨折、骨质增生外均应首选 MRI。

3. 颅面及颈部

（1）眼眶　MRI 眼眶检查的主要优点是无损伤、无辐射，适合眼病多次检查者，软组织对比好，解剖结构清晰，可平行于视神经走行扫描；MRI 图像中有一些眼眶疾患具有特征性信号，如皮样囊肿、黑色素瘤、血管畸形，很少使用造影剂，无骨伪影。除对较小钙化、新鲜出血、轻微骨病变、骨化的显示不如 CT 外，MRI 对眶内炎症、肿瘤、眼肌病变、视神经病变的显示均优于 CT。

（2）鼻咽部　MRI 由于具有高度软组织分辨力、多方向切层的优点，对鼻咽部正常解剖及病理解剖的显示比 CT 清晰、全面。MRI 图像中，鼻咽部黏膜、咽旁间隙、咽颅底筋膜、腮腺间隙、颈动脉间隙等均具有特征性的信号。矢状位扫描可明确鼻咽部病变与邻近重要结构，如颅底的关系，已经获得临床的广泛认可。

（3）口腔颌面部　颌面部由脂肪、肌肉、血管、淋巴组织、腺体、神经及骨组织等组成，它们在 MRI 各具有比较特征性的信号，对于上颌窦、腮腺发炎、肿瘤、口腔深部的占位病变、颞下颌关节紊乱的诊断等，MRI 比 CT 能提供更多的诊断信息。

（4）颈部　由于 MRI 具有不产生骨伪影、软组织高分辨率、血管流空效应等特点，可清晰显示咽、喉、甲状腺、颈部淋巴结、血管及颈部肌肉，对颈部病变诊断具有重要价值。

4. 胸部　由于纵隔内血管的流空效应及纵隔内脂肪的高信号特点，形成了纵隔 MRI 图像的优良对比。

MRI 对纵隔及肺门淋巴结肿大、占位性病变具有特别的价值，但对于肺内小病灶及钙化的检出不如 CT。MRI 对胸壁占位、炎症也能很好地显示，如MR 弥散和灌注技术对良性、恶性器质病变的鉴别有独特的优势。

由于 MRI 对软组织的高分辨力，其对乳腺的腺体、腺管、韧带、脂肪结构能清晰显示，对良性、恶性病变的鉴别也有独特的优势。

心脏大血管也是 MRI 研究的热门方向。由于血液的流空效应，心内血液和心脏结构形成良好对比，MRI 能清晰地分辨心肌、心内膜、心包和心包外脂肪；无需造影剂，可以任意方位断层。因此，MRI 对主动脉瘤、主动脉夹层、心腔内占位、心包占位病变、心肌病变的诊断具有重要价值。

5. 腹部

（1）肝脏　MRI 的多参数技术在肝脏病变的鉴别诊断中具有重要价值，不需用造影剂即可通过 T_1WI 和 T_2WI、DWI 等技术直接鉴别肝脏囊肿、海绵状血管瘤、肝癌及转移癌，对胆管内病变的显示优于 CT。MRI 结合其技术在胰、胆管系统疾病的诊断中有不可取代的优势。

（2）肾及输尿管　肾及其周围脂肪囊在 MRI 图像上形成鲜明的对比，肾实质与肾盂内尿液形成良好对比。

（3）胰腺　对胰腺病变有很好的显示，如急慢性胰腺炎、胰腺癌及周围侵犯及转移情况均有良好的显示。

6. 盆腔　MRI 多方位、大视野成像可清晰地显示盆腔的解剖结构，对盆腔内血管及淋巴结的鉴别较容易，是盆腔肿瘤、炎症、子宫内膜异位症、转移癌等病变的最佳影像学检查手段；对于子宫肌瘤、子宫颈癌、盆腔淋巴结转移、卵巢囊肿、子宫内膜异位症等优于 CT；观察前列腺癌、膀胱癌向外侵犯情况优于 CT。由于没有放射性损伤，MRI 在产科影像检查中有独特的优势。虽然到目前为止还没观察到 MRI 有什么副作用，但仍应谨慎避免妊娠前期进行此检查。MRI 对滋养细胞肿瘤、胎儿发育情况、脐带胎盘情况等都能很好地显示。

7. 四肢、关节　MRI 对四肢骨骨髓炎、四肢软组织内肿瘤及血管畸形有良好的显示效果，是股骨头无菌坏死最为敏感的检查技术。MRI 可清晰显示神经、肌腱、血管、骨、软骨、关节囊、关节液及关节韧带，对关节软骨损伤、关节积液、关节韧带损伤、半月板损伤、股骨头缺血性坏死等病变的诊断具有其他影像学检查无法比拟的价值。

第五节　介入性放射学

一、介入性放射学的概念

介入性放射学（interventional radiology）也称手术放射学，是诊断放学发展的一个新领域，其特点是采用各种特制的穿刺针、导管和栓塞材料，由放射科医师负责操作，将体内组织器官病变先诊断清楚，再进行治疗，使影像学诊断和治疗结合起来。这种方法具有安全可靠、简便有效、创伤性小等优点。

二、介入性放射学应具备的器材

（一）影像监视设备

介入性放射学是在影像设备的监视下，利用穿刺针、导管及导丝的操作达到局部治疗的目的，因此监视手段及监视手段的选择至关重要。每一种监视手段都有其自身的特点，所以在选择使用时，必须清楚地了解各种影像设备的适应范围，才能保证介入放射学操作的顺利进行。

1. 直接 X 线透视　这种监视方法是介入放射学传统的、基本的监视手段，其应用历史最早、范围最广泛。其方法是 X 线穿透机体后直接在荧光屏上成像，最早用于血管系统介入放射学、胆道及泌尿道等。其缺点是成像层次重叠、密度差异小、图像质量差，不便于介入操作，对于患畜和操作人员有放射损伤。

2. 间接 X 线透视和数字减影血管造影　间接 X 线透视是将通过机体的 X 线通过光电转换器并经摄像系统传递到显示器上成像的方法。该成像系统使用影像增强装置，图像清晰、明亮，便于观察，X 线曝光量明显减少，极大地降低了对患病动物和工作人员的放射损伤。目前，间接 X 线透视已经基本取代了直接 X 线透视。数字减影血管造影是在间接 X 线透视的基础上发展起来的，利用计算机技术消除骨骼、软组织对血管造影影像的影响，提高了血管影像的清晰度，是目前血管系统介入放射学的主要监视设备。

3. 超声设备　超声波成像设备作为介入放射学的影像监视设备，优点在于使用方便、实时成像。检测探头可多角度进行扫查，立体感强，能明显提高准确性，特别适合于穿刺定位。如胸、腹腔积液，囊肿或脓肿穿刺，肝胆系统经皮穿刺等。但超声检查易受骨和体内气体的影响，干扰操作。

4. CT 设备　CT 所提供的影像为断层影像，影像清晰、层次分明、定位准确，可用于颅内出血穿刺抽吸减压治疗。近年来出现了 CT 透视，这为介入放射学提供了便利条件，开拓了更广阔的空间。

（二）所用器材

介入放射学所用的器材种类很多，现就已开发使用的最基本的器材进行介绍。

1. 穿刺针 穿刺针是介入放射学技术中最基本的器材，它的作用是为以后的操作建立通道或直接经建立的通道采取病理组织、抽吸内容物、注入药物等。穿刺针由锐利的针芯和外套管组成，用于血管穿刺的则无针芯。穿刺针的外径用号表示，内径用英寸（in）表示。

2. 导管 介入放射学的主要器材是导管，种类较多，有造影导管、引流导管、球囊扩张导管等。导管的形状和大小、粗细依导管的作用不同而异。

3. 导丝 导丝具有引导作用，通过导丝送入导管或经导管利用导丝的导向性，将导管选择性地插入相应的血管或器官。

4. 导管鞘 由带反流阀的外鞘和中空的内芯组成。其作用是避免导管反复出入组织或管壁对局部造成损伤。

5. 支架 用于对狭窄的管腔进行支撑以恢复管腔的疏导功能，包括金属支架和内涵管。金属支架的性能和形态有所差异，如自张式和球囊扩张式，可用于血管系统和非血管系统狭窄的治疗；内涵管只用于非血管系统狭窄的治疗。

三、介入性放射学的内容

（一）经皮血管腔成形术

经皮血管腔成形术（percutaneous transluminalangiography，PTA）是一种经动脉导管扩张、再通动脉硬化或其他原因引起的动脉狭窄闭塞的方法。这种方法随着导管的不断改进，已广泛应用于扩张四肢血管、内脏的小动脉、大动脉、静脉及冠状动脉。病种包括动脉粥样硬化性和非粥样硬化性病变。

在行扩张术之前须先做血管造影，以便确定病变部位、程度和侧支供血情况。然后用球囊导管来扩张狭窄段。将球囊导管插入狭窄区，用压力泵或手推注射器将造影剂注入扩充球囊，此时做血管造影以便了解扩张情况。

（二）血管内灌注药物治疗

血管内灌注药物的目的是止血和抗癌治疗。

1. 灌注止血药物 对于消化道出血，如食道静脉曲张、胃肠道动脉出血、胃炎弥漫性黏膜出血、结肠憩室出血均可用此法治疗。食道静脉曲张、胃肠道动脉出血时，一般先做胃肠道 X 线检查或内窥镜检查，若诊断不明确，应进行选择性血管造影，以确定出血的部位和原因。动脉内灌注血管收缩药止血，一般先进行血管造影，然后进行药物灌注。经肠系膜动脉导管灌注血管加压素，控制食道静脉曲张出血的成功率为 55%～95%；胃左动脉或腹腔动脉导管灌注能控制 80% 的胃炎弥漫性出血；经肠系膜上或下动脉控制结肠憩室出血的成功率为 60%～75%。

2. 灌注化疗药物　在治疗肿瘤的过程中，为减少化疗药物的全身毒性反应，减少药物对正常组织细胞的伤害，可将导管选择性地插入供应肿瘤的血管。经导管向肿瘤局部灌注抗癌药物，增加局部的药物浓度，提高杀灭癌细胞的疗效。

常用的灌注药物有 5-氟尿嘧啶、丝裂霉素、顺铂、阿霉素等。目前化疗药物灌注治疗的应用范围较广，只要动脉导管能到达的实体肿瘤均可行化疗药物灌注治疗。常用于头颈部恶性肿瘤、原发性肺癌、肝癌、消化道恶性肿瘤、盆腔肿瘤和骨肿瘤。

（三）经导管栓塞

经导管栓塞术（transcatheter embolization）是通过动脉或静脉内导管，将一些栓塞物质有目的地注入供应病变或器官的血管内，使之阻塞，从而中断血液供应，以达到控制出血、终止病变的进展及消除器官功能的目的。此项技术已成为一种治疗方法，故又称为栓塞治疗（embolotherapy）。

栓塞治疗目前主要用于以下几个方面。

1. 控制出血　出血包括创伤性出血、胃肠道出血和肿瘤出血。对于创伤性出血，有时是用于治疗，有时是为抢救生命、为手术创造条件的术前准备而用。严重的骨盆骨折可引起闭孔内动脉和阴部内动脉撕裂大出血，紧急手术有极大危险，若先做髂内动脉选择性栓塞，既可起到止血的作用，又为手术创造条件，还可提高手术的安全性。如肝破裂出血，栓塞肝动脉或其分支止血，迅速有效。

胃和十二指肠溃疡出血，用灌注加压素止血成功率只有 35%，而用导管栓塞疗法止血成功率可达 96%。膀胱和子宫肿瘤出血，经股动脉做髂内动脉插管栓塞，能有效控制出血。

身体各部肿瘤出血均可行栓塞治疗，有效而安全。

2. 闭塞动静脉畸形和动静脉瘘　治疗动静脉畸形和动静脉瘘都可用栓塞疗法，将其供应和引流的血管均做永久性闭塞。选用的栓塞物以组织黏着剂（IBCA）为好，将其注入血管内，在腔内形成铸型物质，能使血管完全闭塞，可收到与手术结扎血管一样的效果。

3. 栓塞肿瘤　有两种方式，一种用于做手术前准备（手术前栓塞），另一种作为肿瘤的姑息治疗。

在肿瘤的血管供应丰富，手术中易造成大量出血时，为避免术中出血过多，可进行术前栓塞。栓塞后既能阻断肿瘤的血液供应，又可使肿瘤周围发生水肿，有利于肿瘤剥离摘除。

姑息治疗多用于不能手术切除的肿瘤，栓塞后能改善生存质量，延长生存期。有些病例栓后肿瘤缩小，可以手术切除。在用栓塞疗法治疗肿瘤时，可用放射性微粒作为栓塞物，起到放射治疗的作用，常用的放射性微粒有^{125}I、^{90}Y等；也可用含化疗药的栓塞物，经缓慢释放而起到化疗的作用。

4. 消除病变器官的功能　对于不同原因引起的脾肿大、脾功能亢进，可通过导管栓塞术来消除脾功能。现常使用部分性脾动脉栓塞技术，栓塞脾动脉的脾内分支，这既可以治疗脾功能亢进，又不影响脾的免疫功能，使脾动脉栓塞术更安全可靠。

对于肾血管性高血压、恶性高血压的晚期肾衰竭患病动物，可通过栓塞肾动脉，造成肾缺血梗死，从而消除分泌肾素的来源，为肾移植手术创造条件。

栓塞技术中常用的血管栓塞物有自体血凝块、明胶海绵、碘化油、螺圈和鱼肝油酸钠等。一般做短期栓塞可用自体血块，维持数小时至数天，以后即被溶解。其优点在于不引起被栓塞的靶器官发生不可逆性坏死；明胶海绵可持续数周或更长时间，除机械性阻塞血管外，还可造成继发性血栓形成。主要用于栓塞肿瘤、血管性疾病和控制出血；碘化油被广泛用于肝癌的栓塞治疗，能较完全和长时间地阻塞肿瘤实质血液供应。此外，还可以将碘化油和抗癌剂混合成乳剂，注入后既能闭塞血管，也能缓慢释放化疗药物，发挥治疗作用；螺圈为不锈钢圈，是一种机械性栓子，用于大、中、小血管，可永久性闭塞血管，对机体无毒。

在行经导管栓塞术时，可进行导管插管的动脉有股动脉、颈动脉、腋动脉、肱动脉和腘动脉等。经皮将穿刺针插入动脉后，先进行诊断性血管造影，根据病变的确切部位、性质和血管解剖特点，采用选择性和超选择性插管技术，尽量使导管接近病变部位，选择合适的栓塞物，在电视透视监视下缓慢注入或送入栓塞物，直到血流被阻断。

（四）经皮穿刺活检

经皮穿刺和抽吸活检是在影像的监视和导向下，用活检针穿刺病变器官和组织，以获取细胞学或组织学标本，作出细胞学或病理学诊断。经皮穿刺活检是有价值的诊断方法，已广泛应用于身体各部位、各器官病变，其方法简便、安全有效。

穿刺针有切割式、环钻式和抽吸式3种。抽吸式使用细针，对组织损伤小，利用注射抽吸可获取细胞学标本；切割式针的种类较多，针尖具有不同形状，口径较粗，可获取组织芯或组织碎块；环钻式主要用于骨组织的活检。

经皮穿刺活检必须在影像导向下才能准确进行。常用的导向方法有 X 线透视、超声波、CT 和 MRI。可根据穿刺的部位和器官选择导向方法。穿刺囊性或实体性肿物可用超声波进行实时监视，定向准确、使用方便、导向成功率高；获取肺脏或骨骼的病料时，可选用 X 线透视监视，简单方便；CT 导向准确，但操作程序复杂，多用于腹部、盆部和胸部病变活检。

该方法已广泛用于诊断各系统、器官的病变，如肺内结节、肿块病变的诊断；确定恶性肿瘤的类型；确定腹部肝、肾、胰腺等部位的病变性质及胰腺癌与胰腺炎的鉴别诊断；骨组织病变的鉴别诊断等。

（五）经皮穿刺引流术

机体管道、体腔或器官组织发生病变后，有时会出现病理性积液、脓肿、血肿、胆汁瘀积和尿液潴留等，超过一定的量以后，病变的器官或组织的形态和功能发生异常。通过穿刺引流可达到减压、排除病理产物、进行鉴别诊断及局部治疗等目的。

1. 肾囊性病变　肾囊性病变在动物临床上经常发生，既有发育性的也有后天性的，如多囊肾、单纯性肾囊肿。肾囊性病变多采取保守疗法和对症处理。介入治疗是一种有效的方法。

肾脏囊性病变的介入治疗，一般在超声或 CT 的引导下，确定穿刺部位。按原定的穿刺方向和深度进针，抽吸到囊液以后，注入少量造影剂，用 CT 扫描观察证实。如在超声下穿刺则用超声观察穿刺针的深度，放置引流管进行引流、抽吸，然后注入造影剂，透视观察有无外漏，再注入适量的 50% 的无水酒精，15min 后抽出注入的酒精拔管。

2. 肝脓肿　细菌性肝脓肿多由肝外胆系疾病逆向感染所致。本病的治疗除使用大量抗生素以外，还可在超声和 CT 的引导下，进行穿刺装管引流。此法成功率高、并发症少，简单、安全。

首先需获得超声或 CT 的影像学资料，以便确定最佳引流途径。在穿刺点处皮肤做一小切口，在透视或超声引导下直接向引流区中央穿刺，预计到位以后，退出针芯，可见腔内容物流出，经套管腔直接引入引流管，在影像导向下略作导管侧孔段的位置调整，推出套管，经引流管注射稀释的造影剂作引流区造影留片，固定引流管。

（六）经皮自动椎间盘切除术

这种方法是在对变短经皮椎间盘切除术进行改进后形成的一种方法。该法的优点是操作简便，手术时间变短；器械的直径仅 2mm，可降低损伤神经根和重要器官的概率，减少发生感染的可能性。

所用的器械和设备有穿刺针、导丝、套管、纤维环锯、自动抽吸针、C 型臂 X 线透视机和可穿透 X 线手术台。

操作时，取侧卧位，患侧向上，在透视下确定穿刺点，进行穿刺。当穿刺针进至纤维环时有明显的涩韧感，进入髓核则有明显的减压感。经透视确定穿刺针位置准确后，放置工作套管至椎间盘，再依次旋入另外两个套管。退出导丝和中间的套管，保留引导套管和外层套管。自这两个套管之间置入纤维环锯行纤维环开窗。退出引导套管和纤维环锯，仅保留最外层的工作套管。自工作套管内放入自动抽吸针达椎间盘腔中央，进行切除抽吸。

本法适用于经影像学方法确诊并有明显临床症状的病例。

第六节　超声检查技术基础

超声检查技术是应用超声波的物理特性以诊断机体疾病的检查技术。它所涉及的内容有超声诊断原理与基础、仪器构造、显示方法、操作方法、记录方法，及对回声或透声信号的分析与判断、正常解剖组织和病变组织的声像图特征及血流特性等。

超声诊断目前主要应用的是超声的反射原理，即超声的良好指向性和与光相似的反射、折射、衰减及多普勒效应等物理特性。不同类型的超声诊断仪，采用不同的方法将超声发射到体内，并在组织中传播，当正常和病变组织的声阻抗有一定差异（只需 1/1000）时，它们所构成的界面就会对超声发生反射和散射，用仪器将此种反射和散射的超声（回波）信号接收下来，并加以检波等一系列的处理之后，便可将其显示为波形（A 超）（图 1-19）、曲线（M 超）（图 1-20）或图像（B 超）（图 1-21）。由于各种组织的界面形态、组织器官的运动状态和对超声的吸收程度不同，其回声有一定的共性和某些特性，结合生理、病理解剖和临床表现，观察、分析这些情况，总结其规律，可对病变部位、性质和功能障碍作出指向性的肯定性的判断。

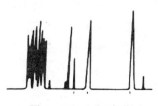

图 1-19　A 超波形

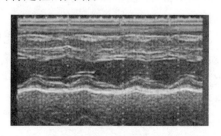

图 1-20　M 超曲线

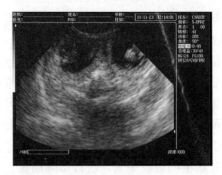

图 1-21　B超图像

超声能显示机体软组织及其活动状态，对软组织的分辨率是 X 线的 100 倍，因而它被广泛应用于机体各种内脏器官及组织疾病的诊断。超声还具有实时显示、操作简便、重复性好、快速准确、轻巧便利、价格低廉及无创无痛（介入超声例外）等优点，因而它已与 X 线、CT、磁共振成像及核素显像齐名，成为四大现代医学影像技术之一，且在心血管疾病诊断中具有独特的作用。

一、超声波诊断原理与基础

（一）超声波物理基础

1. 超声波　声波是机械振动在弹性介质内的传播，是一种机械波。声波按照频率的高低分类，频率 16Hz 以下，低于人耳听觉低限者为次声；频率为 16～20 000Hz，人耳能听到者为可闻声；频率在 20 000Hz 以上，高于人耳听觉高限者为超声波。

2. 频率　声波在介质中传播时，每秒质点完成全振动的次数，称为频率，单位是赫兹（Hz）。声波在一个周期内，振动所传播的距离，称为波长，单位是毫米，常用医用诊断超声波的波长为 0.15～0.6mm。声波在介质中传播，单位时间内所传播的距离，称为声速（c），单位是米/秒（m/s）。频率等于声速除以波长。

3. 超声场　弹性介质中充满超声能量的空间，称为超声场。超声场分为两段：近声源段声束比较平行，以圆柱作模拟，此段称为近场；而远离声源段声束开始扩散，其束宽随距离增大而不断增宽，可用一个去顶的圆锥体模拟，此段称为远场。

4. 超声波物理特性

（1）反射与透射　当声波从一种介质向另一种介质传播时，由于声阻抗不同，在其分界面上，一部分能量返回第一种介质，这就是反射；而另一部分能量穿过第二种介质并继续向前传播，即透射。反射波的强弱是由两种介质的声阻抗差决定的，声阻抗越大，反射越强。

（2）折射与散射 当两种介质声速不同时，穿过大界面的透射声束就会偏离入射声束的方向传播，这种现象称为折射。超声波在介质中传播，如果介质中含有大量杂乱的微小粒子（如血液中的红细胞、软组织中的细微结构、肺部小气泡等），超声波便激励这些微小粒子成为新的波源，再向四周发射超声波，这一现象称为散射。它是超声成像法研究脏器内部结构的重要依据，利用这一特点就能弄清脏器内部的病变。

（3）绕射 超声波在介质中传播，如遇到的物体直径小于波长的一半时，则绕过该物体继续向前传播，这种现象称为绕射（也称衍射）。由此可见，超声波的波长越短，频率越高，能发现的障碍物则越小，即显现力越高。

（4）衰减 具有方向性的成束声波，即根据声的指向性集中在某方向发射的声波束，称为声束。从声源发射经介质界面反射至接收器的声波，称为回声（又称回波）。超声波在介质中传播，声能随传播距离的增加而减小，这种现象称为衰减。超声在介质中传播时，介质质点沿其平衡位置来回振动，由于介质质点之间的弹性摩擦使一部分声能变成热能，这就叫黏滞吸收。通过介质的热传导，把一部分热能向空中辐射，这就是热传导吸收。黏滞吸收和热传导吸收都能使超声的能量变小，导致声能衰减。因此，衰减指的是总声能的损失，而吸收则是声能转变成热能这一部分能量的损失。

5. 声能与声像图 声波在介质中传播时，介质质点（粒子）发生稀疏或密集，有声波传播的区域中的质点便获得了动能或位能，这部分能量称为声能。在不易透声的环境中，有一处具有介质，超声可通过该介质到达深部，该处即声窗（又称透声窗）。用声波照射透声物体，以获得该物体及其内部结构断面图像的一种成像技术，称为声成像。用声成像或超声成像所获得的图像称为声像图或超声显像。具有弹性、能够传递声波的各种气体、液体和固体，称为传声媒介或传声介质。

6. 耦合介质与超声空化效应 耦合介质放入探头和检测对象之间，使超声波传递良好的介质称为耦合介质。由超声探头各阵元边缘所产生的不在超声主声束方向内的外加声束称为旁瓣。发射强超声波于液体中，液体中产生溶解气体或液体蒸气的气泡，这种气泡成长而爆裂以至消灭的现象称为空化。将超声场中低能量密度变换为气泡内部及其周围的高能量密度，能量被聚集到极小的体积之内，使气泡长成并发生爆裂。爆裂时的振动产生猛烈的作用，这就是超声空化效应。它会引起生物机体、细胞和微生物的损伤和破坏。

7. 混响与噪声 声源停止后，声波的多次反射或散射使回声延续的现象称混响。任何紊乱的、断续的、统计上随机的声振荡，也就是在一定频段中任何不需要的干扰，如电波干扰所致的无调声、不需要的声音均称为噪声。

8. 反射法与透射法 将超声波射入被检体，利用来自被检体的声波不连续或不均质部分的反射（界面反射）的方法称为反射法，又称脉冲反射法。将超声波射入被检体中，利用其直接穿过被检体的超声波的方法称透射法。

9. 正压电效应与逆压电效应 石英晶体或压电陶瓷材料，在其不受外力时，不带电。而在其两端施加一个压力（拉力）时，材料受压缩（拉伸），两个电极面上产生电荷，这种现象称为正压电效应。材料的压电效应是可逆的，即给压电材料两端施加交变电场时，材料便会出现与交变电场频率相同的机械振动，这种现象称逆压电效应。

10. 多普勒效应 当声源与接收器之间存在相向运动时，接收器收到的频率比声源发出的频率增高；反之，当声源与接收器背向运动时，接收器收到的频率比声源发出的频率要低。这一现象称为多普勒效应。接收频率和发射频率差称为频移。回声源（红细胞）的速度和方向以谱图的形式记录下来，即频谱或多普勒频谱。在多普勒频谱图中，零基线将图分为上、下两个部分，分别代表血流的正、负方向。纵坐标代表差频值（kHz）或血流速度值，横坐标为时间值（s）。当红细胞以相同速度运动时，呈狭谱（速度范围窄）；当它以不同速度运动时，呈宽谱（速度范围宽）。D型超声诊断仪就是利用超声的多普勒效应把超声频移转变为不同的声响以检查动物体内活动的组织器官，包括妊娠检查。

（二）超声的分类与特点

1. 超声的分类 超声诊断仪的种类繁多，且相互兼容，因而分类复杂，国内外尚未统一。然而，大致可按超声的发射、接收、控制扫查的方式和回声显示4个方面分类。

按超声发射方式可分为连续发射法和脉冲发射法。按接收超声的方式可分为反射法和透射法。按控制扫查的方式可分为超声手控式、机械式（又分为慢速扫查和快速扫查）和电子式（又分为线阵和相控阵）。按回声的显示方式可分为超声示波诊断法（A型诊断法）、超声显像诊断法（B型诊断法）、超声光点扫描法（M型诊断法）和超声频移诊断法（D型诊断法）。

2. 按回声显示方式分类超声的特点 按回声显示方式分类是目前最常用的超声诊断的分类方法。按这一分类方法制成并命名的超声诊断仪现已广泛用于临床。以下是几种超声的介绍及其特点。

（1）A型超声　为幅度调制型超声，即超声示波诊断。它是利用超声波的反射超声的分类及其特性来获得机体组织内有关信息，从而诊断疾病。当超声波束在机体组织中传播，遇到两层不同阻抗的邻近介质界面时，在该界面上就产生反向回声，每遇到一个界面，产生一个回声，该回声在示波器的屏幕上以波的形式显示。界面两侧介质的声阻抗差越大，其回声的波幅越高；反之，界面的声阻抗差越小，其回声的波幅越低。若超声波在没有界面的均匀介质中传播，即声阻抗为零时，则呈无回声的平段，根据回声波幅的高低、多少、形状，可对组织状态作出判断。

临床上常用此法测定组织界面的距离、脏器的径线，探测肝、胆、脾、肾、子宫等脏器的大小和病变范围，也用于眼及颅脑疾病的探查。目前，A型超声的许多诊断项目已逐渐被B型超声所取代。然而，它在眼轴的测量、浆膜腔积液的诊断及穿刺引流定位等方面，由于简便、易行、价廉，所以仍可能在个别场合使用。

（2）B型超声

①B型超声定义。B型超声，为灰度调制型，B型超声诊断法是将回声信号以光点明暗，即灰阶的形式显示出来。光点的强弱反应回声界面反射和衰减超声的强弱。这些光点、光线和光面构成了被探测部位二维断层图像或切面图像，这种图像称为声像图。

②B型超声与A型超声的区别。B型超声的原理基本与A型相同，但它将回声脉冲电信号放大后送到显示器的阴极，使显示的亮度随信号的大小而变化。B型超声发射声束必须进行扫查，加在显示器垂直方向的时基扫描与声束同步，以构成一幅二维切面声像。B型超声根据声像所得的机体信息诊断疾病，而不是像A型超声那样根据波形所反映的机体信息诊断疾病。

③B型超声的特点。B型超声将从机体反射回来的回波信号以光点形式组成切面图像。此种图像与机体的解剖结构极其相似，故它能直观地显示脏器的大小、形态、内部结构，并可将实质性、液性或含气组织加以区分。超声的传播速度快，成像速度快，每次扫描产生帧图像，快速地重复扫描，产生众多的图像，组合起来便构成了实时动态图像。因而B型超声能够实时观察心脏的运动功能、胎心搏动及胃肠蠕动等。

由于机体内组织的密度不同，相邻两种组织的声阻抗也不同，当声阻抗差达0.1%时，两组织界面便会产生回声反射，从而将两组织区分开来，超声对软组织的这种分辨力是X线的100倍以上。此外，B型超声尚具有操作简便、价格低廉、无损伤、无痛苦、适用范围广等特点，因而已被临床接受。B 型超声目前广泛地应用于宠物各组织器官疾病的诊断，如肝胆疾病、肾及膀胱疾病、心血管系统疾病、生殖系统疾病、脾脏病变、眼科疾病、内分泌腺病变及其他软组织病变的诊断，也广泛应用于妊娠检查。

④B 型超声的不足之处。B 型超声显示的是二维切面图像，对脏器和病灶的空间构形和位置显示不清。由于切面范围和探查深度有限，尤其扇扫时声窗较小，对病变所在脏器或组织的毗邻结构显示不清，对过度肥胖、含气空腔（胃、肠）和含气组织（肺）及骨骼等显示极差，影响显像效果和应用范围。

3. M 型超声　是辉度调制型中的一个特殊类型，早期称为 M 型超声心动图。主要用于心脏及大血管检查。

M 型超声是在辉度调制型中加入慢扫描锯齿波，使光点自左向右缓慢扫描。其纵坐标为扫描时间，即超声的传播时间，被测结构的深度、位置；横坐标为光点慢速扫描时间，由于探头位置固定，心脏有规律地收缩和舒张时，心脏各层组织和探头间的距离便发生节律性改变。水平方向的慢扫描，把心脏各层组织展开成曲线，所以 M 型超声所描记的是声束所经过心脏各层组织结构的运动轨迹图。根据瓣膜的形态、厚度、反射强弱、活动速度等改变，可确诊二尖瓣狭窄、瓣膜赘生物、腱索断裂、心肌肥厚等病变。M 型超声对心房黏液瘤、附壁血栓及心包积液等诊断较准确，对先天性心脏病、瓣膜脱垂等可提供重要的诊断资料。M 型超声与心电图及心机械图配合使用，可测量多项心功能指标。

与 A 型超声一样，M 型超声是由单晶片发射、单声束进入机体，因而只能获得一条线上的回波信息。与 B 型超声所获得的一个切面的信息量相比要少得多。然而，A 型超声仅能准确地显示人体组织内各部位间的距离；而 M 型超声则可看出各部位间在一定时间内相互的位移关系，即心动状态。

4. 频谱多普勒超声　多普勒超声，就其发射方式，可分为脉冲波多普勒和连续波多普勒；而就其显示方式，则可分为频谱多普勒和彩色多普勒。脉冲波多普勒和连续波多普勒及介于两者之间的高脉冲重复频率多普勒，均属频谱多普勒。

（1）脉冲波多普勒　是由同一个（一组）晶片发射并接收超声波的。它用较少的时间发射，而用更多的时间接收。由于采用深度选通（距离选通）技术，可进行定点血流测定，因而具有很高的距离分辨力，可对定点血流的性质作出准确分析。由于其最大显示频率受到脉冲重复频率的限制，在检测高速血流时容易出现混叠。如要提高探测速度，则必须降低探测深度（距离）。因而在临床上，其对检测二尖瓣狭窄和主动脉瓣狭窄这类血流速度高、探测距离深的血流有一定困难。

（2）连续波（CW）多普勒 采用两个（两组）晶片，由其中一组连续地发射超声，而由另一组连续地接收回波。它具有很高的速度分辨力，能够检测到高速（10m/s以上）血流，适用于做血流的定量检测，它将声束轴上的所有信号全部叠加在一起，不具备轴向分辨力，因而不能定点测量血流。

（3）高脉冲重复频率多普勒 是对脉冲波多普勒的改进。它工作时，探头在发射一组超声脉冲之后，不等采样部位的回声信号返回探头，又发射出新的超声脉冲群。这样，在同一声束上，沿声束的不同深度可有一个以上采样容积。若有3组超声脉冲发出，第二组超声脉冲发射后，探头接收的实际上是来自第一组超声脉冲的回波，第三组超声脉冲发射后，探头接收的是第二组超声脉冲的回波，依此类推，相当于脉冲重复频率的加倍，检测到的最大频移也就增加了1倍。高脉冲重复频率多普勒超声对血流速度的可测值较脉冲多普勒可扩大3倍。例如，探头的超声频率为2.5MHz，探测深度为16cm，脉冲波多普勒最大可测血流速度为129cm/s。若采用高脉冲重复频率多普勒，将采样容积增加到2个，脉冲重复频率增加了1倍，探测深度缩小到8cm，最大可测血流速度为258cm/s。若将采样容积增加到3个，脉冲频率增加2倍，实际探测深度缩小到5.3cm，最大可测血流速度增加到377cm/s。高脉冲重复频率多普勒增加了可测速度，但降低了距离分辨力，它是介于脉冲波和连续波多普勒之间的技术。

5. 彩色多普勒超声

（1）彩色多普勒超声介绍 彩色多普勒超声的正规称谓是彩色多普勒血流成像，又称二维多普勒，简称彩色多普勒。它采用一种运动目标显示器计算出血流的动态信息，包括血细胞的移动方向、速度、分散情况等。把所得到的这些信息经过相位检测，自相关处理，彩色灰阶编码，将平均血流资料以彩色显示，并将其组合，重叠显示在B型灰阶图像上。

绝大多数彩色多普勒血流显像仪都采用国际照明委员会规定的彩色图，即红、绿、蓝3种基本颜色，其他颜色均由这3种颜色混合而成。规定血流的方向用红和蓝表示，朝向探头运动的血流显红色，远离探头运动的血流显蓝色，而湍动血流显绿色。绿色的混合比率与血流的湍动程度成正比，因此正向湍流的颜色接近黄色（红和绿混合），而反向湍流的颜色接近深蓝色（蓝和绿混合）。此外，还规定血流的速度与红蓝两种颜色的亮度成正比，正向速度越高，红色亮度越高；反向速度越高，蓝色亮度越高。这样，彩色多普勒就实时地为临床提供了血流的方向、速度及湍动（分散）程度3个方面的信息。

彩色多普勒比较直观地显示血流，对血流在心脏和血管内的分布、流速、流向、性质方面较频谱多普勒能更快、更好地显示。

（2）彩色多普勒超声的缺点

● 它所显示的是平均血流速度，而非最大血流流速，因而不能用于血流速度的定性分析。

● 正常较高的血流速度，在频谱多普勒不易出现频率失真，而彩色多普勒可出现彩色逆转，易误诊为血流紊乱。

● 采用零线位移方法，不能同时观察正、反两种方向的血流。

● 彩色多普勒以绿色表示湍流，然而这种绿色斑点不仅仅出现在湍流区，而且更常出现于高速射流区，因射流速度明显超过尼奎斯特频率极限，故可引起复合性频率失真。当高速射流区是层流时，此时出现的绿色斑点并不表示湍流的存在，只能说明频率失真的程度。所以，当存在湍流时，会出现绿色斑点，但绿色斑点的出现却不一定就代表湍流存在。

● 彩色多普勒需要反复数次多点取样，这样就产业了庞大的数据，要对庞大的数据进行处理会造成时间延迟，从而使扫描角度（范围）与成像速率成为矛盾。为了实时显示，就要减小角度，若扩大显示角度，则会造成帧率下降，这样就会造成二维图像质量降低。目前高档次的彩超仪，采用多通道、多相位同时分别处理，从而获得高帧率高质量的二维及彩色血流图像。

6. 能量多普勒显像

（1）能量多普勒与彩色多普勒血流成像　能量多普勒显像，简称能量多普勒，是近些年发展起来的一项新技术。它还有彩色多普勒能量图、彩色多普勒能量显像、彩色多普勒血管造影等名称。能量多普勒与彩色多普勒血流显像一样，也是采用自相关的计算方法，但它得出的是红细胞散射的能量的总积分。而彩色多普勒血流成像是以平均多普勒频移为基础的，因而它们之间有着本质的区别。

在能量多普勒中，彩色信号的色彩和亮度代表多普勒能量的大小，此种能量的大小与红细胞的数目有关。它们之间存在一种很复杂的线性关系，受血流速度、切变率和血细胞比容等因素的影响。

（2）能量多普勒特点　与彩色多普勒血流成像相比，能量多普勒具有如下特点：

● 能量多普勒以能量作为参数，能量的大小与红细胞的数量有关，其强度取决于红细胞能量的总积分。这与彩色多普勒血流成像以平均频移（或流速）为参数，有着原理上的不同。

● 在能量多普勒，噪声被显示为一幅代表低能量的单一色彩的背景，因而血流信号可以从背景上清楚地显示出来。由于这种噪声显示方式的不同，使能量多普勒获得了额外的 10～15dB 的动态范围，提高了信噪比，从而提高了仪器显示血流的敏感度。

● 当平均频率大于 1/2 脉冲重复频率时，彩色多普勒流成像会发生混叠。而无论信号是否重叠，能量频谱的积分是不变的，因此能量多普勒不会发生混叠。在彩色多普勒血流成像中，当声束与血流方向垂直时，速度为零，但此时能量并不是零，能量多普勒能够显示血流，也就是说能量多普勒不受声束与血流方向之夹角的影响。

（3）能量多普勒的优点　能够准确地显示低速和极低速的血流；能够显示微小血管和迂曲血管的血流；对检查技术熟练程度的要求不严格。

（4）能量多普勒的缺点　不能显示血流周围的灰阶图像；不能显示血流的方向、速度和性质；不能对血流作定量检测。

（5）能量多普勒临床应用　能量多普勒的临床应用主要有以下几方面：

● 观察肾脏血流灌注，了解有无肾动脉狭窄，指引频谱多普勒取样，鉴别移植肾排斥反应。

● 用于血管的三维重建，经能量多普勒显像的脏器，尤其是血管，其三维重图像比单纯的二维图像要清晰得多。

● 用于小器官、软组织和肿瘤血供状况的评估，如甲状腺、乳腺、卵巢、前列腺、阴囊等。

7. 三维超声

（1）三维超声及发展　三维超声显像的概念于 1961 年提出。超声三维重建与显像技术，是将一组连续切面或断层超声图像输入计算机，经过图像转换和图形学处理，在二维屏幕上显示或打印出被研究物体的三维形态的技术。也就是说，三维超声显像是从二维超声切面图像，通过计算机三维重建获得的。

三维超声成像可分为观察非活动脏器的静态三维超声成像和观察心脏形态及其活动的动态三维超声心动图两大类。

国外于 20 世纪 70 年代开始三维超声心动图的研究，国内于 80 年代末开始仪器开发方面的研究，90 年代开始临床应用方面的研究。二维切面超声的三维重建是通过立体几何构成法、表面提取法和体元模型法三种方法实现的。立体构成法需要大量的几何原物，因而不适用于解剖学和生理学结构，现已很少应用。表面提取法是在二维空间中用一系列 X、Y 坐标点，连接成若干简单的直线以描绘心脏的轮廓。需用人工或机器对心脏的组织结构勾边，只能重建比较简单的心脏结构。其优点是所需计算机内存量少，计算速度快；缺点是费时且易受操作水平等主观因素的影响，这是目前最常用的三维重建方法。体元模型法是将三维物体划分成若干个依次排列的小立方体，每个小立方体称为体元。与平面概念相反，体元空间模型表示的是容积概念。此法的优点是，可对心脏所有的组织灰阶信息进行重建，而不是简单的心脏内膜轮廓的勾画。

（2）三维超声心动图在宠物临床上的应用　三维超声心动图在宠物临床上可用于估测左、右心室功能，心肌重量；诊断房、室间隔缺损；测量二尖瓣口面积，诊断二尖瓣狭窄；显示左房血栓、主动脉瓣脱垂、主动脉夹层分离等。由于其图像清晰、立体感强，其应用范围正在日益扩大。

（3）静态三维超声成像　静态三维超声成像，是以 B 型线阵扫描取得二维切面图像，通过机械移动扫描切面，连续 60 次以上顺序改变切面位置，形成三维空间扫描。在扫描的同时，依次将全部切面的所有信息存入特殊的大容量三维图像存储器中，经计算重建处理后，分别于矢状面、冠状面和水平面显示三维图像。

静态三维超声成像技术是近些年新发展起来的一项技术，需要改进和完善之处很多，相信随着研究的深入，会在不久的将来取得突破性的成果，届时它的临床应用领域会得到更宽的拓展，应用价值将大大提高，它将步入真正的临床实用阶段。

二、超声诊断仪构造

总的来讲，超声诊断仪一般都是由探头、主机、信号显示、编辑及记录系统组成（图 1 - 22）。

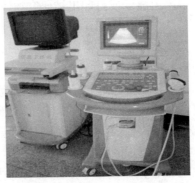

图 1 - 22　B 超机组成部件

（一）探头介绍

超声诊断仪的核心部件是探头（称换能器）（图1-23），它是发射并回收超声波的装置。它将电能转换成声能，再将声能转换成电能。换能器由晶片、吸收背块、匹配层及导线四部分组成。医用超声探头的频率通常为1～10MHz，用于肾脏探测的探头频率多为3.5MHz。探头可分为扇形、方形、凸阵、环阵和相控阵等多种类型。目前，腹部脏器超声探测最多的是凸阵探头，它是一种多阵元探头，其阵元排列成凸弧形，工作时依次发射和接收超声，所获得的图像为方形或扇形的结合。如凸阵探头探测肾脏可获得宽广的深部和浅表视野，能够容易地获得整个肾脏的切面图像。

图1-23　B超探头

1. 探头构造　探头是用来发射和接收超声，进行电声信号转换的部件，它与超声诊断仪的灵敏度、分辨力等密切相关，是超声诊断仪的最重要部件。探头的主要功能是通过压电晶体产生压电效应，发射和接收超声。

以单晶探头（单探头）为例，探头的基本构造包括：

● 压电晶片。置于探头前端，双面有导电的银镀膜。

● 背衬。探头内室填充的吸收块，可减少干扰、吸收杂波。

● 外套。有机玻璃制成的外壳，其侧面涂有环氧树脂保护膜，作为探头的保护支架。

● 压电晶体片电极导线。银丝制成，输出高频振荡脉冲，输入回声信号。

● 触座。与电缆接头的螺纹相接触，并与仪器的地线相连。

● 插孔。与电缆接头的插针密合，高频振荡脉冲与回波信号均由此通过。

2. 探头作用

（1）换能　产生和发送超声，接收超声并转变为电信号。

（2）定向、集束和聚焦　根据探头发射面的形状不同，超声发出的方向也不同。

（3）定额　探头的工作效果高低与超声发射脉冲的激励电压频率及压电晶片的固有谐振频率有很大关系，激励频率与压电晶片固有谐振频率一致时，引起压电晶片发生共振，产生最大声能，压电晶片越厚，其固有谐振频率越低，发出超声的频率也越低。

3. 探头类型　目前广泛使用的探头多为脉冲式多晶探头，通过电子脉冲激发多个压电晶片发射超声。其中，电子线阵探头和电子相控阵扇扫探头是最常用的探头类型。电子线阵探头是一种线阵探头，由 64～256 片压电晶片组成，发射的声束为矩形；电子相控阵探头是一种扇扫探头，多由 32 个压电晶片组成，发射的声束为扇形。多普勒探头比较特别，它是由两个压电晶片组成的，两个压电晶片相互靠近，隔离放置，分别发送超声和接收回声。这类探头的主要特点是收、发晶片谐振频率相同，面积相等；收、发功能分开，收、发间有严格的声隔离措施，以减少收、发之间产生声耦合。

4. 探头分辨力 判断探头质量的决定因素是分辨力。分辨力是超声所能分辨出两界面最短距离的能力，可分纵向分辨力和横向分辨力两种。纵向分辨力（又称轴向分辨力、距离分辨力或深度分辨力），指辨别位于声束轴线上两个物体之间的距离的能力。一般的 B 超显像仪，其纵向分辨力可达 1mm 左右。横向分辨力（又称侧向分辨力、方位分辨力或水平分辨力），指辨别处于与声束轴线垂直的平面上的两个物体的能力。它用声束恰好能够分辨的两个物体的距离来量度。横向分辨力由晶片的形状、发射频率、聚焦及离换能器的距离等因素决定。现代 B 超显像仪，其横向分辨力可优于 2mm。超声扫描对象的图像的清晰度与图像线数、帧数均有关。每一帧图像都是由许多超声图像线组成，一个超声脉冲产生一条图像线，单位面积内的图像线数越多，即线密度越高，图像就越清晰，这就构成了不同的图像线分辨力。但线密度与帧率和（或）扫描深度必须兼顾，如线密度增加则帧率和（或）扫描深度必须降低或减少。后者又称帧分辨力。

将超声波信号放大的方法称为增益，一般取对数放大，增益调节通过改变射频放大器的放大倍数实现，前提是必须有适当的输出能量。在实时扫描过程中，将所需的图像停留在荧光屏上，得到一幅"静止"的冻结图像。

5. 探头的选择 超声探查过程中的探头选择实际上是指探头类型和频率的选择。一般来说，无论是多晶探头还是单晶探头，一个探头只能发射一种频率的超声波。探头的这一特性是由其特定的压电晶片的特性所决定的。探查者想要改变探查频率就必须改换探头。有些多晶探头能发射多种频率的超声波，但其中的每一个压电晶片只能发射一种频率。这类探头对早期静止结构显现力较差，但可在不变换探头的情况下对某一病变进行多层面显示，提高图像分辨力。选择或改变其频率时，先用高频，再转换成低频。

选择探头频率主要依赖于临床实践经验，初学者可依照以下数据选择：小型犬和猫用 7.5MHz 或 10.0MHz 探头，中型犬用 5.0MHz 探头，大型犬用 3.0MHz 或更低频率的探头。转换探头还应参照探查目标的深度选择频率：探测浅表部位的组织或病灶时，应尽可能选用高频探头；探测较深部位的组织或病灶时应在保证探测深度的前提下尽可能选用高频探头。当分辨率和探测深度都达到要求时，即表明探头选择合适。

其他影响超声图像分辨力的因素有超声脉冲宽度、声束直径及监视屏解像度等，检查者不能改变这些参数。

（二）主机介绍

1. 超声主机结构 超声诊断仪的主体结构主要由电路系统组成。电路系统主要包括主控电路（触发电路，或称为同步信号发生器）、高频发射电路、高频信号放大电路、视频信号放大器和扫描发生器等。

超声回声信号需经处理后，才能以声音、波形或图像等形式显示出来。回声经换能器转化为高频电信号，再通过高频信号放大电路放大。放大的电信号再经视频信号放大器放大处理，然后加至显示器的 Y 轴偏转板产生轨迹的垂直偏移（A 型）或加至显示器的阴极进行亮度调制（B 型和 M 型）。最后，扫描发生器使电子束按一定规律扫描，在显示器上显示曲线的轨迹或切面图像。通常把视频放大器和扫描发生器合称为显示电路。

2. 超声主机技术参数 超声主机面板上常显示有可供选择的技术参数，如输出强度、增益、延时、深度、冻结等。超声主机的主要技术参数包括以下几种。

（1）脉冲电压 作用于压电晶片，主要由电源控制。脉冲峰电压越高，压电晶片振动的幅度（强度）越大，回声强度也越大，故电压应尽可能设低以便获得最佳分辨率，防止产生伪影。实际中，应选择适当的频率，保障穿透深度，同时使用图像增益或时间增益补偿使得回声振幅最大，避免出现过高的脉冲电压。

（2）增益与抑制 影响回声振幅。有些超声扫描仪具有总体增益控制，不管回声深度如何，它都能使回声振幅一致。抑制控制能消除不同深度界面的弱回声，这些弱回声对成像没有明显的作用。如果把抑制逐渐加大，其抑制的回声强度也逐渐加大；如果抑制太大，对成像有意义的回声就会丢失，一些组织器官的实质回声图像也就丢失了。

（3）时间增益补偿 由于超声的衰竭，来源于深层的回声总比来源于浅表的回声弱。回声时间长短与反射界面深度直接相关，通过回声时间的延长，就可以选择性地补偿来源于深层面的弱回声，这一过程称为时间增益补偿。

时间增益补偿主要由近场增益、斜向增益始点、斜向和远场增益组成。近场增益只能控制 1cm 左右深度的垂直区域，其深度可以调节。近场增益有时候也用来抑制近场表面强回声。斜向增益始点是指近场增益终了、斜向增益开始的部位，可以设定在任何深度部位。从这一点开始，时间增益补偿将使得弱回声信号增强。斜向增益由一个增益斜线表示，有斜率。斜向增益控制根据斜率的变化从浅到深逐渐提高增益。斜向增益通过校正，在监视屏上从上到下形成一致的图像灰度。远场增益控制在斜向增益控制的远端，通过选择固定增益而发挥作用。以上这些独特的控制是获得高质量图像的基础。

此外，还有透射频率调节（使机械透射频率与探头频率一致）、亮度调节和对比度调节等。

（三）信号显示及记录系统

信号显示系统主要由显示器、显示电路和有关电源组成。

B 型、M 型回声信号以图像形式表示出来，A 型主要以波形表现出来，而 D 型则以可听声表现出来。

超声信号可以通过记录器记录并存储下来。D 型可以录音或图像存储（彩超多普勒）；A 型可以拍照；B 型和 M 型可以通过图像存储、打印、录像、拍照等保存，并可进行测量、编辑等。

随着电子技术的发展，许多现代超声诊断仪都采用数字化技术，具有自控、预置、测量、图像编辑和自动识别等功能。如 Aloka SSD - 1400 型数字化超声诊断仪等，具有电脑声束成像、连续的动态频率扫描、宽频带探头、智能 B 模式增益控制、图像处理选择（IPS）、广泛的多普勒图像和数字化图像管理辅助系统等功能。

三、超声诊断在宠物临床上的应用

（一）超声诊断仪的使用和维修

1. 超声诊断仪的性能要求　功能状态良好的超声诊断仪性能必须稳定且符合以下要求：

● 电源性能稳定。外接电源电压上下波动 10% 对仪器灵敏度几乎无影响，持续工作 3～4h 时仪器性能无改变。

● 辉度和聚焦良好。在室内日常光照条件下，A 型超声诊断仪波形清晰，B 型超声诊断仪光点明亮。

● A 型超声诊断仪始波饱和且较窄，B 型超声诊断仪盲区较小、扫描线性较好，M 型超声扫描光点分布均匀且连续性好。

● A 型超声诊断仪对信号的放大能力均匀，波级清楚，B 型超声诊断仪对强弱信号的放大能力一致，灰界明显。

● 时标距离和扫描深度应准确且符合其机械和电子性能。

- 仪器的配套设施和各个配备探头与主机应保持一致性。
- M 型超声诊断仪的超声心动图（UCG）、心电图（ECG）和心音图（PCG）等多种显示的同步性强。
- D 型超声诊断仪电器性能稳定，灵敏度正常，信号失真度小，结构简单且牢固。

2. 操作方法 超声诊断仪的操作主要包括：

- 电压必须稳定在 190～240V。
- 选用合适的探头。
- 打开电源，选择超声类型。
- 调节辉度及聚焦。
- 动物保定，剔毛，涂耦合剂（包括探头发射面）。
- 扫查。
- 调节辉度、对比度、灵敏度、视窗深度及其他技术参数，获得最佳声像图。
- 冻结，存储，编辑，打印。
- 关机，断电源。

3. 仪器的维护

- 仪器应放置平稳、防潮、防尘、防震。
- 仪器持续使用 2h 后应休息 15min，一般不应持续使用 4h 以上，夏天应有适当的降温措施。
- 开机前和关机前，仪器各操纵键应复位。
- 导线不应折曲、损伤。
- 探头应轻拿轻放，切不可撞击；探头使用后应揩拭干净，切不可与腐蚀剂或热源接触。
- 经常开机，防止仪器因长时间不使用而出现内部短路、击穿以致烧毁。
- 不可反复开关电源，间隔时间应在 5s 以上。
- 配件连接或断开前必须关闭电源。
- 仪器出现故障时应请人排查和修理。

（二）临床适应证

1. 超声检查在宠物临床上的应用 超声检查作为一种快速、准确、安全、无损伤的诊断方法，以其直观性、真实性等特点，被广泛用于宠物疾病诊断，在发达国家已成为动物医院的一项常规临床诊断项目。

超声检查可以应用于犬髋关节检查、犬肩关节检查、犬矫形外科的疾病检查、眼和眼窝的检查、心脏和血管检查、腹腔脏器检查（肝脏、脾脏、肾脏、胃肠、膀胱、腹内肿块及其他病变）、一些腺体、淋巴结、肌肉及软组织、妊娠、肿瘤等疾病检查。

（1）犬髋关节超声检查　Greshake 等（1993）对 1 日龄至 12 周龄犬的髋关节进行超声检查，8 周龄时已能够识别髋关节的解剖形态，12 周龄时能看出其骨化程度已经完成。从髋关节的纵向、背外侧方向超声观察，从髋臼内的股骨头运动检测可以看出相应的解剖形态变化。通过超声测量髋臼、股骨头、关节间隙，可对正常和异常的犬作出鉴别。

（2）犬肩关节超声检查　Kramer 等（1994）应用超声检查犬肩关节，提出了犬肩关节超声解剖学。应用 7.5MHz 线扫探头，对浅表组织和小品种犬的肩关节检查应用缓冲袋。每次检查的肌肉扫描是沿纵行和横行切面，由肌腹开始移行到肌腱。线形探头对肩关节扫描只能以前-后方位进行。连续超声检查可见冈上肌、冈下肌、三角肌、臂二头肌，最后观察肩关节本身动力学结构。

（3）犬矫形外科的疾病　Kramer 等（1996）超声检查犬矫形外科的疾病。应用 7.5MHz 线扫探头，有时应用缓冲隔离袋，认为超声检查关节疾病比 X 线诊断优越。

（4）眼和眼窝的超声检查　1956 年在人的眼科学首先使用超声检查，主要使用 A 型超声确立了眼和眼窝内的回声特性。当前适用于眼和眼窝理想的检查方法是二维实时超声检查。麻醉对超声检查有一定帮助，但最好不使用麻醉，对神经型的动物可以给予镇静。如果动物被麻醉或镇静时，超声扫描探头可直接放置在角膜上，几毫升的耦合剂就可以保证扫描探头和角膜良好接触。

（5）心脏及血管超声检查　心脏超声检查可以从胃内导入探头，也可以从胸骨右侧旁进行探查。胃内导入探查可以更直接地了解心脏与周边组织器官之间的解剖关系，心脏后方是肝脏，其他三面被肺脏包围。心脏常见的疾病有心室肥大、主动脉窦壁缺损、室间相通等。对于心脏疾病的诊断，M 超往往优于 B 超。血管病变主要表现为栓塞和侧旁再通。

（6）腹腔脏器超声检查

①肝脏及胆囊超声检查。肝脏的探查部位在剑状软骨处，探头以 $30°\sim40°$ 向前背正中线偏右。正常犬肝脏声像图可见肝实质、胆囊、后腔静脉、右叶正中肝静脉、方叶静脉、左叶正中肝静脉、左叶侧静脉、左叶门静脉、右叶正中门静脉等。肝脏常见的病变有脂肪肝、胆结石、胆囊炎及胆囊黏液肿等。

②肾脏超声检查。肾脏超声探测部位在腰旁两侧，左后右前。肾脏的位置变化较大，向后可下垂至腹部正中线上下，随体位变化，其前后位移也相当明显。由于肾脏位置的相对不固定性，肾脏扫查时需要检查较大的区域；也可以通过体壁触诊到肾脏后再行扫查。正常肾脏声像图可见肾包膜、肾脂囊、皮质、髓质及肾盂等。肾包膜及肾脂囊为强回声光带，且侧边缺如；皮质为大片的实质性无回声或极低回声区；髓质为正中间的哑铃型液性暗区，哑铃形侧旁的一对平行的强回声区是肾盂。

肾脏常见的病变有肾炎、肾出血、肾结石、肾积液等。

③膀胱超声检查。膀胱的正常声像图可见膀胱壁侧边切入，膀胱内尿液为均质液性暗区。临床上膀胱炎、膀胱积液、膀胱结石及出血较为常见。

④肾上腺超声检查。肾上腺为典型的花生样实质性暗区，在肾动脉正前方、腹主动脉外前方、脾脏内侧。皮质和髓质声学界面把肾上腺分为明显的皮质区和髓质区，皮质区为低回声区，质地均一；髓质区为无回声区，间或有低回声光斑。肾上腺囊肿时其髓质和皮质的结构就会被破坏或消失，取而代之的是肿瘤组织。

⑤卵巢超声检查。卵巢探查可在腹侧壁进行，位于肾脏的外后方、膀胱的正前方，肠祥可在其四周出现，呈中等密度的回声影，边界清晰，其上有许多大小不等的规则卵泡或黄体。卵巢常见病变有卵巢囊肿、卵巢肿瘤、卵巢炎、卵巢坏死、持久黄体等。

（7）产科超声检查　超声可形象地显示早期胎儿发育、卵巢及子宫的变化、胎儿性别及胚胎死亡等现象。因此，超声检查被广泛应用于观察卵泡和黄体的变化、早期妊娠诊断、胎儿发育及性别判断、生殖系统疾病的诊断等。

检查时选择最靠近生殖器官的部位。探查时采用滑行扫查或扇形扫查。体壁探查时，犬、猫等小动物在耻骨前缘和乳腺两侧。体外检查时，应将体壁尽量向内挤压，以便挤开肠管，探查子宫。

（8）其他　超声技术可以广泛地应用于动物疾病检查，如腹膜炎、腹腔肿瘤、软组织脓肿、胃肠溃疡的检查等。

四、超声声像图特点

B型、M型和D型超声的回声在监视屏上以光点的形式表现出来，从而组成声像图（sonography）。声像图上的光点状态是超声诊断的重要依据。

（一）回声强度

在超声图像上，不同组织或同一组织不同病变，其传声性能发生改变，表现为回声的强弱不等，一般可分为 6 级，从弱至强依次为：

1. 无回声区　为病灶或正常组织内不产生回声的区域，即在正常灵敏度条件下无回声光点的现象。无回声区域又称暗区。

根据产生无回声的原因，把暗区分为以下三种。

（1）液性暗区　超声不在液体中反射，加大灵敏度后暗区内仍不出现光点（图 1-24）；如混浊的液体，加大灵敏度后出现少量光点。四壁光滑的液性病灶多出现二次回声且周边光滑、完整。

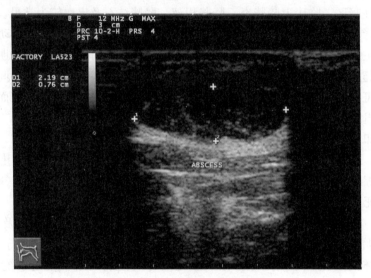

图 1-24　液性暗区皮下脓肿

（2）衰减暗区　由于声能在组织器官内被吸收而出现的暗区称为衰减暗区。加大灵敏度后，可出现少数较暗的光点；严重衰减时，即使加大灵敏度也不会出现光点。

（3）实质性暗区　均一的组织器官内因没有足够大的声学界面而无回声，出现实质性暗区（图 1-25）。如加大灵敏度，则出现不等量的回声且分布均匀。

2. 低回声　又称弱回声，为暗淡的点状或团块状回声。

3. 等回声　回声病灶的回声强度与周围正常组织的回声强度相等或近似。

4. 中等回声　为中等强度的点状或团块状回声（图 1-26）。

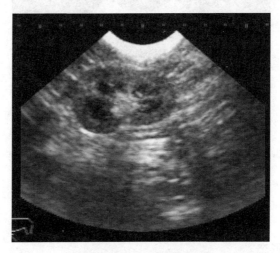

图 1 - 25　肾脏实质暗区

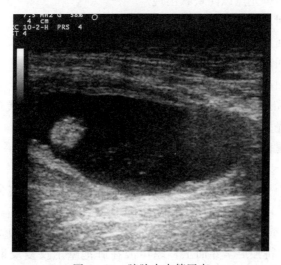

图 1 - 26　膀胱内中等回声

5. 高回声　回声强度较高，但一般不产生声影，多见于纤维化或钙化的组织。

6. 强回声　超声图像与形成的反光增强的点状或团块状回声，其强度最强，一般有声影，多见于结石与骨骼（图 1 - 27）。

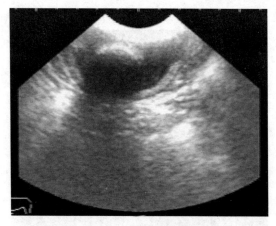

图 1-27　强回声及后方声影膀胱结石

(二) 回声形态

1. 光斑　稍大的点状回声。

2. 光团　回声光点以团块状出现。

3. 光片　回声呈片状。

4. 光条　回声呈细而长的条带状。

5. 光带　回声为较宽的条带状。

6. 光环　回声呈环状，光环中间较暗或为暗区，如胎儿头部回声。有些器官或病灶内部出现回声称为内部回声。光环是周边回声的表现。

7. 光晕　光团周围形成暗区，如癌症结节周边回声。

8. 网状 (是回声聚集的形态) 　多个环状回声聚集在一起构成筛状网，如脑包虫回声。

9. 声影　由于声能在声学界面衰竭、反射、折射等而丧失，声能不能达到的区域 (暗区)，即特强回声下方的无回声区。

10. 声尾　或称蝌蚪尾征，指液性暗区下方的强回声，如囊肿。

在 (肺部) 特强声学界面上，超声波在肺泡壁上反复反射，声能很快衰减，称为多次重复回声。

11. 靶环征　以强回声为中心形成圆环状低回声带，如肝脏病灶组织的回声。

有些脏器或肿块底边无回声，称底边缺如；如侧边无回声，则称为侧边失落。两者多见于结石、钙化、致密组织回声之后。

(三) 超声伪影

由于超声成像系统原理上的不足、技术上的限制、方法上的不全、诊断上的主观臆断等客观条件和人为因素造成的图像畸变或假像，以及检测得到的数据与真实情况有差异的，均属伪差，又称伪像、假像、伪影等。它可导致误诊，故须充分了解其原因和特征，以鉴别诊断结果的真伪。

1. 超声伪影的辨别　　了解超声的物理学基本原理及识别超声伪影（imaging artifact）是正确诊断疾病的基础。伪影有无价值伪影和有价值伪影两类。无价值伪影主要由不正确使用仪器设备、不正确设定超声诊断仪的技术参数、不正确的扫查方法及扫查前对动物及其扫查部位准备不当等所引起的，会影响图像质量、导致误诊误判。有价值伪影是在特定的技术条件下产生的，是超声与介质相互作用的结果，有利于影像学诊断。

2. 二维实时超声影像常见伪影的物理学原理

（1）多次回声　　指在超声传播路径上出现两次或多次往返反射，这种往返反射发生在两个声阻抗值差异较大的平滑的声学大界面上，有时候也称为混响效应。第一个多次回声发生在皮肤与换能器之间，又称为外部多次回声；内部多次回声多发生在体内骨骼、气体之间。典型的内部多次回声发生于动物体浅表气肿，回声在气肿壁与换能器间多次往返反射，出现许多相同的伪影。

如果在换能器与动物体表间留有含空气的间隙，超声就会在气泡与换能器间多次往返反射出现伪影，这就是典型的外部多次回声。

多次回声的伪影表现为声像图上重复的影像，一次重复代表一次回声（反射），重复的次数取决于声束的声能和换能器的敏感性，声能越强、换能器敏感性越高，重复的伪影次数越多。

多次回声的差异主要取决于反射界面的大小、位置、性质和数量。彗星尾状伪影（又称蝌蚪尾或声尾）是由小的金属异物或分散的气泡等形成的高回声界面所产生的，这种伪影因其有序明亮的连续回声而较容易辨认。它是由超声的振铃效应产生的，是多次回声的一种。

（2）镜像伪影　　当声束遇到诸如膈肌-肺这样大的高回声声学界面时，就会产生镜像伪影。正常肝脏由于膈肌的镜像效应，会在胸腔内形成"拟态"肝脏伪影，其位置在膈肌前，声像图表现"类似于膈疝、肝实质实变"。

声束遇到膈肌-肺脏这样的弧形高回声声学界面时，声束在声学界面上反射进入肝脏，肝脏内的回声又从入射路径返回到换能器，超声机把这种回声当作是直线往返的。如果在超声往返路径上有多次回声现象时，回声就会延时，超声机在处理这些回声信息时就会认为这些回声来源于超声轴向更远的胸腔，错误的镜像伪影就产生了。

（3）侧叶伪影　　与初始声束主方向不一致的少数声束遇到某一器官的高声

学界面后，发生反射，产生与主声束方向不一致的回声，一些弧状高回声由于反射也会产生这样的声束。这些非主声束方向上的回声又经原来的路径返回到换能器。换能器把主声束方向上的回声与这些非主声束方向上的回声一同转换成不同强度和实时的电信号，再由主机转换成视频信号。虽然这些回声比主回声弱得多，但还是足够形成影像，且这种影像出现在主声束方向上，是一种虚拟影像，为侧叶伪影。侧叶伪影通过调节机器的技术设置，如调低增益、加大抑制等就可以消除。

（4）沉积伪影　沉积伪影是侧叶伪影的一种，这种伪影将膀胱、胆囊等的回声影像底边位移。这种伪影与X线、CT的"部分体积效果"相似，当声束脉冲宽度大于囊壁时，回声在影像上就会错误地展现囊壁结构。区分底边伪影与真实的沉积影像的方法有：

● 实际底边往往平整，伪影底边则呈弧形。

● 改变动物体位将会改变膀胱、胆囊相应部位底边的位置，不管底边位置如何改变，沉积伪影界面总是与入射声束轴向垂直。

● 通过转换换能器角度也可以避开高反射结构的相应部位。

（5）重影　当入射声束遇到不同声阻抗值的组织时，声束就会发生折射。折射改变了声束方向，造成反射体图像位置的不精确表现，好比"影随身行"，因而被称为重影，又称二次成像。重影是盆腔检查常见的现象，直肠及其相邻的脂肪组织好比棱镜一样折射声束，导致二重成像。重影可以造成兽医临床上的误诊及测量错误。

三次成像与二次成像的物理学原理是一样的，在肥胖症病例的肾脏中较易发生。肝脏、脾脏与其周围的脂肪组织易发生二次成像。折射还可以使声影和影像增强。

（6）声影　指高回声后的低回声或无回声区，它是由于声束在强回声界面上几乎完全反射后或被完全吸收后而导致的远场无回声或低回声。气体和骨骼易产生声影。例如，在气体与软组织界面上，由于多次反射或多次回声，99％的声束被反射，造成声影不洁（不一致）；在软组织与骨骼间的声学界面上，2/3的声束被反射且剩下声束的绝大多数被吸收，不会出现多次反射，故其声影非常干净（全部黑化）。尿结石和胆结石及钡剂可产生与骨骼一样的声影。

声影的清洁与不清洁是相对的，有时候，气体也可以产生清洁的声影而结石产生不清洁声影。产生声影物质与声束焦点的相对大小、位置、换能器频率、结石的组成等是形成声影清洁程度的关键。结石应处在声束焦点前后处，且至少应等于或大于声束直径才能产生明显的声影。

　　（7）侧边声影　声影有时会出现在囊腔状结构两侧囊壁远场，这种声影称为侧边声影。这是由较低声速的声束通过囊腔内的液体后在液体-囊壁界面上发生折射所引起的。侧边声影常出现在膀胱、胆囊、肾脏等圆形囊腔状结构的边缘，甚至会出现于肾脏的髓质与肾盏结合部。

　　体内外试验表明，声束通过囊腔内的液体，在液体与囊壁的界面上发生反射与折射。由于囊腔界面的凹面，使得反射和折射声束均发生离散，再加上组织对声束的致弱作用，其远场回声就很低或无回声。

　　（8）回声增强　远场对声束低衰减的区域会使回声振幅加大，引起回声增强，因而又称完全透射，在声像图中表现为灰度升高。这种现象常出现在膀胱、胆囊的远端，又称为后壁增强效应。影像增强有利于区分囊腔结构与实质性的肿块。囊腔有一个平滑、不连续的边缘，而脓肿、肉芽肿和肿瘤常表现为周边不整或边界模糊。周边结构的差异有利于区分体内各种肿块。

　　高回声肿块后声影增强或无回声之后出现声影等现象很容易造成诊断上的失误，此时应转换体位、改变换能器方向，结合其他临床检查才能作出诊断。

　　（9）距离移位　一般来说，声束在软组织中的速度为 1 540m/s，这一平均声速是超声机校正回声距离的依据。但是，实际上声束在各种软组织中的速度是不一样的，比如，声束在脂肪组织中的速度是 1 460m/s。脂肪肝中的脂肪高回声看上去与后移的膈肌相连接，这是由于声速在脂肪中的速度较小所引起的。另外，膈肌、胸膜与胃的声影融合，这是由于声束在肝组织与腹腔液体间发生折射，并导致膈肌的连续性中断。

　　（10）侧壁缺如　由于声束在囊腔侧壁上发生反射、折射并出现离散，使其下方的侧壁的连续性中断，称为侧壁缺如。当声束直径太大或囊腔壁太薄时，也会出现这种现象。

　　（11）人为伪影　又称操作伪影，是由于扫查技术及动物准备不当所造成的。动物准备不当包括动物空腹、膀胱充盈或在部分胃肠道内充入液体等，空腹至少需 12h。动物扫查部位必须剃毛、涂耦合剂以防气体存在于换能器与皮肤间。换能器使用不当、技术参数设置不当等也容易造成伪影。

五、犬正常脏器超声探查

（一）肝脏与胆囊

　　肝脏是机体内最大的实质性脏器，具有分解、合成、贮存营养、解毒及分泌胆汁等作用，在胎儿期也是造血器官，具有良好的声传导特性，且位置固定。所以，超声诊断肝脏疾病是影像学检查的首选方法。

1. 肝胆解剖

（1）肝脏的位置与形态　犬的肝脏发达，占体重的 3%～5%，略呈四边形，质地实而脆，具有一定的弹性。通常被腹侧的许多切迹分成许多叶，即左外叶、左内叶、右内叶和右外叶；在肝门的下方，胆囊与圆韧带之间有方叶；在肝门上方有尾叶。尾叶分为左侧的乳头突和右侧的尾状突。肝脏壁面平滑而隆凸，与膈相贴；脏面与胃、肠、右肾等相邻，形成许多特殊的痕迹，如尾叶上的肾压迹，左外叶上的胃压迹和十二指肠压迹等。在肝的背侧缘有后腔静脉穿行并部分埋于肝的实质内，有许多肝静脉直接进入后腔静脉。肝门位于脏面的中部，门静脉、肝动脉、淋巴管、神经及肝管由此进出肝的实质。除肝脏的肝门部、胆囊窝、腹膜的折转部及肝的隔面背内侧的三角形的裸区等小范围之外，均被覆有浆膜。肝脏在左外叶背侧缘以较小的左三角韧带连接于左腹壁的背侧；在右外叶的背侧缘以右三角韧带连于右腹壁的背外侧。冠状韧带是右三角韧带在肝壁面的延续，并最终延伸至左三角韧带，将肝和膈相连。圆韧带为脐静脉的遗迹，成年后退化消失。镰状韧带是很薄的浆膜褶，从圆韧带切迹沿肝的膈面延伸至肝背侧缘的食道压迹，将肝连于膈。

（2）肝包膜　肝包膜由内层的肝固有纤维膜和外层的脏层腹膜组成。其脏层腹膜在肝脏的后上方处有一未包被肝脏的三角区，在第一肝门部肝包膜增厚并包绕肝门的血管和胆管。

（3）肝实质和肝内管道结构　肝实质内有肝小叶、胆管、血管、神经和淋巴等。肝小叶是肝脏基本的结构和功能单位。血管主要包括：

①门静脉。门静脉为引导胃、小肠、大肠（直肠后部除外）、脾和胰等的血液入肝的一条大静脉，位于后腔静脉腹侧，由脾静脉、肠系膜前静脉和肠系膜后静脉汇合而成，穿过胰门脉环走向肝门，与肝动脉一起经肝门入肝。入肝后反复分支至窦状隙（扩大的毛细血管），最后汇合为数支肝静脉，导入后腔静脉。

②肝静脉。肝窦静脉互相吻合汇合成许多细小的肝静脉，后者继续汇合成上、下两组主要肝静脉。上组包括粗大的肝左、中、右静脉，注入下腔静脉上段，引流大部分肝脏血液。肝中静脉位于肝正中裂内，肝右静脉位于肝右叶间裂内，肝中静脉和肝右静脉是超声观察肝脏分叶的重要标志。尾叶和肝右后叶静脉血由下组肝静脉汇集而成。肝静脉走向与门静脉走向呈近似垂直交叉状。

③肝动脉。肝总动脉起自腹腔动脉，沿胰的上缘右行，并在胰颈附近分出向下行走的胃十二指肠动脉。肝固有动脉折向右上行走，在肝十二指肠韧带内

位于门静脉的前内侧，到达肝第一门后分为肝左、右动脉，后两者在肝内伴随门静脉分支行走。

（4）肝内胆管　胆囊位于肝脏方叶与右内叶的胆囊窝内，细长，大部分紧贴于胆囊窝内，而部分游离于肝的腹缘，具有贮藏胆汁和浓缩胆汁的作用。肝管出肝门与胆囊管汇合成胆总管，开口于距幽门 2～3cm 的十二指肠乳头上。

2. 探查方法　大部分 B 型超声诊断仪均可清晰探查肝胆系统，可配 3～5MHz 线阵或扇扫探头，凸阵探头显示切面更宽。小动物则用分辨力好的高频率探头，如 5.0MHz。宽频带可变频探头将探头的中心频率调节至上述合适的频率。适当调节仪器的总增益和 TCC，使肝脏的深浅部位回声均匀一致。

彩色多普勒超声可显示肝脏血管的血流。频谱检测时调节基线和脉冲重复频率，以清楚显示完整的频谱形态，避免出现频谱倒错伪像。

小型宠物犬、猫可依据被检位置不同而采取仰卧、俯卧或侧卧体位，探查部位为右侧 10～12 肋间或剑突后方。局部剪毛、涂耦合剂，探头与皮肤保持垂直并充分密合。记录断层像时，应注意避免人为造成的探头活动及动物的乱动，待图像冻结时，再行拍照，或用影像打印机直接打印、输入录像机录像、输入计算机存贮处理等。

3. 正常肝胆的声像图表现　正常肝脏实质为均匀分布的细小光点，中等回声（图 1-28）。肝内管道结构呈树状分布。肝内门静脉壁回声较强，肝静脉及一级分支也能显示，但管壁很薄、回声弱。肝内胆管与门静脉并行，管径较细。

正常胆囊的纵切面呈梨形或长茄形，边缘轮廓清晰，胆囊壁为纤细光滑的高回声带（图 1-29）。囊腔内为无回声区，后壁和后方回声增强。横切面上，胆囊显示为圆形无回声区。

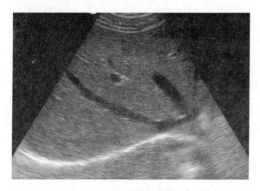

图 1-28　正常肝脏声像

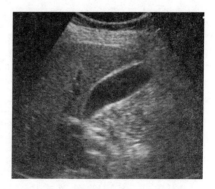

图 1-29　正常胆囊纵切声像

（二）脾脏

脾脏为腹腔内重要的实质器官之一，其均质程度较高，适用于超声探查。目前动物临床主要应用于脾脏体表投影面积、体积大小的测定及脾脏疾病的检查。

1. 脾脏的解剖　犬的脾脏长而狭窄，下端稍宽，上端尖而稍弯，位于左侧最后肋骨及左侧胁部。

2. B型超声探查法　与肝脏类似，但更宜用高频率探头探查，如5～10MHz。由于脾脏离体表较近，因探头近场回荡效应而使近侧脾表显示不清，这时可在探头和皮肤间加透声垫块。犬仰卧或右侧卧，在左侧10～12肋间或最后肋弓及胁部进行探查。根据扫查面不同，可显示脾头、脾体、脾尾及脾门部的脾静脉。

3. 正常脾脏的声像图表现　正常脾脏的声像图整体回声强度均高于肝脏，脾实质呈均匀中等回声，光点细密，周边回声强而平滑（图1-30、图1-31）。脾包膜呈光滑的细带状回声。外侧缘呈弧形，内侧缘凹陷的为脾门。脾静脉、脾动脉为管状无回声。

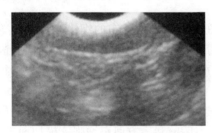 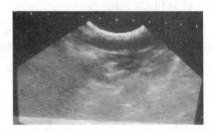

图1-30　脾脏正常声像　　　　　　　　图1-31　脾脏和左肾声像

（三）胰腺

胰为重要的消化腺体，包括外分泌部和内分泌部。

1. 胰腺解剖　胰呈窄长而弯曲的带状，可分为体部和左、右两叶，粉红色，呈V形沿胃和十二指肠分布。右叶沿十二指肠向后伸至右肾后方，左叶经胃的脏面向左后伸至左肾前端。排泄管有2条，一条为胰管，与胆总管一起开口于十二指肠乳头；另一条为副胰管，开口于胰管开口处的稍后方。

胰腺是腹腔中难于探查的器官。

2. B型超声探查法　探查时可采用仰卧位、右侧卧位或站立位。通常用5.0MHz或7.5MHz线阵或凸阵探头在仰卧位下于左腹壁探查，这有利于避开肠腔积气。在腹部胀气时，可灌服温开水或服用消除胀气药物（二甲基硅油片）。有时也可用右侧卧或俯卧位在下方开口的聚酯玻璃台上于左侧 11～12 肋间探查。胰腺声像图较难判断，有时被周围脂肪或积气肠管所掩盖，可根据周围器官和脉管定位，并做横切面与纵切面比较，必要时可向腹腔注入适量生理盐水以增强透声效果。

3. 正常胰腺的声像图表现 胰腺内部声像图呈均匀细小光点回声，多数回声稍强于肝。

（四）肾脏

肾脏为成对的实质性器官，位于腰椎横突的腹侧，在主动脉和后腔静脉两侧的腹膜外，呈蚕豆形，表面光滑，新鲜时为红褐色，占体重的 0.5%～0.6%。肾的外面包裹有脂肪囊，其发育程度与犬的品系和营养状况有关。

1. 肾脏的解剖 肾的内侧缘有一凹陷，称为肾门，是肾动脉、肾静脉、输尿管、神经和淋巴管出入之处。肾门向肾内深陷的空隙称肾窦，肾窦又包括肾盂、肾盏及血管、神经、淋巴管、脂肪等。

右肾位于第 1～3 腰椎横突的腹侧，前端位于肝尾叶的肾压迹内，内侧为右肾上腺和后腔静脉，外侧与最后肋骨和腹壁相接，而腹侧则与肝脏和胰腺相接。左肾的位置常受胃充盈程度的影响，当胃内空虚时，位于第 2～4 腰椎腹侧；若胃内食物充满，则向后移。其前端约与右肾后端相对应，并与脾脏相接或与扩张的胃相邻，内侧与左肾上腺和主动脉相邻，而外侧与腹壁相接，腹侧则与降结肠相邻。

犬的肾为光滑单乳头肾，由被膜和实质构成，被膜由致密结缔组织构成。肾表面由内向外，有三层被膜包裹。内层是薄而坚韧的纤维囊，在正常情况下易从肾表面剥离；中层为脂肪囊，位于纤维囊的外层；外层为肾筋膜，由腹膜外结缔组织发育而来，从肾筋膜深面发出很多小束，穿过脂肪囊连至纤维囊，对肾起固定作用。实质由若干肾叶组成，在肾切面上，每个肾叶可分为外围的皮质和深部的髓质。肾皮质富含血管，新鲜时呈棕红色，内含肾小体和一部分肾小管；髓质部色淡，有细的纹线（髓放线）。在皮质部与髓质部之间有深红色的区域称中间区。在中间区可明显看到一些大血管的断面，将髓质分成一个个独立的肾锥体。皮质部除包在髓质部周围外，还伸入髓质锥体之间形成肾柱。肾中部的肾锥体末端合成肾乳头，并凸入肾盂内。肾盂为输尿管前端的膨大部，位于肾窦中，呈漏斗状。肾盂的中部较宽，直接连接输尿管，两端弯曲而狭窄的盲端称终隐窝。肾叶由肾小体、肾小管、集合管和血管构成。肾小体分散存在于皮质内，由肾小囊和血管球组成。肾小囊由肾小管起始部膨大而成，内含血管球。血管球是入球小动脉和出球小动脉之间的血管盘曲成球状结构。肾小管分近曲小管、肾小管袢和远曲小管。近曲小管和远曲小管弯曲，分布于皮质中；肾小管袢直，在髓质中伸向肾乳头，再返回皮质，连于远曲小管，最后连于集合管和乳头管；肾的血液供给极为丰富，约占心输出量的1/4，大型犬每天流经肾脏的血液量为1 000~2 000L。肾动脉由腹主动脉分出，进入肾脏后，依次反复分支为叶间动脉、弓形动脉、小叶间动脉、入球动脉、出球动脉、毛细血管网后，再汇合成静脉与动脉伴行，最后汇合成肾静脉，汇入后腔静脉。

　　肾脏为腹腔内重要的实质器官之一，距体壁较近，利于超声探查。

2. 超声探查法

　　（1）B型超声探查法　仪器条件及探查方法与肝脏类似。取立位、卧位或坐位，在左、右12肋间上部及最后肋骨上缘。包膜周边回声强而平滑，肾皮质为低强度均质微细回声，肾髓质呈多个无回声暗区或稍显低回声，肾盂及其周围脂肪囊呈放射状排列的强回声结构（图1-32）。左肾和脾脏可在一个视窗内探查到（图1-33）。根据扫查面不同，可显示肾静脉、后腔静脉、肝或脾。

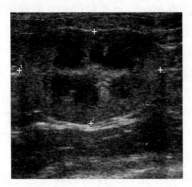

图1-32　左肾声像

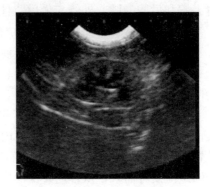

图1-33　右肾声像

　　（2）多普勒超声探查法　遵循红迎蓝离法，对肾门及肾的各支血管用彩色多普勒探查，可获得正常肾脏的彩色血流图，色彩饱满丰富。如用能量多普勒，则更加明显。用脉冲多普勒可获得各段血管的血流频谱。正常肾动脉血流频谱呈迅速上升的收缩期单峰，随之为缓慢下降的舒张期平坦延长段。

　　（3）三维超声探查法　肾脏的三维超声成像可帮助我们更直观地观察肾脏病变情况，对诊断有较大的意义。特别是对肾积水、肾囊肿及肾肿瘤的诊断，三维超声的表现较好，立体感强，更能了解病灶的内部结构及空间方位，对临床的指导性更大。

①扫查方法。首先清晰地获得肾脏的二维图像，确定需要三维成像的兴趣画面，然后进行二维图像的采样。进行采样时，使三维成像仪均匀转动一定的角度。图像采集完毕，即实施肾脏的三维图像重建。三维重建中，为了增加图像的立体效果及病灶的清晰度，应尽量将仪器的透明度调节增益加大，使肾脏集合系统和肾脏实质的对比度增大。

②正常肾脏的三维图像。正常肾脏的三维图像呈透明的芒果样。外层通透性高的是肾脏的实质部分；中间密度高的是肾窦部分，状似芒果核。进行360°旋转观察时，立体感逼真。

（五）输尿管

1. 输尿管的解剖　输尿管左、右各一，是细长的肌性管道，起于肾盂，经肾门出肾。沿着腰大肌和腰小肌的腹侧，偏离正中矢面外侧 1～2cm 向后延伸，并接近主动脉和后腔静脉。输尿管在向后延伸过程中，位于主动脉和后腔静脉腹侧并横穿主动脉和后腔静脉的分支。在骨盆腔内，母犬的输尿管位于子宫阔韧带的背侧部；公犬的左、右侧输尿管在骨盆腔内位于尿生殖褶中，与输精管交叉，先后到达膀胱颈的背侧，在膀胱壁内斜行 3～5cm 后，开口于膀胱内壁。

输尿管壁由黏膜、肌层和外膜构成。黏膜形成很多纵行皱褶；肌层收缩可产生蠕动使尿液流向膀胱；外膜为结缔组织。

2. 探查方法　准备检查前应作肠道准备，减少肠气和粪便干扰。体位常取俯卧、仰卧或侧卧。探头频率同肾脏。扫查时，采取分段探测法。

（1）俯卧位背部肾区纵向扫查　经肾脏找到积水的肾盂后往下追踪，寻找积水输尿管，进行纵、横扫查，显示上段输尿管。

（2）仰卧位下腹部经膀胱探测　横向扫查切面，在膀胱后方两侧能显示积水的输尿管，呈圆形。在此改纵向扫查后，能显示膀胱后方输尿管。

输尿管上段探测，也可取侧卧位，使肠腔移至对侧，容易从腹部探测到输尿管。输尿管病变的超声检查难度较大，进行滑动移行检查时，不应操之过急，否则易使追踪显示的上段扩张输尿管中断或漏诊较小的病变。

3. B型超声图像　正常输尿管内径窄小，超声不易显示。应于膀胱充盈后检查，以膀胱为透声窗，可显示输尿管膀胱壁段。图像可见回声较强、纤细的管状结构，内径一般不超过 5mm，管壁内侧光滑。

（六）膀胱与尿道

1. 解剖要点　膀胱是贮存尿液的器官，尿液充满时呈梨状囊，前端钝圆为膀胱顶，突向腹腔，后端逐渐变细称膀胱颈，与尿道相连，膀胱顶和颈之间为膀胱体。除膀胱颈突入骨盆腔外，大部分膀胱位于腹腔内。根据膀胱内贮存尿液量的不同，其大小、形状和位置也有变化。膀胱空虚时，约有拳头大，靠近骨盆腔；尿液充满时，呈长的卵圆形，膀胱顶甚至可达到脐部。公犬的膀胱位于直肠、生殖褶及前列腺的腹侧，母犬的膀胱位于子宫的后部及阴道的腹侧。

胎儿时期，膀胱主要位于腹腔，呈细长的囊状，其顶端伸达脐孔，并经此孔与尿囊相连，以后逐渐缩入盆腔内。

膀胱壁由黏膜、肌层和浆膜构成。壁的厚度随尿液的充盈程度变化较大。当膀胱空虚时，黏膜形成许多皱褶，在近膀胱颈部的背侧壁上，两侧输尿管之间有一个三角形区域，黏膜平滑无皱褶，称为膀胱三角；肌层由内纵、中环和外纵三层平滑肌构成，中环肌层较厚，并在膀胱颈部形成膀胱括约肌；浆膜为膀胱的最外层，被覆于膀胱顶和膀胱体部，而膀胱颈部的表面为结缔组织外膜。

膀胱表面的浆膜从膀胱体折转至邻近的器官和盆腔壁上，形成一些浆膜褶。膀胱背侧的浆膜，母犬折转至子宫上，公犬折转至生殖褶上。膀胱腹侧的浆膜褶沿正中矢面与盆腔底壁相连，形成膀胱正中韧带。膀胱两侧壁的浆膜褶与盆腔侧壁相连，形成膀胱侧韧带。在膀胱侧韧带的游离缘有一索状物，是胎儿时期动脉的遗迹，又称膀胱圆韧带。

尿道是尿液排出的肌性管道。尿道内口起于膀胱颈，以尿道外口通于体外。

公犬的尿道很长，兼有排精作用，位于盆腔内的部分称为尿生殖道盆部，而经坐骨弓转到阴茎腹侧的部分称为尿生殖道阴茎部。

母犬的尿道比较短，10～12cm，起于骨盆前口附近的膀胱颈的尿道内口，在阴道腹侧沿盆腔底壁向后延伸，以尿道外口开口于延伸至阴道前庭的小结节上，在其侧面有小丘状突起结构。

2. 超声探查方法 采用体表探查法，取站立或仰卧保定位，于耻骨前缘后腹部做纵切面和横切面扫描。需要显示膀胱下壁结构时可在探头与腹壁间垫以透声垫块。公犬远段尿道探查多在会阴部或怀疑有结石的阴茎部垫以透声块扫描。

3. 声像图表现 膀胱内充满尿液时为无回声暗区（图1-34），周围为膀胱壁强回声带所环绕，轮廓完整，光洁平滑，边界清晰。近段尿道在膀胱尾端可部分显现，公犬前列腺可作为定位指标之一。远段尿道常显示不清，当做尿道插管或注入生理盐水扩充尿道后可清晰显示。

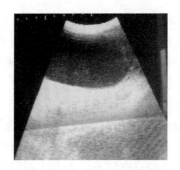

图 1-34　膀胱声像

（七）前列腺

前列腺很发达，组织坚实，呈淡黄色球形体，环绕在整个膀胱颈和尿生殖道的起始部，以多条输出管开口于尿生殖道盆部。

1. 解剖要点　前列腺为公犬生殖腺体之一，其大小和位置随年龄和性兴奋状况而异，性成熟后位于骨盆前口后方，于膀胱尾环绕前段尿道。

2. 探查方法　与膀胱类似，可经直肠或耻骨前缘向后扫查，膀胱积尿有助于前列腺影像显现。

3. 声像图表现　其横切面呈双叶形，纵切面呈卵圆形（图 1-35）。前列腺包膜周边回声清晰光滑，实质呈中等强度的均质回声，间有小回声光点。膀胱尾和前段尿道充尿时，在前列腺横切面背侧两叶间可清晰显示尿道断面（图 1-36）。

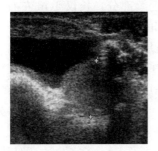

图 1-35　膀胱与前列腺声像

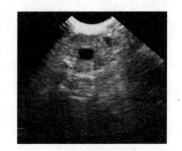

图 1-36　前列腺横切声像，内
见充满尿液的尿道

（八）肾上腺

肾上腺是腹腔内重要的内分泌器官，为镰刀状薄块结构，左右各一个，位于左右肾脏头端靠近腹中线部位，与后腔静脉及主动脉邻近。

1. 探查方法 超声探查时多采用 7.5MHz 的高频率探头，在仰卧保定、左或右侧卧保定下，于前部腹侧壁做横切面、纵切面和斜切面扫描，并做对比观察；也可于 11～12 肋间做矢状切面扫描，以避开肠管积气，并可在同一切面上同时显示肾脏和肾上腺。左肾上腺比右肾上腺更靠后，扫查时不受肋骨干扰，因此左肾上腺比右肾上腺更易于识别。

2. 声像图表现 正常肾上腺比其周围结构回声更低，显示为低回声的外周和较强回声的中央，一个强回声的环环绕肾上腺边缘，小而窄，声像图上难于辨认。左肾上腺呈哑铃形或扁卵圆形，右肾上腺呈逗号形。

（九）子宫

犬的子宫通过子宫阔韧带悬垂于骨盆腔入口附近、耻骨前缘上下。母犬怀孕后，随着胚胎的发育，位置逐渐前移。犬、猫等伴侣动物多为双角子宫，子宫角上邻直肠，下有膀胱，呈管状结构，管壁有一定的弹性。

1. 子宫的形态和位置 犬的子宫属于双角子宫，以子宫阔韧带附着于盆腔前部的侧壁上。子宫的大部分位于腹腔内，仅有部分子宫体和子宫颈位于骨盆腔内。子宫的背侧靠近直肠，腹侧为小肠和膀胱。在妊娠时，根据妊娠期的不同，子宫的位置有显著变化。子宫分为子宫角、子宫体和子宫颈 3 部分。

（1）子宫角 左右各一，细长，全长约 12cm。两子宫角后端合并移行为子宫体。整个子宫角位于腹腔内，其背侧与小肠相接。

（2）子宫体 子宫体呈细的圆筒状，较短，仅有 2～3cm。由于子宫角后端的结合部形成中隔（子宫帆），因此，实际上更短。

（3）子宫颈 子宫颈是子宫体向后的延续部分，长仅 1cm 左右。子宫颈壁肥厚，子宫颈外口突出于阴道内，其后部的背侧为阴道背侧褶。

（4）子宫壁的结构 子宫壁由黏膜、肌层和浆膜构成。

● 黏膜，又称子宫内膜。在怀孕期间增厚，形成环行的胎盘，膜内含有丰富的子宫腺，其分泌物对早期胚胎有营养作用。

● 肌层，又称子宫肌。由两层平滑肌构成，内层为较厚的环肌，外层为较薄的纵肌。在两肌层间有发达的血管层，内含丰富的血管和神经。肌层在怀孕时增生，在分娩过程中，肌层的收缩起着重要作用。子宫颈的环肌特别发达，形成开闭子宫颈的括约肌，发情和分娩时开张。

● 浆膜，又称子宫外膜。被覆于子宫的表面。在子宫角的背侧和子宫体两侧形成的浆膜褶，称子宫阔韧带或子宫系膜，含有大量的脂肪，两端短而中间宽，前连卵巢系膜，将子宫悬吊于盆腔前部的侧壁上，支持子宫并使其有可能在腹腔内移动。怀孕时子宫阔韧带随着子宫增大而加长变厚。子宫阔韧带内有走向卵巢和子宫的血管，这些动脉在怀孕时增粗。

（5）子宫的血管分布 子宫的动脉分布主要为来自卵巢动脉、子宫动脉和阴道动脉的分支，这些血管在子宫的前端离子宫较近，并伸延至子宫阔韧带中部。在切除大部分子宫时，应结扎靠近子宫颈的子宫动脉。子宫的血液主要通过卵巢静脉中的子宫支回收。

2. 探查方法 犬、猫等中小动物在探查子宫时，多取仰卧位，探查部位在耻骨前缘。局部剃毛，涂耦合剂，使用 5.0MHz 探头进行扫查，可横向和纵向扫查。

3. 声像图表现 子宫角呈长条状，检查时要大范围剃毛，采取仰卧或侧卧体位，从腹部后侧一直探查到最后肋骨。正常、未怀孕的母犬，其子宫一般不显像。用高分辨率探头时，子宫颈显示为卵圆形低回声团块。有时在膀胱背侧、结肠腹侧能见到子宫角的管状结构。通常子宫角很难与肠袢区别，在膀胱充满的情况下，膀胱可作为声窗有利于扫查子宫角。透过膀胱形成的声窗，直肠腹侧显示子宫体影像，子宫壁的各层通常不能清晰显示，子宫壁回声结构良好，为中等回声至低回声，在发情期子宫体和子宫角水肿，子宫壁回声减弱。

（十）卵巢

卵巢有一对，是产生卵细胞的器官，同时能分泌雌性激素，以促进生殖器官及乳腺的发育。

1. 卵巢的形态和位置 卵巢以较厚的卵巢系膜悬吊于最后肋骨的内侧面，靠近肾的后端，有时其前端与肾相接。由于左肾比右肾靠后，故左侧卵巢比右侧卵巢靠后。

卵巢呈硬而扁平的椭圆形，表面粗糙，在发情期形状不规则，且可见比较大的卵泡。卵巢被大量的脂肪包裹，因此，不易观察。卵巢的大小与犬种及个体有关，如比格犬卵巢的大小约为 15mm×10mm×6mm。每侧卵巢的前端为输卵管端，后端为子宫端，两缘为游离缘和卵巢系膜缘。在卵巢系膜缘有血管和神经从卵巢系膜进入卵巢内，此处称为卵巢门；卵巢的子宫端借卵巢固有韧带与子宫角相连；输卵管端有浆膜延伸至子宫，并包被输卵管，称输卵管系膜；在输卵管系膜与卵巢固有韧带之间，形成卵巢囊。卵巢囊的开口呈缝隙状，靠近内侧壁，随发情间期的变化而开闭。

2. 卵巢的结构 卵巢表面在其卵巢系膜附近被覆腹膜，其余大部分被覆生殖上皮，生殖上皮在胚胎期为立方上皮，是卵细胞的发源处，成年后变为扁平上皮。上皮深层有一层致密结缔组织构成的白膜，白膜内为卵巢实质。卵巢实质分为浅层的皮质和深层的髓质。皮质内含数以万计的卵泡，成熟的卵泡以破溃的方式，将卵细胞从卵巢表面排入腹膜腔。髓质无卵泡，由血管、淋巴管、神经和平滑肌纤维等组成的结缔组织构成。

在卵巢断面上可见，有的卵泡在发育过程中退化，这种卵泡称为闭锁卵泡。卵细胞成熟后，凸出于卵巢表面，在神经和体液的影响下卵泡破裂。当卵子被排出后，卵巢壁塌陷，壁内细胞增大，并在细胞质内出现黄色素颗粒，这些细胞称为黄体。如果排出的卵没有受精，黄体则很快退化，称假黄体。如果卵细胞受精，黄体继续发育，直到妊娠末期，这种黄体称真黄体或妊娠黄体。黄体退化后为结缔组织所代替，称为白体。

3. 声像图表现 卵巢不易探查，充盈的肠袢会干扰卵巢的显像，探查时选择 7.5MHz 探头，正常卵巢位于肾脏后极附近，与周围组织相比，卵巢呈结构均质低回声。卵巢包囊很难分清，甚至可能影响卵巢成像。卵巢内的黄体为外周强回声，中间低回声至无回声结构。卵泡内含有液体，呈圆形低回声结构（图 1-37）。卵巢常发生的病变为卵巢囊肿、卵巢肿瘤等。

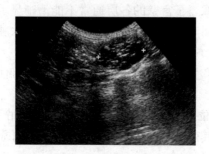

图 1-37　卵巢声像

（十一）心脏

1. 心脏的形态和位置 心脏呈卵圆形，为中空的肌质性器官，心脏重量约占体重的 0.7%，但犬品种不同其变化范围很大。心脏背侧部大，称为心基，与起止于心脏的大血管相连，位置较固定；腹侧部钝小而游离，称为心尖。心脏前缘呈凸向前下方的弧形；后缘短而直。

心脏表面有一环行的冠状沟和 2 条纵沟。冠状沟靠近心基，是心房和心室的外表分界，上部为心房，下部为心室；锥旁室间沟又称左纵沟，位于心脏左前方，几乎与心脏后缘平行；窦下室间沟又称右纵沟，位于心脏右后方，可伸至心尖。两室间沟是左、右心室的外表分界，前部为右心室，后部为左心室。在冠状沟和室间沟内有营养心脏的血管，并有脂肪填充。

心脏位于胸腔纵隔内，其长轴与胸骨约成 45°，位于第 3 肋与第 6 肋间隙之间，心底位于第 4 肋骨的中央。心脏最上缘位于肩峰和最后肋骨的腹侧端的连线上；心尖钝，位于第 6 胸骨片的偏左侧。听诊心音的最佳部位为站立姿势下的两侧第 5 或第 6 肋间隙的腹侧，而主收缩音则在第 4 或第 5 肋间隙的下 1/3 处最为清楚，而且左侧强于右侧。

2. 心脏的构造 心腔以房中隔和室中隔分为左、右心房和左、右心室。同侧的心房和心室以房室口相通。

（1）右心房 占据心基的右前部，壁薄而腔大，包括右心耳和静脉窦。右心耳呈圆锥形盲囊，尖端向左后至肺动脉前方，内壁有许多方向不同的肉嵴，称梳状肌。静脉窦接受体循环的静脉血，前、后腔静脉分别开口于右心房的背侧壁和后壁，两开口间有一发达的肉柱称静脉间嵴，有分流前、后腔静脉血，避免相互冲击的作用。后腔静脉口的腹侧有冠状窦，为心脏大静脉和心脏中静脉的开口。在后腔静脉入口附近的房中隔上有卵圆窝，是胎儿时期卵圆孔的遗迹。右心房通过右房室口和右心室相通。

（2）右心室 位于右心房的腹侧，构成心脏的右前部，室腔略呈半月形，顶端不达心尖。其入口为右房室口，出口为肺动脉口。

右房室口：以致密结缔组织构成的纤维环为支架，环上附着 2 个大瓣膜和 3～4 个小的瓣膜，称为右房室瓣，瓣膜的游离缘向腹侧垂入心室，每片瓣膜以腱索分别连于相邻的 2 个乳头肌上，乳头肌为突出于心室壁的圆锥形肌肉。当心房收缩时，房室口打开，血液由心房流入心室；当心室收缩时，心室内压增高，血液将瓣膜向上推，使其相互合拢，关闭房室口。由于腱索的牵引，瓣膜不能翻向心房，从而可防止血液倒流。

肺动脉口：位于右心室的左上方，也有一纤维环支架，环上附着 3 个半月形的瓣膜，称半月瓣。每个瓣膜均呈袋状，袋口向肺动脉。当心室收缩时，瓣膜开放，血液进入肺动脉；当心室舒张时，室内压降低，肺动脉内的血液倒流入半月瓣的袋内，使其相互靠拢，从而关闭肺动脉口，防止血液倒流入右心室。

室壁内面的肌束，形成交错的隆起称心肌柱，其中呈乳头状的称乳头肌，呈小梁柱状连于室侧壁与室中隔之间的称隔缘肉柱或心横肌，当心室舒张时，有防止其过度扩张的作用。

（3）左心房 构成心基的左后部，左心耳呈圆锥状盲囊，向左前突出，内壁也有梳状肌。在左心房壁的后部有 6～8 个肺静脉口。左心房下方有一左房室间口与左心室相通。

（4）左心室 构成心室的后部，室腔伸达心尖，其入口为左房室口，出口为主动脉口。左房室口纤维环上附有 2 个大瓣膜和 4~5 个小瓣膜，其结构和作用与右房室口上的瓣膜相同。主动脉口为左心室的出口，纤维环上附着有 3 个半月瓣，其结构、作用与肺动脉口的半月瓣相同。

3. 心壁的构造　心壁由心外膜、心肌和心内膜构成。

（1）心外膜　为被覆于心肌表面的一层浆膜，即心包浆膜的脏层，由间皮和薄层结缔组织构成。

（2）心肌　是心壁的最厚层，主要由心肌纤维构成，内有血管、淋巴管和神经等。心肌被房室口的纤维环分隔为心房肌和心室肌，心房肌和心室肌可交替收缩和舒张。心房肌薄，分浅、深两层。浅层为左右心房共有，深层分别为左、右心房所独有。心室肌厚，左心室肌最厚，有些部位为右心室壁的 3 倍，但心尖部较薄，心室壁的肌纤维呈螺旋状排列。

（3）心内膜　为紧贴于心房和心室内表面的一层光滑的薄膜，与血管的内膜相延续。心内膜深面有血管、淋巴管、神经和心脏传导系的分支。心脏的各种瓣膜就是由心膜向心腔折叠成的双层内皮，中间夹着一层致密结缔组织。瓣膜上没有血管分布，但其基部有血管和平滑肌。

4. 心脏的血管　心脏本身需大量血液供应，其供血量相当于左心室射血量的 15%。心脏本身的血液循环称冠状循环；其动脉称冠状动脉，静脉则称心静脉。

（1）冠状动脉　有左、右 2 条，分别称为左冠状动脉和右冠状动脉，由主动脉根部发出，沿冠状沟和左、右纵沟延伸，分支分布于心房和心室，在心肌内形成丰富的毛细血管网。

（2）心静脉　包括心大静脉、心中静脉和心小静脉。心大静脉和心中静脉伴随左、右冠状动脉分布，最后注入右心房的冠状窦；心小静脉分成数支，在冠状沟附近直接开口于右心房。

5. 心包　心包为包裹心脏的锥形囊，位于纵隔内。囊壁由浆膜和纤维膜组成，故心包可分为纤维性心包和浆膜性心包。纤维膜为一层致密结缔组织膜，在心基部与起止于心脏的大血管外膜相延续。在心尖部折转至胸骨背侧，与心包胸膜共同构成胸骨心包韧带；浆膜分为壁层和脏层。壁层衬于纤维膜的内面，脏层即心外膜。壁层和脏层在心基及大血管的根部互相移行。壁层与脏层之间的裂隙称心包腔，内有少量浆液称心包液。浆液有润滑作用，可减少心脏搏动时的摩擦。

6. 心脏及血管超声检查及声像图　心脏超声检查可从胃内导入探头，也可从胸骨右侧旁进行探查；胃内导入探查可以更直接地了解心脏与周边组织器官之间的解剖关系，心脏后方是肝脏，其他三面被肺脏包围。

　　心脏的解剖矢面因声束方向不同而异，具体表现在图像是否出现及出现图像的大小、形状的不同（图1-38）。常见的心脏各部位影像有右心房（right atrium，RA）、右心耳（right auricle，RAu）、右心室（right ventricle，RV）、右心室输出路径（right ventricular outflow tract，RVO）、三尖瓣（tricuspid valve，TV）、肺动脉瓣（pulmonary valve，PV）、左肺动脉（left pulmonary artery，LPA）、右肺动脉（right pulmonary artery，RPA）、后腔静脉（caudal vena cava，CaVC）、室中隔（ventricular septum，VS）、左心房（left atrium，LA）、左心耳（left auricle，LAu）、左心室（left ventricle，LV）、左心室输出路径（left ventricular outflow tract，LVO）、左心室壁（left ventricular wall，LVW）、乳头肌（papillary muscle，PM）、腱索（chordal tendineae，CH）、房室瓣（mitral valve，MV）、前房室瓣尖端（anterior mitral valve cusp，AMV）、后房室瓣尖端（posterior mitral valve cusp，PMV）、主动脉（aorta，AO）、左侧冠状尖（left coronary cusp，LC）、右侧冠状尖（right coronary cusp，RC）、肺冠状尖（noncoronary cusp，NC）。

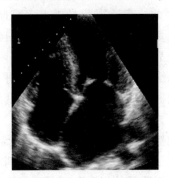

图1-38　心脏声像

　　心脏常见的疾病有心肌肥大、主动脉窦壁缺损、室间相通等。对于心脏疾病的诊断，M超往往优于B超。血管病变主要表现为栓塞和侧旁再通。

第 二 章
影像造影技术

造影技术是临床常用的技术，通过造影可以增加对比或改变回声性质，扩大诊断范围，使一些不通过造影无法检查出的疾病能够检查出来。

第一节　X线造影技术

机体各种组织、器官的密度不同，厚度各异，经X线照射，其吸收及透过的X线量也不一样。因此，在透视荧光屏上有亮暗之分，在照片上有黑白之别。这是人体自然，也是固有的密度差别，称为自然对比。但机体组织结构中，有相当一部分，只依靠它们本身的密度与厚度差异不能在普通检查中显示。对于缺乏自然对比的结构或器官，利用透视及平片检查不易辨认。此时，可将高于或低于该结构或器官的物质引入器官内或其周围间隙，使之产生对比以显影，即造影检查。

造影剂的引入显著地扩大了X线检查范围，提高了诊断效果。近10多年来，影像学诊断技术发展迅猛，与之相适应的造影剂在临床上的使用更为广泛和普遍。前者推动了造影剂质量的提高和不断更新换代。但尽管如此，造影剂不良反应还是难以避免，严重反应甚至死亡事故时有发生，应值得重视。

理想的造影剂应符合下列要求：①无毒性，不引起反应；②对比度强，显影清楚；③使用方便，价格低廉；④易于吸收和排泄；⑤理化性能稳定，久储不变。但目前所用的造影剂，不能完全满足上述要求。

一、造影剂的种类

根据组成造影剂物质的原子序数的高低和吸收X线能力的大小，可分为低密度造影剂和高密度造影剂。低密度造影剂也称阴性造影剂，主要是各种气体。高密度造影剂也称阳性造影剂。

（一）低密度造影剂

低密度造影剂为原子序数低、相对密度小的物质。目前应用于临床的有二氧化碳、氧气、空气等。空气方便易取，应用最广，其溶解度较小，进入体内后不易吸收，不易弥散，故停留时间较久，容许有足够的时间进行反复检查及追踪观察，是髓内病变的一种良好的对比剂。根据造影部位不同可用于下腰椎和颈椎，每次注入后，由于空气不能直接与脑脊液混合，而脑脊液被气体所排挤占据而显影。但如注入血液循环，则有引起气栓的危险；二氧化碳的溶解度大，副作用小，吸收快，必须尽快完成检查；氧气性质介于二氧化碳与空气之间，吸收也较慢，进入循环系统后可引起气体栓塞，应加以注意。因此，低密度造影剂主要用于蛛网膜下腔、关节腔、腹腔、胸腔及软组织间隙的造影，气体脑室造影现已基本淘汰。

气体造影时，注气前应确认针头不在血管内方可注气，注气压力也不宜过大，注入速度小于 100mL/min。

（二）高密度造影剂

高密度造影剂包括钡剂、碘制剂等。

1. 钡剂 钡剂主要有效成分为硫酸钡，造影用硫酸钡均为合成品（用氯化钡与硫酸钠或硫酸铵反应而成），性质稳定，不溶于胃肠液，无毒性。应注意不可使用可溶性硫化钡或亚硫酸钡作造影剂，其原因是这两种物质易溶于胃酸，可引起中毒反应。临床使用的钡剂是由纯硫酸钡粉制成的钡糊或混悬液，也可制成胶浆。钡糊（稠钡剂）黏稠度高，含有硫酸钡 70% 左右，用于食道或胃的黏膜造影。硫酸钡混悬液（稀钡剂）含有硫酸钡 50% 左右，用于胃肠道造影。钡胶浆为含 50% 硫酸钡的中药白及或西黄蓍胶的胶浆，适用于支气管及膀胱等器官造影。纯净硫酸钡为白色粉末，无毒性。目前多制成高浓度、低稠度、涂布性良好的钡胶浆，与产气剂、防沫剂共用，进行胃肠道双重对比造影。

食道穿孔、食道气管瘘、胃肠道穿孔、急性胃和小肠出血、肠梗阻等禁用钡剂。

2. 碘制剂 碘制剂大体分油剂和水剂两类。

（1）油剂

①碘化油。碘化油是碘与植物油结合的碘化物，无色或淡黄色，不溶于水，能与水分散乳化，一般含碘 30%～40%，直接引入造影部位，用于支气管、子宫、输卵管、脓腔或瘘道造影等。用量为 2～40mL，依部位而不同。

②碘苯酯。商品名 myodil、pantopaque，化学名为 10-碘苯-十一酸乙酯。为无色或淡黄透明油状液，不溶于水。黏稠度比碘油低，含结合碘约 30%。过去主要用于脊髓造影，用量一般为 3mL，最多不超过 6mL，需直接引入。也可用于淋巴造影。由于碘水剂的应用，已少用于脊髓造影。

（2）水剂　为含碘的水溶性造影剂，种类繁多。可分为无机碘剂和有机碘剂，后者根据排泄方式不同而分为尿排泄型和胆排泄型。在尿排泄型中，依造影剂在水中有无离子化而分为离子型和非离子型两类。在胆排泄型中，依给药方式不同而分为口服型和静脉型两种。

①无机碘剂。无机碘剂为碘化钠，常用 12.5% 的水溶液，价格低，易配制，用于逆行肾盂造影、膀胱造影及手术后胆道造影。膀胱造影时，稀释一倍，以免密度过高，遮蔽病变。不能用于静脉注射。缺点为刺激性大，不宜多用。现在应用越来越少。

②有机碘化物。有机碘化物种类多，用途广，但由于其排泄径路不同，又分为两大类。

● 进入体内后经肝细胞分泌至胆管再进入胆囊，故用于胆囊造影或胆管造影。此类有两种造影剂：一类是碘番酸片剂、吡罗勃定胶囊，经口服，由小肠吸收，由胆排泄，为口服胆系造影剂；另一类是胆影酸，可以是其钠盐，也可以是葡胺盐，常用作静脉法胆管造影。胆影酸对比剂需缓慢经静脉注入，一般速度为 2~4mL/min，用量为 20mL，浓度为 20%。

● 有机碘通过肾脏排泄，用于各部位血管、心脏及肾盂造影。此类造影剂也有两种：一种为离子型造影剂，国内普遍使用。主要有泛影酸盐、异泛影酸盐和碘卡明酸盐。泛影酸盐有泛影钠和泛影葡胺，以不同比例的泛影钠与泛影葡胺混合而成复方泛影葡胺，是常用的造影剂。本制剂适用于静脉性尿路造影、心血管、脑血管、腹腔内血管和周围血管造影，也可用于逆行性尿路造影，口服时可作胃肠道造影（称之为胃影葡胺）。还可用于 CT 增强检查，用量依不同部位和目的而异。异泛影酸是泛影酸的同分异构体，可制成异泛影钠或异泛影葡胺。其水溶性更大，黏稠度较低，可作更高浓度的快速血管内注射，更适宜于心脏大血管的造影。但异泛影钠不宜用于脑血管造影。此外，也可用于其他部位的血管、静脉性尿路、逆行性尿路造影及 CT 增强检查。碘卡明酸是异泛影酸的二聚体，其葡胺盐为碘卡明葡胺，溶于水后电离，只生成两个阳离子和一个酸根离子，所以在相似的碘浓度时，溶液的渗透压较异泛影酸低，可减轻神经组织和血脑屏障的损伤，从而减少、减轻神经症状，适用于脑室造影和腰段脊髓造影。上述三类造影剂在溶于水后都发生电离，故都是离子造影剂，渗透压高，反应较常见。另一种为非离子型造影剂，不含离子，不带电。采用多醇胺类，以取得高溶度和高亲水性，由于不是盐类，水溶液中不产生离子，故可降低渗透压，对神经和血脑屏障的损害明显降低。20世纪70年代初首先合成甲泛葡胺，为了提高亲水性、增加水溶度、提高稳定性和降低溶液的黏稠度而在分子结构中引入醇基。这类造影剂如碘苯六醇、碘异酞醇和碘普罗胺，渗透压进一步降低，但仍高于血浆渗透压。碘苯六醇，适用于血管内注射以进行心血管造影、CT增强检查和脊髓造影。碘异酞醇，用途与碘苯六醇相同。碘普罗胺，商品名为优维显（ultravist），可用于心血管造影和CT增强检查。

近年又合成了非离子型二聚体，使其渗透压与血浆相同，如碘曲伦，商品名叫伊索显（isovist），碘含量高。适用于全段脊髓造影和脑池造影、CT扫描。用量可高达4.5～6.0g，很少发生反应。

非离子型造影剂，由于生物安全性高，反应发生率低且轻，所以越来越受到重视。根据医学有关文献报道，反应发生率离子型造影剂为12.66%，而非离子型仅为3.13%，重度反应在前者为0.22%，而后者为0.04%。但由于成本高，售价贵，其应用受到限制，只在必要时选用。考虑效用/价格比的原则，结合我国当前的实际，在以下情况采用非离子型造影剂为佳：从患病动物情况考虑，根据病史与病情，属于高危因子的患病动物应使用非离子型造影剂。从造影方面考虑，动脉内注射，包括四肢动脉、冠状动脉、脊髓动脉及左心室和蛛网膜下腔与脑室内注射均应选用非离子型造影剂，蛛网膜下腔和脑室内注射不能用离子型造影剂。

二、造影剂的引入方法

X线造影剂引入动物体的途径有直接注入法和生理排泄法两种。

（一）直接注入

直接注入分为两种途径。

● 经自然通道口引入造影剂至相应的器官，如从口腔或肛门引入钡剂行胃道钡餐或钡灌肠检查；经鼻腔（或口腔）插管至气管注射碘油行支气管造影；经尿道逆行插管注射碘水至尿道或膀胱称为尿道或/和膀胱造影，需要时可将导管再引入输尿管作逆行肾盂造影；经阴道插管至子宫腔内注射碘剂称为子宫输卵管造影；还有经病变或手术形瘘道引入造影剂，为瘘道造影等。

● 若腔道不与外界相通，可采用穿刺方法直接注入腔内，也可通过穿刺引入导管，自导管外口注入腔内。前者如脊髓造影、气腹造影、关节腔充气造影，后者如选择性血管造影等。

（二）生理排泄

这种方法目前主要用于胆系和尿路，通过口服或静脉注射注入造影剂，可随胆汁或尿液的排泄使胆管、胆囊或尿路显影。造影剂密度较高，又经过生理浓缩，使其腔道呈高密度图像。

三、常用造影检查法

（一）食道造影

食道造影检查是把阳性造影剂（通常为硫酸钡）引入食道腔内，以观察、了解食道的解剖学结构与功能状态的一种 X 线检查技术。对食道的可透性异物、食道狭窄、阻塞、扩张、痉挛、溃疡、憩室、破裂穿孔、肿瘤、食道壁外的占位性压迫等疾病的诊断有重要价值。

造影前宠物一般无须做特别的准备，对拒不合作的宠物，可轻度镇静。食道造影的投钡，通常有如下方式：

1. 稀钡胶浆灌服 稀钡胶浆［硫酸钡与水之比为 1：（3～4）］流动性能较好，常用于观察食道腔的形态学状况（图 2-1）。犬、猫等宠物可用接有短胶管的塑料瓶盛造影剂，胶管从嘴角插入口内，缓慢灌注。用量 10～100mL。

2. 稠钡剂喂服 稠钡剂［硫酸钡与水之比为（3～4）：1，呈糊状］，黏度大，流速较慢，易于黏附在食道壁上，可较好显示食道黏膜的细节（图 2-2）。宠物用小汤匙喂在舌根背面，然后合上宠物嘴，让其自行咽下，同时进行透视或摄片。

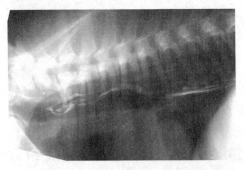 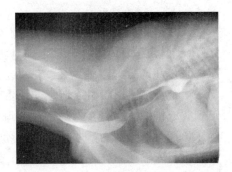

图 2-1 稀钡剂喂投食管造影　　　　　图 2-2 稠钡胶浆灌投食管造影

3. 含钡食团的喂饲 因投灌稀钡胶浆时，宠物缺乏吞咽动作，食道腔扩张及蠕动不明显；投喂稠钡时，因其量少，也有类似情况。为观察吞咽动作及食道的蠕动扩张情况，以了解其功能，可将钡粉或浓钡液与宠物喜食的食物混合，使其采食或置宠物口中，让其自然吞咽，同时做透视观察或拍摄照片（图 2-3）。

食道造影的透视检查，宠物一般用管电压 50～65kVp，管电流 2～3mA。造影前先对食道透视一遍，然后投钡。从颈部开始，依次观察钡剂经过颈段食道、胸段食道至通过膈肌进入胃的情况。在观察形态变化的同时，也要注意其蠕动功能状态。如观察食道内径的大小，钡流的速度与流通情况，以发现有无狭窄、扩张、阻滞或充盈缺损（图 2-4 至图 2-7）。钡剂经过后，注意食道黏膜情况，有无留下龛影、憩室或挂钡影像。如有异常，必要时在异常处摄片（点片）。或在体表局部剪毛标记，重新投造影剂后，拍摄该部照片。对怀疑食道内有密度不高的细小异物时，可在稀钡中拌入少许棉花纤维一起投服，观察有无阻挡或勾挂征象。对有食道或气管瘘或食道穿孔的动物，不宜使用钡剂，应选用水溶性有机碘剂作造影剂。

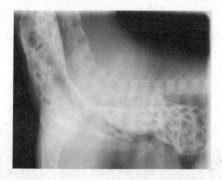

图 2-3　含钡食团的喂饲食管造影

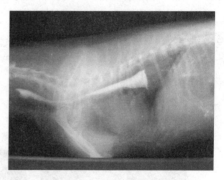

图 2-4　食管造影
胸部食道完全阻塞

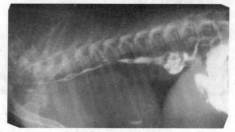

图 2-5　食管造影
胸腔心基底部与隔的食
道裂孔之间食道异物，不完全阻塞

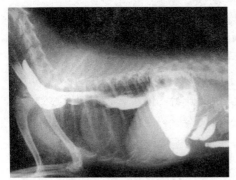

图 2-6　食管造影

巨食道症，食道扩张

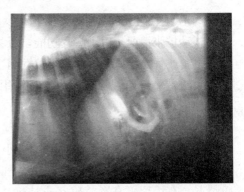

图 2-7　食道造影 15min 后

（二）胃肠钡餐造影

胃肠钡餐造影是将钡剂引入胃内，以观察胃及肠管的黏膜状态、充盈后的轮廓及蠕动与排空功能的一种 X 线检查方法（图 2-8 至图 2-10）。

钡餐造影使胃及十二指肠的大小、形态、位置及黏膜状况的观察等成为可能，对胃、十二指肠内的异物、肿瘤、溃疡、幽门部病变及膈疝等的诊断具有重要意义。

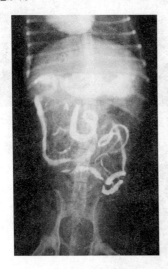

图 2-8　胃肠钡餐造影

胃和十二指肠的大小、形态、位置及黏膜状况

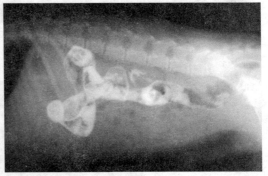

图 2-9　胃肠钡餐造影

钡剂集中在结肠

　　被检宠物造影前应禁饲 24h，禁水 12h，如有必要还需进行清洁灌肠。为避免麻醉剂对胃肠功能的干扰，进行胃肠功能观察的宠物不做麻醉。

　　造影前先做常规透视观察，或拍摄腹部正、侧位照片（图 2-11，图 2-12），以排除胃内不透性异物及检视胃和小肠内容物排空情况。造影剂最好选择医用硫酸钡造影剂成品，因其颗粒在 1mm 以下，其混悬液不易分层。配成钡与水之比为 1：（1～2）的混悬液。宠物用量为 10～100mL。

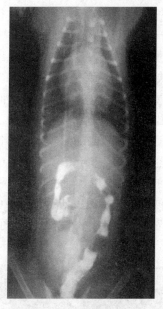

图 2-10　胃肠钡餐造影
钡剂集中在结肠

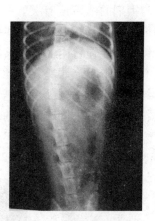

图 2-11　A犬造影前平片
（正位腹背位）

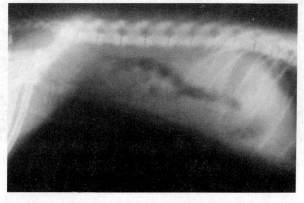

图 2-12　A犬造影前平片（侧位）

检查时宜先给予少量浓稠钡糊（见食道造影的稠钡剂喂投），观察食道和胃的黏膜，然后插入胃管至颈、食道中段，注入钡剂，并边灌注边透视观察。不能插入胃管的，可用一塑料瓶或大注射器连接一短胶管，将胶管由嘴角插入口腔，然后先注入少量钡剂，在其吞咽后，再给完预定全量。注入速度不应太快，以防钡剂进入气管或溢出沾污检查部被毛。对观察胃的轮廓及充盈状态者，可于注完全量后，即拍摄前腹部的背腹位及自然站立侧位照片。如同时需了解胃的功能时，应在透视下观察，可按先贲门端后幽门端的顺序进行。为使钡剂聚集在贲门端，并阻止钡剂过快排到十二指肠，检查时首先应将宠物置于左侧卧位或仰卧位，以显示贲门端与胃底的影像。为观察幽门端的轮廓时，宠物可采用直立位或右侧卧位。通常钡剂很快通过幽门到达十二指肠和空肠，通过速度与钡剂的浓稠度有关，一般30min左右胃可排空，钡剂到达回肠。在胃内钡剂基本排空时，留下的残钡可显示出胃黏膜病变或异物的影像。但某些个体，钡剂可能在胃内停留较长的时间而表现幽门阻塞的假象，这种情况可通过间隔0.5～1h后做跟踪复查的办法进行鉴别。60～90min，钡剂集中在回肠并到达结肠。4h后，小肠已排空，钡剂集中在结肠并已到达直肠。胃肠钡餐造影要拍摄一系列不同时间点的X线片，推荐的拍摄时间点为5min（图2-13至图2-15）、20min（图2-16、图2-17）、45min（图2-18至图2-21）、1h、2h、3h（图2-22、图2-23）、4h、8h与隔夜片。

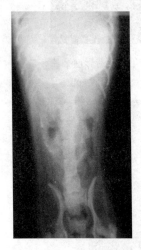

图2-13　A犬胃肠钡餐造影5min正位片

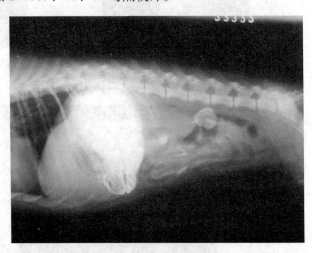

图2-14　A犬胃肠钡餐造影5min侧位片

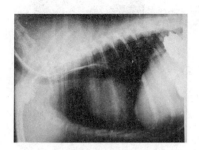

图 2-15　B 犬胃肠钡餐造影 5min 侧位片

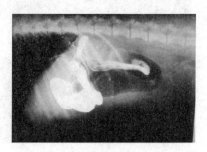

图 2-16　B 犬胃肠钡餐造影 20min 侧位片

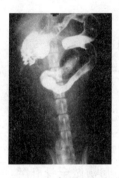

图 2-17　B 犬胃肠钡餐造影 20min 正位片

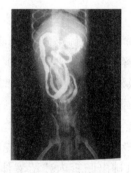

图 2-18　A 犬胃肠钡餐造影 45min 侧位片

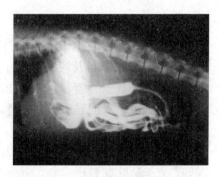

图 2-19　A 犬胃肠钡餐造影 45min 侧位片

图 2-20　B 犬胃肠钡餐造影 45min 侧位片

图 2-21　胃肠钡餐造影 45min 正位片

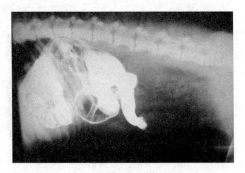 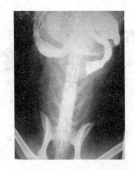

图 2-22　胃肠钡餐造影 3h 侧位片　　　图 2-23　胃肠钡餐造影
3h 正位片

（三）钡剂灌肠造影

钡剂灌肠造影简称钡灌，是将稀钡剂［硫酸钡与水之比为 1：（3～4）］经直肠逆行灌入结肠及盲肠，以了解结肠器质性病变的一种 X 线检查方法。对肠腔狭窄、肠壁肿瘤、黏膜病变或外在的占位性肿块和先天性畸形等，可提供诊断。此外，对回肠、结肠套叠，除提供诊断依据外，有时可同时起整复的作用。

被检宠物禁食 24h，造影前 12h 投服轻泻剂，麻醉前先用温生理盐水作清洁灌肠，直至清除肠管内容物，并尽量排出肠管内残留液体。宠物做全身麻醉，置右侧卧位，用带有气囊的双腔导管插入直肠。双腔导管的气囊部位抵达耻骨前沿，通过阀门向气囊内充入空气，使气囊扩张而紧闭肠腔。关闭阀门后把双腔导管稍向后拉至气囊紧贴肛门括约肌前缘。把双腔导管的外接漏斗的位置提高，钡剂即向肠内慢慢注入。注入量以使结、盲肠全部充盈扩张为度，一般需300～500mL。边注入边透视，注意观察钡柱前端前进有无受阻或分流现象，钡柱边缘是否光滑，有无残缺、狭窄或充盈缺损等。灌肠完毕立即拍摄腹部、腹背位及侧位片。随后将体外灌肠管外口及漏斗置于低位，引流肠管内的钡剂，并适当按摩腹部或变换体位，促其尽量多将钡剂排出。最后，再透视观察肠内残钡影像，或拍摄腹背位、侧位片，完成造影检查（图 2-24 至图 2-27）。在此基础上，如要更细致观察肠黏膜情况，可从导管注入同等量的空气进行结肠充气造影，造成双重对比（图 2-28、图 2-29）。夹住导管口后拍摄腹部腹背位及侧位片。最后打开导管阀门，排出气囊内空气，拔除双腔导管。

灌肠用的稀钡混悬液温度应达 37℃ 左右。在灌肠过程中，若钡剂偶尔进入小肠，将影响对小结肠壁细小病变的诊断，可通过灌肠管吸出部分造影剂予以排除。结肠、直肠穿孔的病例，不应进行此项检查；有结肠、直肠损伤，或近期内做过组织活体检查的病例，应待组织修复后再做灌肠。在钡灌插管时不能用油类润滑剂，应改用甘油。

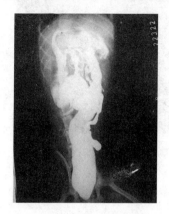

图 2-24　A 犬胃肠造影 2h 后又行钡餐灌肠造影 1min X 线片，钡柱充满结肠，正位片

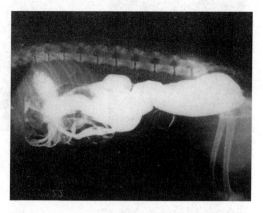

图 2-25　A 犬胃肠造影 2h 后又行钡餐灌肠造影 1min X 线片，钡柱充满结肠，侧位片

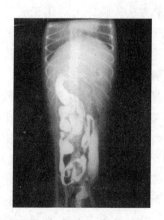

图 2-26　A 犬胃肠造影 2h 后又行钡餐灌肠造影 15min X 线片，钡柱已部分排泄，正位片

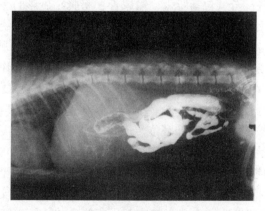

图 2-27　A 犬胃肠造影 2h 后又行钡餐灌肠造影 15min X 线片，钡柱已部分排泄，侧位片

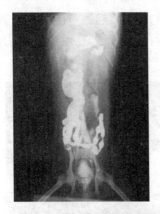 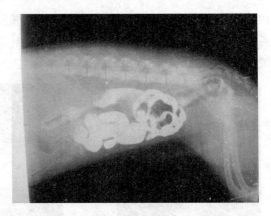

图 2-28　A 犬胃肠造影 2h 后　　　图 2-29　A 犬胃肠造影 2h 后又行钡餐灌肠造
又行钡餐灌肠造影　　　　　　　　影 30min 时给予空气双重造影 X 线
30min 时给予空气　　　　　　　　片，降结肠钡剂排泄，侧位片
双重造影 X 线片，
降结肠钡剂排泄，
正位片

(四) 排泄性肾盂尿路造影

　　排泄性肾盂尿路造影是利用某些造影剂静脉注射后迅速经肾排泄，使尿路各部分（包括肾盂、输尿管、膀胱）显影的一种技术方法。临床上应用于犬等小动物的泌尿系统检查，可观察整个泌尿系统的解剖结构、肾的分泌机能以及各段尿路的病变。能对肾盂积水、肾囊肿、肿瘤、可透性结石、输尿管阻塞、膀胱肿瘤、前列腺疾病及尿路先天性畸形等作出诊断。

　　被检宠物术前禁饲 24h，禁水 12h，必要时术前作清洁灌肠及膀胱导尿。为便于操作，一般做全身麻醉，造影前拍摄腹部、腹背位及侧位平片进行比较。宠物采取仰卧位，于腹中线两侧，各放置一衬垫，并用固定在床上的宽压迫带横过腹部，压住衬垫，然后将压迫带收紧，即可阻止造影剂通过输尿管，使造影剂能在肾盂充盈而不进入膀胱。完成上述准备后，即从外周静脉缓慢注入 50% 泛影钠或 60% 碘肽葡胺。剂量为每千克体重 2mL。注射完毕后 5min 和 15min，分别拍摄腹部、腹背位片，并立即冲洗。以充分显示肾盂充盈为止（图 2-30），否则需重复拍片。肾盂充盈后，补拍一张腹部侧位片（图 2-31）。最后，解除压迫带，并立即拍摄腹部、腹背位、侧位及腹背斜位片，以显示下段输尿管（图 2-32）。解除压迫带 5～10min 后，再拍摄后腹部、腹背位及侧位片，以显示膀胱影像。

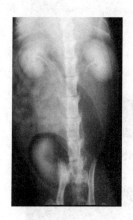

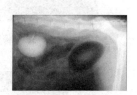

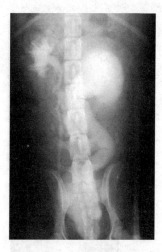

图 2-30 排泄性肾盂
尿路造影，
肾盂充盈，
正位片

图 2-31 排泄性肾盂
尿路造影，
肾盂充盈，
侧位片

图 2-32 排泄性肾盂尿路
造影，输尿管结
石，肾后性梗阻

（五）膀胱造影

膀胱造影是将导尿管经尿道插入膀胱，然后注入造影剂，使膀胱充盈显影，以观察其大小、形态、位置及与周围的毗邻关系的一种技术方法。用于宠物的膀胱肿瘤、息肉、炎症、损伤、结石和发育畸形等的诊断，并可用以查明盆腔占位性病变及其与前列腺病变的关系。

被检宠物禁食 12～24h，术前轻度麻醉，并用温等渗盐水清洁灌肠。按膀胱导尿术安插导尿管，排空膀胱内尿液后，保留导尿管。如膀胱内有血凝块或其他沉积物存在，应用灭菌生理盐水冲洗出来。宠物于仰卧位保定，将导尿管与连续注射器连接。注入 10％碘化钠水溶液，同时用手在腹壁触诊膀胱，以掌握其充盈程度，防止过度充盈导致膀胱胀裂。造影剂的注入量一般为 40～100mL。注毕，用钳子夹住管口，并用胶水纸固定导尿管，防止滑脱。拍摄腹背位及侧位片（图 2-33、图 2-34），必要时加拍斜位片。立即冲洗，显影满意后，松开夹子，通过导尿管排出造影剂，膀胱造影即告完成。如需更详细观察膀胱黏膜病变，可在阳性造影剂排出后，经导尿管注入同等量的过滤空气，再行拍片观察（图 2-35、图 2-36）。对不能插入导尿管的宠物，可按前述排泄性尿路造影方法，拍摄膀胱照片。

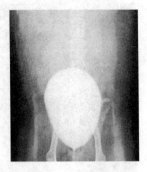

图 2-33　膀胱造影正位片

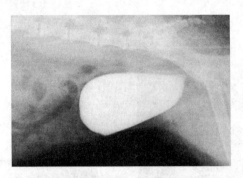

图 2-34　膀胱阳性造影侧位片

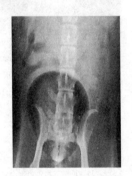

图 2-35　膀胱空气阴性造影
　　　　　正位片

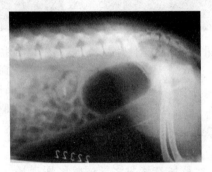

图 2-36　膀胱空气阴性造影侧位片

（六）气腹造影

气腹造影是把气体注入腹腔，使腹腔内器官与壁层腹膜之间形成较大的空气间隙，从而使腹腔器官的外形轮廓和腹壁内缘在 X 线片上能显示影像的方法。气腹造影后，通过转变不同的体位，可充分显示膈及膈后的腹腔器官，如膈、肝、脾、胃、肾及肾上腺、子宫、卵巢、膀胱、直肠等脏器的外形轮廓、大小、位置及其相互关系（图 2-37），对腹壁及腹腔器官的占位性病变与引起器官形态学改变的疾患等有诊断价值。

被检宠物应禁食 12h 以上，使胃肠道空虚。造影前应先行排尿或导尿。全身麻醉后，宠物仰卧保定，于脐后侧部剪毛、清洁消毒，以注射用塑料套管针（或用针头代替）做腹腔穿刺，在确定为腹膜腔后，再把塑料套管缓慢推进 2～3cm，然后退出针头。塑料套管用胶水纸固定在腹壁上，接上三通管的注出口。三通管的进气口用胶管与一装有消毒棉花或水的过滤器相接。三通管的注入口与一 50mL 大注射器相接。抽吸注射器时，空气经过滤后进入注射器内，

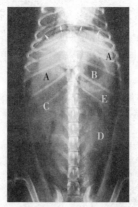

图 2-37 气腹造影

整个腹腔充满低密度气体

A. 肝 B. 胃底 C. 右肾 D. 左肾 E. 脾脏

箭头所指为横膈

推压注射器时，滤过的空气即注入腹腔。可连续注气，以推压注射器次数计算注入气体的量。注气量依宠物大小而定，犬为 200～1 000mL，注气时随着腹内压增高，宠物的呼吸、心跳数均会增加，应予密切注意，一旦出现呼吸困难或表现不安，应即停止。注完空气后，应暂时夹住管口，即行水平投照拍摄腹部照片。检查完毕，将宠物置仰卧位，尽量排出气体后再拔除套管。残留在腹腔内的空气，约经十余天可吸收完毕。如使用二氧化碳或氧气，数小时后可自行吸收，不必排气。

由于注入的气体总是聚集在腹腔内的上部，故如欲检查前腹器官，则应人为地使前腹处于高位；如欲检查后腹器官，则要使后躯处于高位。

（七）胆囊造影

胆囊造影是通过静脉注射或口服造影药剂，经胆汁排泄而使胆管和胆囊显影的一种技术方法。可了解主要胆管及胆囊有无解剖结构上的改变，如结石、梗阻、扩张、损伤等。此外，通过对造影剂排泄过程的观察，可了解肝功能状况。临床上主要用于小动物胆系疾病的诊断，也可用于消化机能的研究观察。口服胆囊造影剂需经 12～16h，甚至更长的时间，才能使胆囊充分显影。在犬、猫以静脉注射造影剂效果较佳。

被检宠物造影前 12h 禁食禁水。必要时做全身麻醉，但全麻将妨碍其随后采食脂肪餐，从而影响对胆囊排空功能的观察。造影前先拍摄前腹部的横卧侧位和腹背位 X 线平片，然后静脉注射 30%胆影葡胺，剂量为每千克体重0.2～0.5mL，注射速度宜缓慢，约 3min 注完。注后约 30min，拍摄造影后第一张

X线片，以显示胆管的X线影像，约90min后，拍摄第二张照片，此时胆囊充盈，造影剂浓度最高。照毕，对观察胆囊排空情况的病例，可让宠物吃进富含脂肪的食物，15～30min后，拍摄最后一张X线片，正常胆囊在此期间应较前缩小。

胆囊造影以拍摄前腹部侧位片为主（图2-38），必要时加摄腹背位照片予以补充。拍片时应使用滤线器。

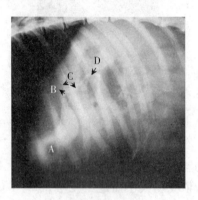

图2-38　胆囊造影

A～D. 充满造影剂的胆囊与胆管

（八）支气管造影

支气管造影是将阳性造影剂直接引入支气管内，借以显示支气管树的影像，以观察支气管的解剖状态和病理改变的方法。对支气管扩张、狭窄、移位等能作出诊断，并可指示其发生部位、性质与范围。对支气管和肺的肿瘤、慢性肺脓肿、肺不张等也可进行检查。

支气管造影中应用的造影剂种类较多，如50％～60％硫酸钡胶浆和碘油、丙碘酮等。据报道，在犬应用丙碘酮水混悬剂散布更一致，且清除更迅速。一侧肺叶的支气管树轮廓所需的造影剂数量为5～30mL。宠物术前应用阿托品，以减少支气管的分泌，然后做轻度全身麻醉。每次只能检查一侧肺的支气管，使受检肺置于卧侧做侧卧保定，经鼻或口插管，透视下确定导管已越过气管分叉进入支气管处止，即可缓慢注入造影剂，边注边转动体位，透视下使造影剂均匀进入各肺叶支气管后，即拍摄侧位（图2-39）或背腹位照片。拍片完后，使宠物侧卧，受检肺叶在上，轻轻叩击胸廓，以刺激其咳嗽排出造影剂。如另一侧肺也需造影检查，应在两天之后方能进行。被检宠物如痰多，应于术前用抗生素及祛痰药物治疗数天，以防止支气管被痰阻塞，使造影剂不能到达。

支气管造影也可通过喷粉器，将硫酸钡粉末微粒吹入支气管内显像。

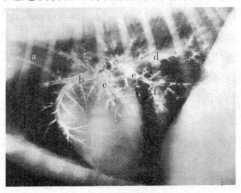

图 2-39 支气管造影显示支气管树影像
a. 气管 b~e. 支气管的各支

(九) 心血管造影

心血管造影是将造影剂快速注入心腔或大血管进行连续摄片的一种检查方法，用以显示心脏、大血管和瓣膜的解剖结构与异常变化。此项检查需配套特殊装置和较大功率 X 线机，过去只限于医学上应用，近二十年来已进入兽医临床，在伴侣宠物中应用，对犬的先天性或后天获得性心脏病的诊断有重要意义。

进行犬的心血管造影，宠物需做全身麻醉。选用高浓度水溶性有机碘化物作造影剂，如 50% 泛影钠或 60% 泛影葡胺等，剂量为每千克体重 1.0～1.5mL。X 线机要求管电流在 200～500mA 或以上，曝光时间应短于 1/10～1/20s，配套设备需有快速换片机、高压注射器和专用的心导管等，可连续拍摄 10 张 X 线片，速度为每秒 2～3 张，注射速度约不低于 15mL/s。心血管造影方法可分为 3 种。

1. 静脉心血管造影 为穿刺颈静脉，注射造影剂并立即摄片，可显示前腔静脉、右心和肺动脉，方法简便，但效果欠佳，主要是显影密度不高。

2. 选择性右心造影 颈静脉穿刺及插入心导管，在透视监视下沿前腔静脉到达右心室，在造影剂已注全量 1/3 时开始连续摄片，在 5s 内拍摄 10～12 张侧位照片，可清晰显示右心及肺动脉系统，显影密度高，效果好。

3. 左心室与胸主动脉造影 切皮穿刺臂动脉或股动脉插入心导管，透视下经主动脉瓣进入左心室后注射造影剂，如前法摄片，可很好地显示左心室和主动脉。宠物心血管造影主要是拍摄侧位照片，但现代医用双球管连接影像增强器的 X 线电视，可同时正、侧位显示，更完整地获得正、侧位影像。

（十）脊髓造影

脊髓造影又称椎管造影，是通过穿刺将造影剂直接注入蛛网膜下腔，使椎管显影的X线检查方法。用于犬等宠物检查椎管内的占位性病变、椎间盘突出或蛛网膜粘连，评估脊髓的位置和结构。当宠物出现脊髓病的临床症状而X线平片又显示不清，或在病变实质已明确而正待手术时，可在术前进行此项检查。

医学上脊髓造影所用的油脂类碘剂，其刺激性虽较小，但不能和脑脊液相混合，在椎管内形成小球状，扩散缓慢，需时较长，病变轮廓显示欠清晰，且吸收缓慢，长期残留在椎管内。而犬的蛛网膜间隙相对较窄，有碍造影剂的连续柱状轮廓的形成，故医用的油脂类造影剂不适于犬。因此，近年来兽医临床上在脊髓造影中，油类造影剂已禁止使用，而为刺激性较小的非离子型水溶性造影剂所代替。

被检宠物需全身麻醉，以头部向上的侧卧姿势放置于可做45°倾斜的检查床上。通常在5、6或6、7腰椎棘突之间穿刺（图2-40），以观察腰段（图2-41）或胸段脊髓，也可在小脑延髓池穿刺检查颈段和胸段脊髓。穿刺局部按常规外科要求处理。使用22号7.5～9.0cm脊髓穿刺针。当针头穿进椎管时，会产生后肢的反射，此时针头稍推进，大多数情况下都有脊髓液流出，据此位置即可确定。但也有不见脊髓液者，根据后肢的反射也可确定位置。若流出的是全血，则系刺穿了静脉窦，必须适当调整针头，以免造影剂注入静脉窦内，否则拍摄的椎管影像密度不够。如针头穿透脊髓，可增加并发症的机会。小脑延髓池的穿刺，应先将宠物头部屈曲，使与颈部脊髓呈垂直角度，在寰椎翼连线中点与枕嵴的中间进针，穿过皮肤后对准椎管方向直插，如遇骨组织，则调整针头再行推进。根据针头穿过硬膜外腔阻力消失的感觉和脊髓液流出而可确定位置。

注射含碘量为200～300mg/mL的碘葡酰胺，剂量为0.3～0.5mL/kg。注射前可先抽出等量的脊髓液。注毕即调整床面角度，控制造影剂流向，在透视监控下检查已充盈的椎管，迅速拍摄其侧位和腹背位照片，避免造影剂流入颅腔或被吸收。

图2-40　脊髓造影前穿刺定位

图 2-41　脊髓造影

(十一) 瘘管造影

瘘管造影是将高密度造影剂灌注入瘘管腔内进行摄片的方法，可了解瘘管盲端的位置、方向、分布范围及与邻近组织器官或骨骼的关系，有助于在瘘管手术治疗中决定做反对孔的位置，或瘘管切除的路径和范围。

瘘管造影可使用多种阳性造影剂，如为准备切除的瘘管，可使用硫酸钡悬液、碘油、10.0%～12.5%碘化钠液；如为结合治疗，也可使用 10% 碘仿甘油或铋碘仿糊。造影前先用双氧水，后用灭菌生理盐水冲净瘘管腔内的分泌物，并用一根细导管伸入瘘管深部，尽量吸出腔内液体，然后再经该导管缓慢注入造影剂，使其充满瘘管腔。对碘仿甘油或糊剂要加适当压力才能注入。注入速度不宜过快，以防造影剂溢出而沾污周围皮肤，造成伪影。注毕小心拔出导管，立即用棉栓填塞瘘管口。周围如沾有造影剂，应用棉花小心擦净。为指示瘘管口的位置，局部可附一金属标记物。瘘管造影应尽可能拍摄两张互相垂直的 X 线片，以反映瘘管的全貌。检查结束后，应尽量排出造影剂。

第二节　超声造影

血细胞的散射回声强度比软组织低，在二维图表现为"无回声"，对于心腔内内膜或大血管的边界通常容易识别。但由于混响存在和分辨力的限制，有时心内膜显示模糊，无法显示小血管。超声造影是通过造影剂来增强血液的背向散射，使血流清楚显示，从而达到对某些疾病进行鉴别诊断的一种技术。由于在血液中的造影剂回声比心壁更均匀，而且造影剂是随血液流动的，不易产生伪像，能大大提高超声检出病变的敏感性和特异性。如今造影不仅进一步开拓了临床应用范围，提高了常规灰阶/彩色多普勒超声的诊断水平，在靶向治疗方面也具有良好的发展前景。

一、超声造影的概念

Barry B Goldberg 是世界上研究开发新型超声造影剂的先驱者，他对各类超声造影剂的研究和应用表现出浓厚的兴趣。

Goldberg 等将微泡超声造影剂称作血管造影剂或血管增强超声造影剂，它有别于通常用于胃肠造影的口服造影剂。因此，超声造影有血管造影剂和口服或灌肠造影剂两类，前者也称微泡造影剂。

十多年来，超声造影增强或血管超声造影技术的发展最为迅速。微泡超声造影剂初始研究阶段，最早用于造影的气体主要是空气和氧气，其后，是以 CO_2 自由微气泡为代表的无壳膜造影剂静脉注射和经导管肝动脉内注射进行超声造影。

从 90 年代开始，新型超声造影剂问世，以 Levovist（利声显）、Albunex 和 Echvist 为代表的含空气微泡的壳膜造影剂，称为第一代新型造影剂。此后，更有含惰性气体的 SonoVue（声诺维）、Options 等为代表的壳膜型造影剂出现，也称为第二代新型造影剂。

新型造影剂微泡的平均直径 $3\sim5\mu m$，可以顺利通过肺循环，实现左右心室腔、心肌及全身器官组织和病变的造影增强。

据测算，超声造影每次静脉注入的微泡含空气/气体总量小于 $200\mu L$（$0.2mL$），没有任何发生气栓的危险；目前上市的造影剂中只有利声显的壳膜是由半乳糖构成，其余造影剂多以白蛋白、磷脂或聚合物等构成，易被机体自然代谢，对机体不会产生毒副作用，因此是比较理想的超声造影剂。研究指出，第二代新型超声造影剂采用低溶解度和低弥散性的高分子量含氟惰性气体如 Options、Sonovue、Sonazoid 等，可显著延长微泡造影剂在机体血液中的寿命，增加了微泡的稳定性。

二、超声造影的原理

超声造影剂的研究经历了 3 个阶段，即以 CO_2 自由微气泡为代表的第一代无壳膜型造影剂，以 Albunex 和 Levovist（利声显）为代表的第二代含空气微泡有壳膜型造影剂，及含惰性气体的新型微泡造影剂如 SonoVue、Options、Echogen 等。这些造影剂的基本原理都是通过改变声衰减、声速和增强后散射等，改变声波与组织间的基本作用，即吸收、反射和折射，从而使所在部位的回声信号增强。

理想的超声造影剂微泡要小至能够通过肺、心脏及毛细血管循环，以便通过简单的外周静脉注射即可造影，并可以在成像中稳定地保持其声学效应。研究发现采用低溶解性、低弥散性的高分子气体，如含氟气体，可以提高微泡在血液中的寿命，增加稳定性。

随着高分子化学的发展，国外有学者利用可生物降解多聚体材料来替代机体血液白蛋白和磷脂等自然物质，改变微泡的外壳组成，从而避免了由于这些自然物质本身的局限性而造成的声学效应不稳定等问题。目前国内外的研究表明，多聚体微泡是最具前途的超声造影剂，它可以通过改变聚合条件使其声学特性可控，可为某种成像条件"量身定做"适合的造影剂，使粒径分布更加集中，后方声衰减微弱，延长造影剂在体内外存留时间，从而可应用于不同生理和病理状态的超声诊断及靶向药物的输送。随着微泡超声造影剂特别是氟烷类气体超声造影剂的研制成功及临床上的成功应用，超声造影成像技术也在飞速发展，从彩色多普勒到间歇式成像、灰阶谐波成像等，超声造影声像图质量得到极大改善，分辨力明显提高，同时伪像大大减少，并能实时显示血流灌注情况。

三、超声造影在临床上的应用

超声造影剂及超声造影技术的发展推动了超声造影在临床诊断及治疗中的应用。

（一）超声造影心动图

微泡超声造影可改善心内膜显示，使心功能测定更加准确，还可直观显示心肌血流灌注情况，改进心肌存活的定量测定方法，从而成功地诊断心肌缺血和坏死。

（二）肝脏谐波超声造影

在肝脏方面，谐波超声造影的临床应用最为成功，在肝肿瘤方面的应用已有突破性进展，可与 CT 造影相媲美。

（三）肾脏超声造影

肾脏超声造影可以常规显示肾动脉，提高肾动脉狭窄的检出率，弥补彩色多普勒超声检查的不足。对移植肾血管彩色多普勒检查有困难者也极有帮助。

宠物试验研究表明，造影有助于提高肾脏肿瘤的检出敏感性。

（四）脾脏超声造影

超声造影有助于脾肿瘤、脾外伤、脾梗塞的诊断及其范围的评价。

（五）胰腺肿物超声造影

胰腺肿物超声造影可提高肿瘤良恶性判断能力。

（六）乳腺肿物超声造影

借助于超声造影，能够显示肿瘤微血管分布特点；利用与微泡造影匹配的时间-回声强度曲线，可鉴别良性和恶性肿瘤。

（七）微泡超声造影

微泡超声造影可用于肝、肾、心脏移植功能评价。

（八）超声造影在肝移植中的应用

术前评价门脉状态、血流方向：是否存在门脉栓塞、门脉海绵样变性，是否有肝动脉闭塞，术后是否有肝动脉狭窄、闭塞，是否有假性动脉瘤。

移植肝超声造影经由选择性动脉插管（有创）或经外周静脉（微创）注入超声造影剂，在肝组织内构成气肝超声界面，其声像图呈浓密强回声。

超声造影可观察到移植肝血流灌注 3 个动态时期的变化，即动脉相、门静脉相、肝实质相。因此，超声造影有助于发现移植肝的血流异常和血管腔内病变及细小胆管的扩张。用超声造影观察早期原位肝移植后肝动脉的血供情况，对移植后的预后评估具有重要意义。

（九）其他

将微泡造影剂注入膀胱有助于诊断膀胱—输尿管反流；造影剂注入子宫腔，有助于证实输卵管是否通畅。

据报道，超声造影效果良好，有望替代传统的有放射性的 X 线造影。

（十）超声造影剂在靶向性治疗方面的应用

微泡超声造影剂临床应用的广阔前景如前已述。

事实上，除临床诊断外，这种新型微泡造影剂的治疗作用也是很有前途并备受关注的，已成为当前重要的研究和发展方向之一。由于微泡平均直径小于红细胞，能够自由运行于微循环，并且氟硫或氟碳类气体的新型造影剂已研制成功，使造影剂在微循环中的寿命显著延长，学者们正积极探索利用超声局部照射进行无创性的治疗。例如血管内溶栓，将微泡作为药物或基因载体结合在微泡内或壳膜表面，借助超声将药物或基因转运至特定的组织，起抗肿瘤或促进新生血管形成的作用。超声增强基因的转染机制及进一步提高基因转染率的方法也均在积极探索中，并且已经初步取得了积极成果。

现代医学影像技术如 CT、MRI 多年来普遍采用并依赖造影剂，相比之下超声仍然很少用造影剂发挥其巨大潜能。与 CT 和 MRI 相比，超声造影拥有明显的优越性，如安全性好、无过敏反应，实时性强，检查费用相对较低。因此，超声造影技术具有诱人的发展前景。

第三节　CT　造　影

CT 增强检查有许多优点，在许多脏器和疾病的诊断中几乎是不可少的。在 CT 造影检查中熟悉多种造影剂的药理、性能，合理选择造影剂，了解造影剂可能产生的不良反应及处理方案是必需的。

一、CT 造影剂的分类

根据不同目的和用途，在 CT 检查中使用的造影剂主要有以下几种类型：静脉或动脉血管内注射用造影剂、胆系造影剂、胃肠道口服造影剂、椎管和脑室 CT 造影用造影剂、肝脾特异性造影剂、淋巴系统造影剂等。

● 胆系造影分静脉法和口服法，前者所用造影剂为静脉注射用碘化物，通常为胆影葡胺，应用方法与静脉胆管造影一致。在注射后 30～60min 行 CT 扫描，对胆管系统的显示良好，有助于对胆管相关病变的诊断。口服法于 CT 检查前 12～14h 口服碘番酸 1～2g，可使胆囊充分显示，对胆囊细小病变的诊断有很大帮助。

● 胃肠道口服造影在腹部 CT 检查中应用广泛，一般腹部 CT 检查通常采用阳性对比剂，如 2% 泛影葡胺或胃影葡胺，也有用低浓度医用硫酸钡悬液的。胃肠道本身 CT 检查，目前通常采用水或脂类对比剂，其显示胃和肠壁及软组织肿块的能力明显优于阳性对比剂。

● 肝脾特异性造影剂乳化碘油如 EOE-13，经试验和临床应用证明，对小的肝脾肿瘤的检出有相当高的敏感性，对脾淋巴瘤的检出更为理想，与 CT 血管造影结果相仿，却明显优于常规 CT 检查。但由于其不良反应较强，目前仍无法在临床上推广应用。

● 椎管和脑室造影剂要求特别高，以往用的碘苯酯、碘卡明已被淘汰，代之以第二、三代非离子型造影，其中以碘曲仑为代表。它具有极高的亲水性和极低亲脂性，并有渗透压低（与体液接近）和黏度适中等优点。

● 淋巴系统造影剂分间接和直接注射两类，后者有油剂和水溶碘造影剂两种，均不够理想。静脉和动脉血管注射用水溶性碘造影剂临床应用较广泛。

二、水溶性碘造影剂

水溶性碘造影剂均为三碘苯环的衍生物，目前市场上可供应用的有三大类。

● 高渗离子型，以泛影葡胺为代表。

● 低渗非离子型，以碘帕醇为代表，如德国先灵公司的优往显、挪威奈可明公司的欧乃派克和意大利博莱科公司的碘比乐。

● 低渗离子型，以苯环二聚体为代表。

（一）渗透压

一般造影剂的渗透压明显高于血浆和体液，为产生不良反应的一个重要因素。离子型造影剂在水溶液中离解成阳离子和阴离子，带有正负电荷。阴离子含碘，为造影剂所需部分；而阳离子含钠盐或甲葡胺，对机体有一定影响。其中碘原子数与溶质质数之比为 3∶2（比值为 1.5），渗透压较体液高 5～7 倍，属高渗型。

非离子型造影剂在溶液中保持稳定，不产生离子，不带电荷，其中碘原子与溶质质数之比为 3∶1（比值为 3），其渗透压明显低于离子型造影剂，但仍高于生理渗透压，而第 3 代非离子型造影剂 otrolan（比值为 6）已接近生理状态。

（二）亲水性

造影剂的亲水性越高，则亲脂性就越低，造影剂与血浆蛋白结合力也越低，其毒性反应尤其是神经系统毒性明显下降。另外，非离子型造影剂与血浆钙的结合甚少，且不含钠盐，也是毒性低的另一个因素。

（三）黏稠度

黏稠度与分子质量有关，呈线性关系，分子质量小，则黏稠度低，临床上易于注射。黏稠度与造影剂毒性无关。离子型和非离子型两类造影剂的黏稠度无明显差别。目前正在研制小分子结构的新型造影剂。

三、造影剂反应

造影剂反应与造影剂的渗透压、亲水性、亲脂性、蛋白结合力、钠盐含量及血钙结合力等多种因素有关。此外，也与机体的反应性及造影剂的注射量、速度、部位和在体内的排泄过程有一定的联系。从药物特性及大量临床应用结果来看，离子型造影剂的不良反应明显较非离子型高，后者相对安全。

造影剂反应大致分为以下几种。

1. 一般反应　如注射局部疼痛、恶心、呕吐和荨麻疹等。此类反应最常见，属轻度，通常为一过性，无须处理。

2. 过敏反应　轻重不等，轻者如荨麻疹、打喷嚏、流泪、结膜充血、面部红肿，重者如喉部水肿、肺水肿、支气管痉挛、血压下降、休克、抽搐、昏迷、心跳停止等。此类反应与组胺释放、抗原-抗体反应、补体系统的激活及精神因素有关。

四、造影剂反应的预防和处理

（一）做好造影剂反应的宣传工作

将造影剂反应的相关知识告知畜主，以取得畜主的理解和认同。

（二）造影剂的选择

造影剂反应的发生和程度轻重是难以预测的，而造影剂过敏试验又不可靠，过敏试验阴性的临床意义有限，其唯一意义在于试验阳性者应慎用。选择安全性相对较高的造影剂。

（三）造影前准备

● 详细询问有关病史，特别是药物和造影剂过敏史。

● 了解病体的全身情况，尤其是肝、肾和心脏功能，如有受损者，尽可能予以短期纠治后再做造影检查。

（四）造影剂反应的处理

遇到轻度反应的可不加处理，可放慢造影剂注射速度，如反应无进一步发展，可完成 CT 增强扫描检查，留在 CT 室观察片刻；中度反应者，静脉内即刻注射地塞米松 20mg 或氢化可的松 50～100mg；重度反应者，其抢救措施如下：

● 停止注射造影剂，并改用其他液体如 0.9％氯化钠注射液或 5％葡萄糖氯化钠注射液，保留静脉通路，以便用药。

● 保持呼吸道通畅，吸氧。体位应取仰卧，头尽量后仰，有呕吐时应取侧位，并及时清除呕吐物，以免被吸收。严重的应气管插管，甚至进行气管切开。

● 静脉注射地塞米松 20mg 或氢化可的松 50～100mg，或在 500mL 液体中加入 100～200mg 氢化可的松做维持滴注。心跳缓慢和血压下降者可皮下注射肾上腺素 0.5mg，并应用升压药，如阿拉明 20～60mg、多巴胺 60～120mg，加入 500mL 液体中静脉滴注，具体用量视病情而定。

● 心跳停止者，需及时做胸外按压和人工呼吸，心内注射"心三联"，并加用呼吸兴奋剂，如尼可刹米（可拉明）、洛贝林等加入 500mL 液体中静脉滴注。

● 有休克和昏迷者要及时补液，如用低分子右旋糖酐 500mL 快速静脉滴注；脑部降温，以减轻脑损害。休克纠正后，可应用脱水剂，如 50％葡萄糖液 100mL 加呋塞米 20mg 静脉注射，或用 25％甘露醇 250mL 静脉滴注，以防脑水肿。

上述步骤在抢救重度造影剂过敏反应时，几乎是同时进行的。

五、造影剂的使用方法

水溶性碘造影剂的给药方法主要有以下几种。

（一）一次性注射

将某一剂量的高浓度造影剂加压快速注入静脉，给药后立即进行增强扫描。一般用量为每千克体重 1.5～2mL，注药速度为 45～50mL/min。这种方法用药量少，可节省时间，但较易产生不良反应。

（二）静滴法

以 20～30mL/min 的速度注入含碘量 300mg/mL 的造影剂 100mL 后进行增强扫描。这种方法可显示病灶范围、血供程序，但不利于显示微细结构及微小病灶，对血管的显示也较差。尽管副作用较小，但目前仍很少作为常规注药方法。有的宠物医院将上述两种方法结合使用。

（三）动脉血管内注射

采用 Seldinger 技术，经股动脉穿刺插管，将导管置入欲扫描区域（或脏器）供血血管内注射造影剂，同时进行 CT 扫描。此种方法可使病灶的检出率明显提高，使用最多的部位为肝脏。

第四节　磁共振造影

MRI 造影剂与传统 X 线诊断和 CT 所用造影剂完全不同，不是由造影剂本身对 X 线的阻挡作用直接显示，而是影响有关质子的弛豫时间，间接改变这些质子所形成信号的强度。MRI 的软组织分辨率甚佳，不用造影剂已能显示不少 CT 不能显示的病变，而使用 MRI 造影剂的目的，在于显示微小病灶

和 T_1、T_2 弛豫时间与正常结构相仿的病灶。

一、MRI 造影剂的分类

（一）二乙胺五乙酸钆（Gd-DTPA）

顺磁性造影剂最初主要用于中枢神经系统，静脉注入的 Gd-DTPA 可通过受损的血脑屏障进入病变组织，或滞留于病灶内缓慢流动的血液中，病灶的增强与否及其增强程度可因病灶血液供应量及血脑屏障破坏的程度而异。Gd-DTPA 常在 SE 序列 T_1 加权像上用于显示血脑屏障破坏、勾画肿瘤形态、区别肿瘤和水肿、检出肿瘤复发、显示脑膜病变和垂体微小病变。近年来的许多临床研究表明，Gd-DTPA 还能用于乳腺、肝、心肌、横纹肌、骨骼、肾、卵巢等器官和组织的增强检查及灌注研究和肝脏动态扫描成像等。

（二）经肝细胞排泄的造影剂

此类造影剂主要包括 Gd-BOPTA、Gd-EOB-DTPA 等，静脉注射后由肝细胞摄取并排入胆汁中，从而增强肝脏和胆道系统，提高肝脏、胆道病变的检出率。

（三）用于单核吞噬系统增强的造影剂

如 AMI-25 等，注入血管后由单核吞噬细胞吞噬，在体内主要集中于肝、脾、骨髓、淋巴结中，正常肝组织在注药后 1h 内达到良好增强且可维持增强 1 天以上，肝肿瘤等病变不增强。

正常淋巴结在注药后信号降低，肿瘤转移淋巴结则保持不变。

（四）胃肠道造影剂

如柠檬酸铁铵等，可以勾画胃肠腔，以更好地显示胰腺、腹主动脉旁淋巴结及盆腔器官。

（五）其他

如用于血池显影的造影剂、对肿瘤有特异亲和力的造影剂及特异性抗原造影剂尚处于研究阶段。

二、Gd-DTPA 的药物动力学基础

Gd-DTPA 已成为临床上广泛使用的造影剂。它具有较为理想的药物动力学特性，不良反应小，使用起来比较安全。其主要特征为：弛豫性强；毒性小；安全系数大；细胞外分布；不通过正常的血脑屏障；迅速由肾脏排出；在

人体内结构稳定；具有高溶解度。

Gd^{3+}含 7 个不成对电子，为一顺磁性很强的金属离子，能显著缩短弛豫时间，由于图像上反映的主要为 T，所以常选短 TR 和短 TE 的自旋回波或反转恢复等 T$_1$ 加权程序来显示顺磁性对比剂的最大增强效果，即增强区显示为高信号，所以像 Gd－DTPA 这种形成信号增强的 MRI 造影剂又称 MRI 阳性造影剂。

IBo 是衡量药物近期内毒力的主要指标。Gd－DTPA 的 IBo 为 20mmol/kg 左右，而其作 MRI 时的常用剂量仅为 0.1mmol/kg，它的系数大于 200，比用于 CT 的含碘造影剂（安全系数 8～10）安全。Gd－DTPA 主要由肾小球滤过，半衰期约 20min，在由静脉注射 Gd－DTPA 7 天后，约 90％的药物从尿中排泄，7％随粪便排泄，0.3％滞留于器官内。

Gd－DTPA 不通过完整的血脑屏障，口服也不被胃黏膜吸收。它们完全处于细胞外间隙，在分布上也无选择性。Gd－DTPA 可显示细胞外间隙的容积异常、血流灌注状态及毛细血管通透性的改变，进而反映检查部位血管的生物学特性。它特别能鉴别水肿组织，也有助于肿瘤和非肿瘤病变的鉴别。对于一些因碘过敏不能进行 CT 增强扫描者或不能作静脉肾盂造影者，MRI 增强扫描不失为一种得天独厚的检查方法。

三、Gd－DTPA 的临床应用

（一）剂量与注射速度

由于 Gd－DTPA 有缩短 T$_1$ 和 T$_2$ 弛豫时间的双重作用，因此它的浓度与 MRI 信号强度之间不存在线性关系。目前普遍采用的剂量为 0.1mmol/kg，除病情重笃者，均采用快速团注法，约在 1min 内注射完毕。

（二）扫描方法

注射 Gd－DTPA 后，常采用 T$_1$ 加权 SE 序列（短 TR、短 TE）。通常按横轴位、冠状位及矢状位顺序扫描一次，有时可重复扫描。

第五节　数字减影血管造影

数字减影血管造影（DSA）是通过电子计算机进行辅助成像的血管造影方法，是 20 世纪 70 年代以来应用于临床的一种 X 线检查新技术。它是应用计算机程序进行两次成像完成的。在注入造影剂前，首先进行第一次成像，并用计算机将图像转换成数字信号储存起来。注入造影剂后，再次成像并转换成数字信号。两次数字相减，消除相同的信号，得到一个只有造影剂的血管图像。这种图像较以往所用的常规脑血管造影所显示的图像更清晰和直观，一些精细的血管结构也能显示出来。

一、DSA 成像的基本原理

DSA 是数字 X 线成像（digital radiography，DR）的一个组成部分。DR是先使机体某部分在影像增强器（IITV）荧屏上成像，用高分辨力摄像管对影像增强器上的图像进行序列扫描，把所得连续视频信号转换为间断的各自独立的信息，好像把影像增强器上的图像分成一定数量的小方块，即像素。然后，经模拟/数字转换器转换成数字，并按顺序排列成数字矩阵。这样图像就被像素化和数字化了。数字矩阵可为 256×256、512×512 或 1 024×1 024。像素越小、越多，图像越清晰。如将数字矩阵的每个数字经数字/模拟转换器转换成模拟灰变，并于荧屏上显像，则这个图像就是经数字化处理的图像。

数字减影血管造影的方法有多种，目前常用时间减影法。其具体做法如下：

经导管向血管内快速注入有机碘造影剂，在造影剂到达欲查血管前，从血管内造影剂浓度处于高峰到造影剂被廓清这段时间内，使检查部位连续成像。比如，每秒成像一帧，共得图像 10 帧。在这一系列图像中，取一帧血管内不含造影剂的图像和一帧含造影剂最多的图像，用这同一部位的两帧图像的数字矩阵，经计算机做数字减影处理，使两个数字矩阵中代表骨骼和软组织的数字相互抵消，而代表血管的数字不被抵消，最后只留有血管影像。这样，这个经计算机减影处理的数字矩阵经数字/模拟转换器转换为图像，将没有骨骼和软组织影像，只有血管影像，从而达到减影目的。这两帧图像称为减影对，又因为分别是在不同时间获得，所以又称时间减影法。

DSA 的常用设备包括影像增强器、高分辨力摄像管、计算机、磁盘、阴极线管和操作台等。

二、DSA 对设备的特殊要求

DSA 和数字 X 线成像系统不同，不仅把 X 线影像数字化，还要取得质量较好的血管减影影像，所以 DSA 系统对设备有一系列特殊的要求。

（一）X线发生器

要求X线管能承受连续脉冲曝光的负荷量，对于中、大型DSA设备，一般X线热容量应在200kHu以上，管电压40～150kVp，管电流通常为800～1 250mA。要求高压直流发生器能产生稳定的直流高压，采用中、高频技术，由微机控制，产生几乎是纯直流的高压。X线机能以多脉冲方式快速曝光，成像速度最高达150帧/s。

（二）影像增强器

通常采用可变视野的影像增强器，根据造影的需要灵活选用。

（三）光学系统

为了适应所用X线剂量范围大的特点，要求使用大孔径、光圈可自动调节的镜头。有的镜头还内含电动的中性滤光片，以防摄入强光。

（四）电视摄像系统

要求摄像管具有高灵敏度、高分辨率和低残像的特点，视频通道要有各种补偿电路，保证高信噪比、高保真的视频信号。

（五）监视器

要求配备高清晰度、大屏幕的监视器，如逐行扫描1024线以上、51cm以上的类型。现多采用多屏、多分割或画中画形式的监视器，便于随时对比。

（六）X线影像亮度的自动控制

在DSA中，由于被摄对象的组织密度变化大，应保证在各种不同的摄影对象和摄影条件下都能得到有足够诊断的影像信息，消除模糊和晕光。

（七）X线剂量管理

剂量管理系统的任务是在保证影像质量的前提下，尽量减少患病动物接受的X线照射剂量。

另外，DSA对设备的机械系统、影像数据采集和存储系统及计算机系统都提出了相应的要求和技术措施。

三、DSA检查技术

根据将造影剂注入动脉或是静脉而分为动脉DSA和静脉DSA两种类型。由于动脉DSA血管成像清楚，造影剂用量少，所以目前常用动脉DSA。

在进行动脉数字减影血管造影时先进行动脉插管，经导管注入肝素抗凝。将导管插入欲查动脉开口，导管尾端接压力注射器，快速注入造影剂。注入造影剂前将影像增强器对准检查部位，于造影前及整个造影过程中，以每秒1～

3帧或更多的帧频，摄像7～10s。

四、DSA 的临床应用

DSA由于没有骨骼与软组织的重叠，血管及其病变显示清楚，应用普遍，已代替了一般的血管造影。用选择性或超选择性插管，对$200\mu m$以下的血管及小病变能很好显示。观察大血管时，可不做选择性插管，所用造影剂浓度低，剂量小。DSA可进行数字化信息储存。

静脉DSA经周围静脉注入造影剂即可获得动脉造影，但临床应用不多，当动脉插管困难或不适于做动脉DSA时可采用此法。

DSA适用于心脏大血管的检查，对心内解剖结构异常、主动脉夹层、主动脉瘤、主动脉缩窄或主动脉发育异常等显示清楚，是显示冠状动脉最好的方法。

第 三 章
胶片冲洗技术

　　暗室是装卸胶片及冲洗已曝光的 X 线片的场所。暗室技术关系到胶片影像质量，产生高质量的 X 线片一方面取决于机器性能，另一方面就取决于胶片冲洗。X 线操作者在工作中的一个重要目标就是尽可能地消除影响 X 线片质量的各种因素，其中暗室胶片冲洗就是影响胶片质量的主要因素。可以说，尽管 X 线片质量不是起始于暗室，但却可能终止于暗室，暗室技术处理得好，便可弥补部分摄影中的不足，从而获得较为满意的照片。随着科技的进步，自动洗片机已有更广的应用，但是大多数胶片冲洗仍是在装有化学冲洗药品的桶内手工进行。因此，长期以来 X 线胶片冲洗的基本原则一直保持不变。

第一节　暗室分区设计与功能

一、暗室要求

　　好的暗室必须满足防光、有序、干净的要求。尽管每个暗室设计各异，但都应满足以下标准：暗室必须与摄影室隔开，仅作为装片与洗片所用；暗室的大小因地制宜，但一般不小于 $12m^2$；在暗室布局设计上应尽量减少胶片被损坏的可能性；暗室内的大多数工作是在最小照明的条件下进行的；要求暗室组织有序，所有的设备能够容易而快速地找到；暗室是增感屏和胶片暴露于空气的唯一地方，如果操作台脏乱且被化学药品污染，在片盒打开时，污物很容易进入片盒，可能使增感屏损坏，影响摄片质量。此外，胶片乳胶对热和湿度极度敏感，故暗室还应保持良好的通风和适宜的温度。

二、暗室分区

(一) 暗室干区

暗室干区是装卸胶片的地方，操作台要足够大，能放下打开的最大片盒。

操作台应由容易清洁的材料做成，尽可能地减少可能在 X 线片上出现的暗室伪影源。化学药品不能污染干区，在任何时候，任何"湿"物都不能拿到干区。通常在干区操作台下的药柜或 X 线胶片储藏箱内存储胶片，以方便再装胶片，各种规格的胶片洗片架应悬挂在干区操作台支架上。支架可以购买成品，也可用在任何五金店可以买到的廉价大钩子自制。洗片架可以设计成槽式洗片架和夹式洗片架。槽式洗片架容易残留水和化学药品，需要特殊清洁和干燥，以免污染干区，胶片也必须从槽式洗片架上拿下来干燥。夹式洗片架不具有这些问题，但比槽式洗片架脆弱。一段时间内频繁使用夹式洗片架时，它们将失去夹持胶片的能力。夹子可能刺透胶片的四个角，在存档时会刮擦同一封袋中的其他 X 线片，所以在 X 线片存档前剪除被夹式洗片架夹过的四角，可以避免发生这种情况。在洗片桶内同时冲洗多张 X 线胶片时，洗片架的夹子可能会刮擦邻近胶片，应注意避免。

(二) 暗室湿区

暗室湿区是进行化学冲洗的区域。

手工洗片的暗室通常有 3 个桶，分别盛装显影液、水和定影液。

桶的设计样式各异，可以买成品洗片桶（图 3-1），也可以采用玻璃材料制作。显影液桶和定影液桶可以放置在一个大的充满恒温水的槽内，天气冷的季节可以维持显、定影液的温度，也可以采用市售的自动恒温洗片桶（图 3-2）。水桶大小通常为显影液桶和定影液桶的 4 倍。中间的水桶应为循环的水系统，在冲洗胶片期间可以调节温度和冲走胶片上的化学药品。温度计是冲洗桶内的必需设备，因为 X 线胶片显影所需的特定时间取决于化学药品的温度。湿区内也应有一胶片干燥区域，备有干燥架或干燥箱。干燥架放置于没有灰尘的区域，防止粘到湿 X 线片上形成伪影。干燥箱可以加快干燥过程。湿区还要有观片灯，用于评价 X 线片质量。通过观看湿胶片，X 线操作人员可以立即评价 X 线片显影情况。

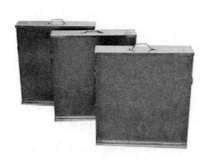

图 3-1　洗片桶　　　　　　　　　图 3-2　恒温洗片桶

三、暗室防光设计

良好暗室的一个最重要的标准是防光。

暗室光线泄露可引起明显的胶片灰雾，因此暗室必须采取恰当的防光措施。暗室的窗口应向北开，以防日光直射。窗门应有两层，一层为普通玻璃窗，另一层为防光通风窗，这样既不漏光，又能改善室内空气，不至于使暗室内的空气过于污浊。暗室的门应有两个，一为迷路，能够随意进出而不影响室内工作；另一为普通门，供换药及搬运东西用。迷路的建设以狭长为原则，宽能侧身通过两个人即可。迷路的间隔墙可涂以亚光漆，装设红灯照明。

暗室一些小的光线泄露不易被察觉，在眼睛暗适应后，可以找到漏光的地方。人们通常错误地认为，暗室的墙壁应是黑的。而事实恰好相反，暗室的墙壁应用高质量的可洗涂料粉刷成白色或奶油色。把墙壁粉刷成浅色，可以产生更多的安全光反射，提供更可视的工作环境。如果光的性质和强度都是安全的，那么不管表面是什么颜色，其反射的照明也同样是安全的。

四、暗室安全灯

暗室的安全照明也很重要。

安全灯，即意味着其产生的光线对胶片没有影响。X 线胶片对紫外光敏感。安全灯使用低功率灯泡和特殊的滤光片，以去除蓝光和绿光光谱。灯泡功率为 10W 或更低。滤光片因生产厂家而各异，蓝敏胶片最常用的类型是棕色滤光片，绿敏胶片最常用暗红色滤光片，绿敏胶片和蓝敏胶片都可以使用暗红色滤光片。安全灯可使暗室工作顺利进行。

安全灯可分直接型和间接型。直接型安全灯是弥散型光线直接照射暗室干片区或湿片区的工作区。间接型安全灯是过滤光直接照向天花板，然后反射到整个房间。间接型安全灯常与直接型安全灯相结合使用。任何时候，安全灯都应远离工作区，高功率灯泡或不当滤过的安全灯离工作区太近可能引起胶片灰雾。胶片储藏箱只有在取出或重新放置胶片时才能打开。即使是安全灯，如果胶片储藏箱一直打开或胶片置于操作台上，都可引起胶片灰雾。

第二节　洗片液的成分与作用

一、洗片液的配制

在清洁过的 10gal* 桶内放入 28L（14±3）℃的优质自来水，边搅拌边依次加入各瓶浓药液，待完全稳定后再搅拌 2min，使其混合均匀，加水至 40L，盖上隔离盖备用。配制后的显、定影液必须加盖，以防止氧化。配制后的显、定影液若未使用，其有效期为 6 周。配制后的显影液 pH 为 10.5±0.1，定影液 pH 为 4.1±0.1。不同牌号的套液、胶片均应作感光测定，并以感光测定曲线作为选调适宜曝光量的依据，并根据显影液衰减测定调整显影时间或增加药温。当显影衰减使灰雾度大于 0.3、最大密度小于 2.2 时，应废弃，更换新的药液。

二、胶片冲洗步骤

（一）显影

显影液是将胶片上的潜影转变为可见影的化学溶液。显影液的主要功能是把曝光的卤化银晶体转变成黑色的金属银。显影时间通常由厂家指定。

1. 显影液成分

（1）显影剂　由化学药品如对苯二酚或菲尼酮组成，可以将曝光的卤化银颗粒转化成黑色的金属银。显影剂对未经曝光的卤化银晶体没有作用或作用不大。

---

* gal（加仑）为非法定计量单位。1UK gal＝4.546 092L；1US gal＝3.785 43L。

（2）催化剂　碳酸钾或碳酸钠等物质可以增加 pH，使 pH 达到 9.8～11.4 的碱性范围。pH 增加可使乳胶膨胀和变软，使显影剂工作效率更高。

（3）保护剂　也称抗氧化剂，最常用的是无水亚硫酸钠，它有三个作用：①保护显影剂，防止被氧化失效；②能与显影剂的氧化产物反应，防止生成污染力强的氧化物；③起溶剂作用，轻微溶解卤化银颗粒，得到相对的微粒显影效果。

（4）抑制剂　又称防灰雾剂，在显影液中加入适量的溴化钾，以防止灰雾的产生，并起抑制作用，延迟显影速度。

（5）硬化剂　常添加于自动洗片的显影液中，可以使胶片在洗片过程中变硬，防止乳胶过度膨胀。在自动洗片时，如果明胶乳剂极度膨胀，可能会被滚轴毁坏。

（6）溶剂　主要是水，用于溶解化学药品。

2. 显影液配方　显影液的配方有多种，目前市场上已经出售有各种成分按比例配制好的成品显影粉，使用时按包装上的说明书配制成显影液，静置 24h 后即可使用。也有进口的配置好的显、定影液套装（图 3-3、图 3-4），使用时按先后顺序溶于水中配置即成。

图 3-3　显影液套装

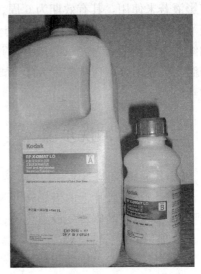

图 3-4　定影液套装

3. 显影操作过程　显影时将曝光后的 X 线片从暗盒中取出，然后选用和胶片尺寸相对应的洗片架，将胶片四角固定，先在清水内润湿 1～2 次，除去胶片上可能附着的气泡，再把胶片轻轻放入显影液内，进行显影。可以采取边显边观察的方法，也可以采取定时的显影方法，但后者必须保持恒定的照射量，否则难以保证照片的密度一致。在这一过程中应注意显影液的新鲜程度、显影效果、显影时间的控制和显影液的搅动。通常以固定的温度、显影时间和搅动方式为好。

4. 显影效果　显影药液的温度、显影时间及药液效力都会影响显影效果。

选择正确的显影时间，能获得密度深浅和对比度适中的影像，显影时间过长，往往造成影像密度过深，对比度过大，灰雾增高，层次遭到破坏；时间不足则会造成影像密度太淡，对比度过小，层次也会受到损失。因此，适当延长或缩短显影时间，可以对曝光不足或过度的照片有一定的补救。

一般显影时间为5～8min。最适的显影温度为18～20℃，温度过高或过低，其结果与显影过长和不足相同，即显影过度或不足。另外，温度过高易还会使显影液氧化，使影像染上棕黄色污斑，并会降低显影液的使用寿命；温度过低，会使苯二酚的显影能力大减，当温度在12℃以下时，几乎不起显影作用。

显影液的药力，随洗片数量的增加而逐渐减弱，通常在药液的整个使用期间，可分为甲、乙、丙三期，各期中洗片数不同，显影时间也不同。一般来说，温度、时间和药力三者的关系是在温度相对稳定不变的情况下，显影时间的长短取决于药力的衰减程度。在显影中活动洗片架2～3次，可以加速显影液的循环，使乳剂膜经常接触新鲜显影液，提高显影速度。

（二）漂洗

胶片进入显影液之后，凝胶内残留大量的显影液，如果把胶片直接放入定影液，碱性的显影液将中和酸性的定影液。

漂洗液可以停止显影进程，把显影液从胶片上洗去，防止携带的显影液污染定影液。

通常，清洗液使用循环水，冲洗胶片10～20s后拿出，滴去片上的水即行定影。化学溶液如醋酸水溶液和水用另一种停止显影的方法，这种化学溶液称为停显液。

自动冲洗时，清洗液或停显液是不必要的，因为滚轴会在胶片抵达定影槽前除去胶片上多余的显影液。

（三）定影

胶片经过合适的显影，将曝光的卤化银晶体转变为金属银之后，则开始涉及银晶体的另一种处理过程。

1. 定影的作用 胶片上未曝光的卤化银晶体对显影液不反应，必须除去。如果这些卤化银晶体仍然残留在胶片上，光线照射后它们将褪色和变黑。

定影的作用就是将 X 线胶片上未曝光的卤化银溶去，而剩下完全由金属银颗粒组成的影像。定影液的作用：①除去胶片上未曝光的卤化银晶体；②硬化凝胶层，使胶片烘干而表面没有被破坏，这个过程称为定影。通常定影时间应是显影时间的 2 倍，以确保凝胶最大程度的硬化。

2. 定影液成分

（1）清洁剂或定影剂 溶解和去除胶片乳胶上未曝光的卤化银晶体，最常见清洁剂是硫代硫酸钠和硫代硫酸铵。清洁剂能显著改变胶片外观，使胶片乳白色部分变为澄清或透明的影像，而胶片的黑色金属银部分保持不变。

（2）保护剂 如硫化钠，防止定影剂分解。

（3）硬化剂 如铝盐，防止定影期间凝胶乳剂过度膨胀和冲洗期间变软。硬化剂可防止胶片吸饱水，从而缩短干燥时间。

（4）酸化剂 能加速其他化学药品的作用，中和可能带入酸性定影液中的碱性显影液。

（5）缓冲剂 添加到定影液中以维持所需 pH 的化学药品。缓冲剂抵抗带入的碱性显影液，从而维持酸度。如果没有缓冲液的作用，碱性显影液将中和酸性定影液，这样就会缩短定影液的使用寿命。某些缓冲剂也可以防止定影液中的沉淀的形成。

（6）溶剂 为纯净水或自来水，其目的是溶解其他组分和协助定影剂弥散进入胶片乳胶层，一旦定影剂进入乳胶层，它将溶解未曝光的卤化银晶体，然后溶剂将卤化银带离胶片。

3. 定影操作 将漂洗后的胶片浸入定影箱内的定影液中，定影的标准温度和定影时间不像显影那样严格，一般定影液的温度以 16～24℃为宜，定影时间为 15～30min。

当胶片放入定影液中时，不要立即开灯，因为定影不充分的胶片，残存的溴化银仍能感光，如果过早地在灯下曝露，会使影像发灰。

连续洗片时，应按顺序排列，在晃动和观片时要避免划伤药膜及相互粘连。

（四）流水冲洗

洗片过程中的水冲洗对获得高质量 X 线片也是至关重要的。然而，实际工作冲洗过程的价值常常被低估，冲洗常不充分。

1. 冲洗目的 冲洗的目的是除去胶片表面的洗片用化学物质。

定影后的乳剂膜表面和内部，残存着硫代硫酸钠和少量银的络合物。如不用水洗掉，残存的硫代硫酸钠以后会与空气中的二氧化碳和水发生化学反应，分解出的硫与胶片上的金属银作用，形成棕黄色的硫化银，使影像变黄，失去保存的价值。

2. 冲洗方法 胶片用流水冲洗，这样胶片两面都会持续受到新水冲洗。

手工洗片时，建议平均冲洗时间为 20～30min，洗片时周期性搅动水或用流水冲洗。

自动洗片时，洗片机的给水系统将环绕冲洗架和胶片按稳定速率流出温水。

（五）干燥

冲洗完毕后的胶片，可放入电热干片箱中快速干燥，或放在晾片架上自然干燥，禁止在强烈的日光下暴晒和高温烘烤，以免乳剂膜溶化或卷曲。

胶片晾干的一个常见问题是胶片表面可能存在水斑或其他干燥痕，通过使用称为表面张力降低剂（去污剂）的湿润剂可以加快干燥过程和避免一些伪影。

三、药液损耗

手工洗片时，化学药品消耗主要是洗片的胶片将化学药品带入相邻桶的结果。14in×15in 的胶片大概可携带 40mL 显影液进入清洗液。

显影液和定影液都需要经常补充，以维持化学药品在合适水平以覆盖整张胶片。溶液补充剂可以为粉末和液体浓缩剂。液体更容易操作，不会存在粉末沉降在暗室操作台上的问题。补充剂的浓度通常高于维持化学效能的原液浓度。

四、洗片液与 X 线片质量

冲片用化学药品氧化或变质是造成 X 线片质量不良的主要原因。

显影液和定影液通常是 X 线片质量不好时最后检查的因素，但化学药品氧化或变质却是最常见的原因。丧失了效能的化学药品将会使洗出的 X 线片灰雾增加，对比度和密度降低。

通常显影液从透明的浅棕色变成不透明的深黄棕色时，便需要及时更换显影液。

定影液的活性不能根据颜色变化进行判断，当定影时间超过 5min 时，便需要更换定影液。定影时间是指定影液将未曝光的卤化银晶体从胶片上清除所需要的时间。

如果不是所有的银化合物都被清除掉，胶片将形成灰雾，或受到光线照射时变黑。

手工洗片时，药液通常每4～6周更换一次。手工洗片桶内常遇到的问题是细菌和真菌的生长，尤其是在温暖的季节，细菌和真菌生长也可产生黏泥沉积，并在桶内堆积。细菌、真菌和藻类来自于空气、人或供水，如果不进行控制，它们将腐蚀金属表面，形成胶片伪影。不流动的水中有机物生长率增加。微生物生长可通过良好的管理来控制。更换化学药品和排空洗片桶时，应用1‰氯漂白水浸泡和清洗。自动洗片机的水槽应在当天工作结束后排干，以减少微生物生长。简单的过滤系统可以防止微生物从水管进入。

第三节　胶片冲洗操作流程

胶片冲洗包括手工洗片或自动洗片机洗片两种方法。手工洗片程序复杂，冲洗时间相对较长，但成本较低；而自动洗片机冲洗和干燥操作简单、快速，但仪器昂贵，适合大量洗片。

一、手工洗片操作流程

手工洗片在操作上要做到规范统一，通过建立统一的规范，可以尽量减少不同人员操作的错误，减少同一操作者暗室操作错误，提高洗片速度。

通常将显影桶、清洗桶、定影桶按从左到右或从右到左的顺序排列，清洗桶放在中间，这样操作者可以养成固定的操作习惯，避免出错。手工洗片操作不难，可以在较短的时间内掌握。

进入暗室洗片前要先关闭白灯，打开安全红灯。

在开始手工洗片前，要使化学药品达到合适的温度。因化学药品为悬浮液，易沉积于桶的底部，要使用搅拌器进行搅匀，各个桶要配置专门的搅拌器，不可混用。

当化学药品达到合适的温度后，关闭安全红灯，将胶片盒后盖旋钮打开，打开暗盒后盖，轻轻晃动顶部，用拇指和食指抓住胶片一角，指甲不能用作从片盒内取胶片的工具，这样做会破坏增感屏的敏感性。胶片应从片盒内倒出，而不是用手指撬出来。

洗片桶洗片时，将胶片从暗盒拿出后，固定于洗片夹上，也可用止血钳夹于顶部或用双手拇指、食指捏住两角放于洗片液中。

将胶片夹于洗片夹的方法是将胶片插入弹力夹洗片夹的底部，首先固定夹子，然后旋转洗片架使右侧向上，再将胶片插入可移动的弹簧夹内。胶片应伸展，拉得足够紧。张力性装片可以防止胶片与洗片桶内相邻的胶片或桶壁接触，减少摩擦对胶片的损伤。如果使用槽式洗片架，一只手抓牢洗片架，另一只手滑动胶片进入槽内，检查确保胶片所有的边和角都正确放置在槽内，一旦胶片到位，关闭顶端的铰链。用洗片盆洗片时直接将从暗盒内取出的胶片平放在洗片盆内，使胶片完全浸没在洗片液内。

胶片浸入显影桶内后，将洗片架晃动 2～3 次，除去胶片表面的气泡，盖上显影桶的盖子，计算显影时间。在这段时间内，擦干手，重新在片盒内装片。重新装片的过程要小心，片盒关闭前，重新安装的胶片应与片盒的四角接触，这样胶片就不会受到片盒边缝的挤压。

定时钟铃响时，从显影液中快速取出胶片，为快速排掉显影液，洗片架应倾斜，这样就可以使残留的显影液进入清水或停显液。可防止使用过的显影液进入显影桶，有助于准确补充桶内的显影液。

胶片浸入清洗液中搅动 20s，沥干过多的水后浸入定影桶内，胶片晃动 2～3 次，去除胶片表面的气泡。设置合适的定影时间，定影时间通常是显影时间的 2 倍，直至胶片失去乳白色外观。胶片定影 1min 后，可以取出观察，大致评价曝光和摆位的质量。评估后，再次把胶片放回定影桶内，总定影时间至少 10min，这样可以使胶片表面达到最大硬化度。

胶片从定影桶内快速取出，残留的化学药品（用过的定影液）进入冲洗桶内。与显影液一样，防止带出的定影液进入定影桶可准确补充定影液。胶片应水洗 20～30min。水洗时间取决于水流和水洗的交换率，水流每小时应完全更换约 8 次。

有条件时，可用湿润剂加速干燥时间和防止胶片表面出现水痕。在干燥前，将胶片短暂浸入湿润剂中即可。

胶片应放置在没有灰尘的区域干燥，以防止异物黏附在湿的胶片表面形成伪影。如果使用槽式洗片架，胶片要从洗片架上取下来，用夹子悬挂在拉紧的金属线上。张力性夹式洗片架可以悬挂在干燥架上。

胶片应隔离开，不允许湿的时候彼此接触。胶片干燥后，用张力性夹式洗片架的胶片，在存档前必须对四角进行修剪，以防止刮擦相邻胶片的乳胶层，然后再放入有合适标签的封袋内。

二、自动洗片机洗片操作流程

（一）自动洗片机构造

自动洗片机由输片台、液晶显示器、触摸式键盘、显影系统、定影系统、水洗烘干系统及电气控制系统组成（图3-5）。按照底片透照参数，在液晶显示器上设置好自动洗片机的温度和时间，胶片从输片台通过自动滚轮系统逐一进入显影系统、定影系统、水洗烘干系统，从出片口得到可以评定的底片。

图3-5　自动洗片机

（二）自动洗片的优点

自动洗片是高度标准的操作过程，洗片质量恒定，大幅度减少手洗过程中引起的划伤现象。其优点有：

- 洗出的底片干净，无污渍。
- 出片快，180mm×80mm底片，每小时可出片214张。
- 升温快，现场条件不稳定时手洗洗不出来，而洗片机可洗。
- 无凉片空间，能在短时间内产生干燥的X线片。

（三）自动洗片基本原理

自动洗片涉及的基本原理与手工洗片相同，包括胶片显影、定影、水洗和干燥。自动洗片机仍需要暗室，只是需要的空间小很多。干片区仍需要操作台装卸胶片，但湿片区仅有洗片机即可。

由于洗片机自身有干燥装置（利用加热的暖风或红外线方法），在洗片时，需要排气系统或排风扇以防止过多的热和烟积聚。一些自动洗片机设计成穿过暗室隔墙安放，这样就不需要特殊的排气系统。

自动洗片机包含的程序与手工洗片大致相同，只是需要更高的温度和特殊配方的化学药品以加速显影。X线胶片经一系列类似于工厂传送带的滚轴通过洗片机。洗片机所选用的药液为厂家提供的套药，属于高温快显类型，配置药液要根据不同厂家生产的配置方法配置。手工冲洗胶片的低温药是不适合洗片机的，使用可能出现湿片和脱膜现象。

（四）自动洗片操作

曝光的胶片从机器托盘放入，然后通过滚轴装置在化学药品槽和干燥机间传递。为了加速冲洗，取消了显影和定影之间的清洗（图3-6）。当胶片通过放置在显影槽和定影槽之间的橡皮滚轴时（图3-7），附带的化学药品被挤压除去。

图3-6　自动洗片机内部结构

包括显影槽、定影槽、水洗槽

图3-7　洗片机内部的滚轴

新鲜的化学药品根据机器使用情况以预定速度补充，溶液始终保持在顶峰状态。同手工洗片一样，若没有补充，随着使用，冲洗液的活性将降低。

洗片机开机试运转前，要用温水把显影槽、定影槽、水洗槽和所有滚轴清洗干净，然后加入水，检查洗片机放置是否平衡，平衡后开机检查洗片机的运转、药液补充、烘干系统是否正常，检查各个管路是否有渗漏现象。确保无误后，将四张准备好的干净胶片放入通道进行走片，确定轮系咬合正常且将轮系内的污物带出。第一次使用时尽量多走片。在得到最干净理想的底片后，打开排污阀，把水放掉，加入按照厂家提供的方法配置好的药液，药液加入量要达到洗片机指示位置的标尺。加药要先加定影后加显影，如果有定影液溅到显影槽中，要将显影槽冲洗干净，以防混合后药液污染，影响底片质量。最后将轴架按照顺序放入相应槽内，要保证显影槽、水洗槽、定影槽的循环系统正常运行。药液要标注明确以防混用。

传送胶片从显影到定影，再到水洗，最后到达干燥台。精确补充冲洗液是正确冲洗胶片和延长冲洗液寿命必不可少的。一般而言，当胶片放入洗片机时，补液泵就开始工作，把储存桶内的液体补充到机器内的洗片槽中。增加的补充液通过循环泵与已存在的冲洗液混合均匀。过量的冲洗液将溢过槽顶端进入溢流管，必须注意观察外面的补充液桶，以维持机器内足够的药液量。

通过恒温给水系统，持续监测化学药品的温度并将其控制在精确范围内。同手工洗片一样，给水系统的目的不仅限于冲洗胶片，循环水也控制着冲洗液的温度。

水温控制的方法因洗片机设计各异。在水进入机器前，通过恒温混合阀，热水和冷水可以混合成合适温度。其他类型的洗片机将进入的冷水通过电加热到合适温度。

（五）自动洗片机保养

同其他机械设备一样，自动洗片机也会发生故障，需要修理，为了尽量减少维修频率，适当的保养是必需的。

每天开机前都要用清水将显影和定影轴架清洗干净，检查药液槽液位是否正常、补液桶药液是否充足，如药液不足，加满后再运转，如果缺液严重，应手工补液，检查轴架上的齿轮、轴承、卡片是否有损坏或丢失，检查水洗槽的开关是否打开，水流速度是否合适。

进片槽的进片台要经常擦拭，保持干燥、无污染。严禁将潮湿的底片放在上面。洗片开始前，每个通道都要至少过4张准备好的胶片，以便把滚轴上的结晶带走。进片时，必须在指示灯闪烁并报警后再放下一张胶片。不宜将有毛边、弯曲、形状不规则的底片放进进片槽，以免造成卡片现象。

为保证底片黑度符合要求，每台设备、每种规格都要有试验片，根据试验片的黑度，调整正式片的洗片参数，达到理想效果。现场拍片人员要把不同规格的胶片进行标记，不能弄混，曝光参数应与洗片人员每天沟通。例如：换新药后各机组曝光参数应相应下调，溢流出的药液不能排入补液桶。每天冲洗胶片后，应及时关闭机器，把轴架放入清水中浸泡，以防止结晶。打开机盖，用布罩好，以便使机内蒸汽散发掉。冲洗滚轴时，用柔软的不掉毛的布或海绵进行擦拭，以防损坏滚轴。液晶显示屏不允许有液体进入，各药液槽内、不允许有固体颗粒存在，更换药液时要把槽充分清洗干净，每个通道保持通畅。

尽管维修工程师通常会在洗片机故障后尽快赶到，但还是推荐备有手工洗片系统。要备有必需的化学药品和容器，如果出现意外，可紧急进行手工洗片。

1. 日保养 每日开启洗片机前，用软纱布擦拭洗片托盘和机器外表面。

托盘用湿布擦洗后，需干燥后才能进片，否则将污染照片；开机后首先观察机器运行状态是否正常，在确保正常后送 3～4 张清洁片，靠边进片。

暗室内不得打开传呼机、手机，机器使用中应注意观察照片冲洗质量的变化，观察有无漏液现象，注意听取有无异常运转声音，发现问题立即停机检修。出现卡片现象时，必须停机取片，小心操作，防止损坏滚轮。每天下班关机后，用湿纱布清洁液面外露的槽架及驱动杆上的溶液，以防对机器的腐蚀。

2. 周保养 每更换一次新药液时应对机器进行一次彻底的清洗。清洁槽架、滚轴及导向板等。将槽架从各槽内取出，放入清水中冲洗，清洗完毕后用可转动槽架上的驱动齿轮，观察各压力是否正常，必要时进行压力调整。放掉各槽内的溶液，用清水清洗各槽内的沉积物。将槽内注满水，再启动机器数分钟，循环排干。

清洗完成后，关好排泄阀，注入新药液，先注定影液后注显影液。再次检查各槽架部件，滚轮，导向板，传动部件有无松动、磨损或扭曲现象，及时发现，及时修复。放回槽架时动作要轻，防止药液外溢。接通电源，观察驱动杆上的齿轮与槽架齿轮是否咬合好，传动系统工作是否正常。清洁干燥组件，如干燥通风管、内道及空气滤过网等。

暗室操作规范的最终目的是减少污片、划片、粘片、水迹、漏光、静电阴影等影响照片质量的现象的发生，保养好洗片机。

第四节 洗片液中银的回收

一、回收银的意义

定影液和废胶片中含有可被回收的银。银是一种有价值的自然资源，可能的情况下都应回收。在当前这样关注环保的时代，回收再利用已成为国家标准。

二、回收银的方法

从定影液中回收银的方法有金属置换、电解还原和化学沉淀等。

（一）金属置换

金属置换是用其他金属从老化的定影液中置换银的回收方法。常用的金属是钢丝绒形式的铁。钢丝绒溶解在酸性的定影液中，物理取代悬浮的银，从而使金属银沉淀在回收装置的底部。金属置换装置通常由装填钢丝绒的桶组成。定影液从顶部的接收器灌进，使其滴流过钢丝绒，然后排掉没有银的定影液。使用金属置换方法，超过99％的银可以被回收，但回收银的纯度很低。这种方法相对便宜，推荐用于小容量的手洗系统。

（二）电解还原法

电解还原法需要阳极和阴极，直接放入定影桶内或放入独立的盛装老化定影液的容器内。当电流通过2个电极时，银向阴极聚集，并吸附到阴极上。电解还原的优点是定影液可以重复使用，但这需要许多化学分析方法。这种回收方法可以得到高纯度的银，但效率比金属置换要低。

（三）化学沉淀

回收银的化学沉淀技术可从定影液中的银沉淀获得更多的附加化合物。当将化学药品加入到定影液中时，银沉淀到容器的底部，形成淤渣。然后，对淤渣进行过滤、干燥和包装，卖给精炼厂。

目前，市场专门有回收废旧胶片和废弃定影液的金属回收公司，可交给他们进行回收。

第五节　胶片的标记与保存

医用X光胶片分为感蓝片和感绿片，并有不同的尺寸规格与暗盒规格相配套（图3-8），摄片时根据宠物大小与拍摄部位进行选择。

图3-8　不同规格的胶片与对应
规格的暗盒

一、胶片的标记

(一) 胶片标记的意义

每一张 X 线片必须正确标注必需的信息，这样才能在以后进行识别。

在许多病例，必须额外多次拍摄 X 线片，用于评价疾病的痊愈和进展情况。没有正确的标记，很难评估病程发展。另外，也应考虑法律方面的需要，如果上升到法医学问题，没有正确标记的 X 线片在法庭上的意义有限。X 线片唯一合法的标记是在 X 线乳胶内的标记。

(二) 胶片的标记方法

标记 X 线片有多种方法，采用哪种方法纯属个人喜好。所有的标记系统应提供相同的基本信息：

- 宠物医院或执业医师的名字和地址。
- 拍摄 X 线片的时间。
- 宠物主人的名字与宠物名字、年龄、性别和品种。

胶片标记的最简单方法是使用铅字母和数字，曝光前直接放在片盒上，铅数字可以放在支架内，或用胶带直接贴在片盒上。铅吸收来自 X 线束的原射线，这样铅字下方的胶片没有曝光而显透明（图 3-9）。也可购买包括门诊名字和地址（由铅字母永久拼写的）的专用支架。使用永久性专用支架，仅需更换日期和患病宠物相关信息。

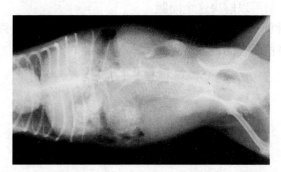

图 3-9　铅字母和数字进行的胶片标记，放于暗盒边缘

这种标注方法的缺点是费时，而且小的铅数字容易丢失。此外还限制了照射范围，因为宠物以外的区域必须曝光以提供标注的影像。

曝光时标记 X 线片的另一种方法是使用一次性的铅渍胶带。用圆珠笔或铅笔在放置软铅的胶带上写字，会在胶带上留下凹痕，这些凹痕形成了不同的密度差异，可以使 X 线穿透到达胶片。胶带放置在永久含有诊所名字和地址的支架上。铅渍胶带可用于标记左或右、一系列 X 线片的时间间隔和指示斜位 X 线束的投照方位。

右和左的标记物也是必需的，以标识右肢或左肢，或标识胸部和腹部的右侧或左侧。有时也需要标记物标识独特的摆位或 X 线束方向。在造影检查中，也要按时序标记，用以标明给予造影剂后的时间。

如果在曝光前忘记标记，也可在冲洗前用铅笔或其他尖头工具在胶片上书写。来自尖头工具的压力破坏胶片乳胶层，冲洗后会保留记录的信息。也可以在 X 线片湿的时候刮擦乳胶而留下信息。其他方法还包括不褪色记号笔或在干 X 线片上粘贴胶带等。

所有这些标记技术都被认为是临时的，在常规 X 线片标记时不推荐使用。它们不是关于患病宠物法定记录的有效标记。

二、胶片保存

在任何宠物门诊，按顺序有序保存胶片是必需的。

为了将来查阅 X 线片做参考或随访检查，胶片必须经适当标记后存放在储藏室内。X 线片存档前必须完全干燥，当 X 线片用弹力夹或洗片架手工洗片时，X 线片从洗片架上取下后，被夹片角通常仍是湿的，需要干燥。剪除与洗片架接触的片角可以解决这个问题。

存档 X 线片的最好方法是不管胶片大小，都用大的档案袋。小 X 线片可以用较小的价格稍便宜的档案袋存放。

第 四 章
宠物摄影摆位技术

在给患病宠物摄影检查时，需要根据检查目的，拍摄所需部位 X 线片，这就需要进行正确的摆位，摆位不当无法获得具有诊断价值的 X 线片。由于宠物不同于人，不会配合检查，所以对宠物摆位难度较大，这就需要操作者在掌握正确的保定方法下能够熟练的根据要求进行摆位，在对宠物进行摆位操作时，操作者要有耐心。只有当摆位达到要求，在宠物安静不动时才能进行曝光，无诊断价值的 X 线片需要重新进行摄片，这不仅会对宠物医院造成资源浪费，也会给客户带来不便。

第一节 摄影的方位名称

X 线摄影时要用解剖学上的一些通用名词来表示摆片的位置和射线的方向，如腹背位、前后位等。如背腹位的第一个背字表示射线从背侧进入，第二个腹字表示射线从腹侧穿出，因此，摆位时 X 线机的发射窗口要对准宠物某一部位的背侧，而 X 线胶片则要放在该部位的腹侧。在摄片时 X 线机头可以进行旋转，这样就可以根据需要拍摄一些特殊方位的 X 线片。

一、解剖学方位和术语

● 背切面是与正中矢面、横断面互相垂直的面，把头和躯干分为背侧部和腹侧部。

● 背侧是朝向或接近背部，以及头、颈和尾的相应侧，在四肢，背侧是指腕（跗）、掌（跖）、指（趾）的前面或上面（与着地指枕相对的一侧）。

● 腹侧是朝向或接近腹部，以及头、颈、胸、尾的相应侧。不用于四肢。

● 内侧是指朝向或相对接近正中矢面者。

● 外侧是指远离或距正中矢面较远者。

● 颅侧是躯干向头方向或相对接近头部者，习惯上称前侧。此术语也用于四肢腕、跗以上的部分。在头部的前方则以吻（口）侧代替。

● 尾侧是躯干向尾方向或相对接近尾侧。也用于四肢腕关节和跗关节以上部分和头部。

● 吻侧是头部朝向或接近鼻端的一侧。

● 近端是相对接近躯干或起始部，在四肢和尾是指附着端。

● 远端是相对远离躯干或起始部者，在四肢和尾是指游离端。

● 掌侧是指站立时前爪着地的一侧，对面为背侧。

● 跖侧是指站立时后爪着地的一侧，对面为背侧（图 4 - 1）。

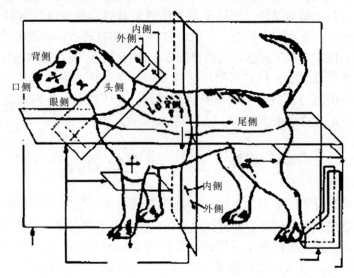

图 4 - 1　三个基本切面和方位

二、X 线摄影的方位名称

● 左（Le)-右（Rt)，用于头、颈、躯干及尾。

● 背（D)-腹（V)，用于头、颈、躯干及尾。

● 头（Cr)-尾（Cd)，用于颈、躯干、尾及四肢的腕和跗关节以上。

● 嘴（R)-尾（Cd)，用于头部。

● 内（M)-外（L)，用于四肢。

● 近（Pr)-远（Di)，用于四肢。

- 背（D）-掌（Pa），用于前肢腕关节以下。
- 侧位（L），用于头、颈、躯干及尾，配合左右方位使用。
- 斜位（O），用于各个部位，配合其他方位使用。

三、表示方法

方位名称的第一个字表示 X 线的进入方向，第二字表示射出方向，如腹背位（VD）表示 X 线从腹侧进，由背侧出。

在头、颈、躯干及尾进行左右或右左侧位投照时，需在左右字后面加个侧字，如左右侧位（Le-RtL），也可简写为右侧位（Rt-L）。

非正方向的方位，用复合词表示射线的进入和射出方向，进与出之间加一条横线，最后加斜字，如背外-掌内斜位（DL-PaMO）。

斜位需要明确指出倾斜角度者，在复合词之间加角度，如背 100 外-掌内斜位（D100LPaMO）。即 X 线射入方向自背侧向外转 100，射向掌内的斜位。

第二节 头部摄影摆位技术

为了更好评阅头部的病理变化，必须拍摄头部多方位 X 线片。

头部的标准投照体位有侧位投照和腹背位或背腹位投照。一些组织结构只能借助附加的特殊投照体位才能显示。如张口侧位投照、头部扭转侧位投照、头部扭转张口侧位投照、咬合腹背位与背腹位投照、张口腹背位投照、额部投照、张口额部投照及改良枕部投照等。

1. 背腹位投照 背腹位投照（图 4-2），需将宠物俯卧，头颈成一条直线。下颌骨、额窦和头部其他组织结构，对称成像。背腹位投照适合于检查下颌骨、颞颌关节、颧弓、颅脑侧壁和中脑等。

2. 头部扭转侧位投照 头部扭转侧位投照（图 4-3），需将宠物侧卧，宠

图 4-2 犬头部背腹位投照

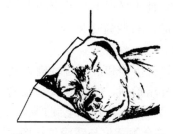

图 4-3 犬头部扭转侧位投照

物的躯体和头部不必支垫，头部按需要作适度扭转。头部扭转侧位投照适合于检查颞颌关节、鼓泡和颅脑的颞部等。

3. 侧位投照 头部标准侧位投照（图 4-4），需将头部准确侧卧。下颌骨、鼓泡等成对的组织结构必须相互重叠投照在 X 线片上。因此，可将泡沫物等 X 线可透性垫料置于鼻尖和下颌部，使鼻部抬高、下颌的两垂直支与暗盒相互平行。侧位投照适合于检查鼻部和颅脑等。

4. 腹背位投照 腹背位投照（图 4-5），需将宠物仰卧，头颈成一直线。头部不允许扭转。下颌骨、额窦和头部其他组织结构，对称成像在 X 线片上。腹背位投照适合于检查下颌骨、颅脑、颧弓和颞颌关节等。

 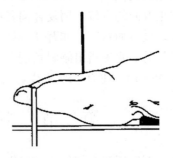

图 4-4　犬头部侧位投照　　　　图 4-5　犬头部腹背位投照

5. 张口侧位投照 张口侧位投照，需将宠物如头部标准侧位投照那样放置。宠物张大口，可用卷轴绷带或 X 线可透性管状物使宠物口张开。由于下颌骨的冠状突向下拉开，并因此使颅骨的顶部和额部不重叠，张口侧位投照可更好地评估颅脑的前部。

6. 头部扭转张口侧位投照 头部扭转张口侧位投照，一可显示上颌和上颌齿弓，二可显示下颌和下颌齿弓。如作上颌和上颌齿弓检查（图 4-6）时，则使头部侧卧。用卷轴绷带或 X 线可透性管状物使宠物张大口。鼻部略抬高，使上颌骨与暗盒相互平行。随后，头部作适度扭转，使下颌骨向上扭。上颌左右两齿弓即可错开，显示在 X 线片上。注意舌勿与拟检查的齿弓重叠。

如进行下颌和下颌齿弓检查（图 4-7），头部作与上相反方向适度扭转。鼻部同样略抬高，使下颌骨与暗盒相互平行。头部扭转至拟检查的一侧下颌骨，与另一侧下颌骨和上颌骨不重叠即可。

7. 咬合腹背位与背腹位投照 咬合腹背位投照（图 4-8）是为了显示下

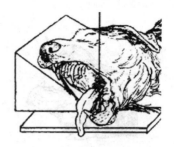

图 4-6　犬头部扭转张口
　　　　侧位作上颌和上
　　　　颌齿弓投照

图 4-7　犬头部扭转张口
　　　　侧位作下颌和下
　　　　颌齿弓投照

颌的前部牙齿。需将宠物仰卧，舌置于一侧，X 线暗盒置于口内。X 线中心应略向后。咬合腹背位投照适合于检查颏部联合、切齿和犬齿等。咬合背腹位投照（图 4-9）则适合于检查切齿骨、上颌切齿和犬齿等。

图 4-8　犬咬合腹背位投照

图 4-9　犬咬合背腹位投照

8. 张口腹背位投照　张口腹背位投照（图 4-10），需将宠物如腹背位标准投照放置。用卷轴绷带或 X 线可透性管状物使宠物尽可能张大口，舌和气管插管固定于下颌，X 线中心应略向后，以免下颌骨与鼻道重叠，X 线球管通常须旋转 20°。张口腹背位投照适合于检查鼻道和上颌牙齿。

9. 额部投照　额部投照（图 4-11），需将宠物仰卧，躯体、头、颈呈一直线。头部弯曲，与脊柱呈直角，额窦与头部等其他组织结构不重叠。额部投照适合于检查额窦。

10. 开口额部投照　开口额部投照（图 4-12），需将宠物如额部投照放置。宠物口腔尽可能张开，X 线中心对准口咽部，X 线中心线将腭与下颌骨平分，舌和气管插管位于中央。开口额部投照适合于检查鼓泡和第二颈椎齿状突。

图 4 - 10　犬张口腹背位投照

图 4 - 11　犬额部投照

11. 改良枕部投照　改良枕部投照（图 4 - 13），需将宠物如额部投照仰卧。头部 10°弯曲，改良枕部投照适合于检查颅脑两侧、枕骨大孔和第二颈椎齿状突等。

图 4 - 12　犬张口额部投照

图 4 - 13　犬改良枕部投照

第三节　脊柱摄影摆位技术

脊柱包括颈椎、胸椎、腰椎、荐椎与尾椎。每一部位有不同的摆位方法，脊柱常用的摆位体位如下。

1. 颈椎侧位投照　颈椎侧位投照时，宠物侧卧。需将宠物的鼻部轻度抬高，支垫下颌部，使头部与检查床平行（图 4 - 14）。为避免颈部中段下弯，可在第四至第七颈椎之间用泡沫类的 X 线可透性材料支撑颈部。前肢同样作适度支撑，以免胸部扭转（图 4 - 15）。颈部在侧位投照时，呈其自然状态，既不伸展也不弯曲（图 4 - 16）。前肢向后牵引，以减少与后颈段的重叠。小型犬和猫的颈椎侧位投照，令 X 线中心对准颈中部即可。X 线片应包括颅后部和前几节胸椎。大型犬的颈椎侧位投照可分成两段拍摄，X 线中心分别对准 C2 - C3、C5 - C6 椎间隙。可在全身麻醉下做颈椎伸张和屈曲侧位投照。

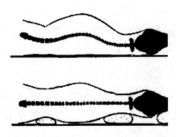

图 4 - 14　犬脊柱侧位投照支撑

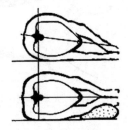

图 4 - 15　犬脊柱侧位投照四肢支撑

图 4 - 16　犬颈椎侧位投照

2. 颈椎腹背位投照　颈椎腹背位投照时，宠物仰卧，颈胸成一条直线。宠物的躯体不允许向左、右侧倾斜，X 线中心对准颈中部（图 4 - 17）。大犬的颈椎腹背位投照可分成前、后段拍摄，以免前段颈椎曝光过度、后段颈椎曝光不足。

3. 胸椎侧位投照　胸椎侧位投照，需将宠物侧卧，胸骨部略抬高，使椎体平行。如做前三节胸椎侧位投照，则向后牵引前肢，以免与肩胛骨重叠。如第三节以后的胸椎侧位投照，则向前牵引前肢（图 4 - 18）。X 线中心对准可疑部位。如为常规检查，则可以 T6 - T7 椎间隙为中心。

4. 胸椎腹背位投照　胸椎腹背位投照，需将宠物仰卧。前肢向前牵引，置于颈旁。可作必要的辅助支撑，使脊柱呈一条直线（图 4 - 19）。大型犬胸椎腹背位投照，可作适度（约 5°）倾斜，以避免与胸骨重叠。X 线中心对准 T6 - T7 椎间隙。

5. 腰椎侧位投照　腰椎侧位投照，需将宠物侧卧，胸骨部略抬高，使椎体平行（图 4 - 20）。在两后肢之间，可用泡沫类的 X 线可透性材料适度支撑。确定曝光条件时，应以最厚部分为准，以免曝光不足。常规检查时，X 线中心可分别对准胸腰椎间隙、L3 - L4 椎间隙。

6. 腰椎腹背位投照 腰椎腹背位投照，需将宠物仰卧。X线中心对准L3-L4椎间隙（图4-21）。

7. 荐骨、骨盆和前段尾椎侧位投照 荐骨、骨盆和前段尾椎侧位投照，需将宠物侧卧，在两后肢之间，可用泡沫类的X线可透性材料适度支撑，以避免脊柱扭转。X线中心对准荐骨中部（图4-22）。

8. 荐骨、骨盆和前段尾椎腹背位投照 荐骨、骨盆和前段尾椎腹背位投照，需将宠物仰卧，后肢向后伸展。可做必要的辅助支撑，使脊柱呈一条直线。骨盆的两侧对称，长轴勿倾斜。X线中心对准荐骨中部（图4-23）。

图4-17 犬颈椎腹背位投照

图4-18 犬胸椎侧位投照

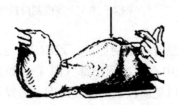

图4-19 犬胸椎腹背位投照

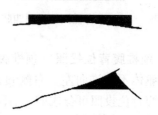

图4-20 犬腰椎侧位投照

图4-21 犬腰椎腹背位投照

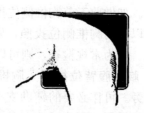

图4-22 犬荐骨、骨盆和前段尾椎侧位投照

第四节 四肢骨及关节摄影摆位技术

骨骼中含有大量的钙盐，是动物机体中密度最高的组织，与其周围的软组

4-23　犬荐骨、骨盆和前段尾椎腹背位投照

织有鲜明的天然对比。在骨的自身结构中，骨皮质和骨松质及骨髓腔也有明显的密度差别。由于骨与软组织有良好的天然对比，所以一般 X 线摄影就能对骨与关节疾病进行诊断。

一、骨与关节摄片需注意的问题

普通检查包括透视和拍摄 X 线平片，但透视一般很少应用。透视仅在检查疑为明显的骨折或脱位、进行异物定位及监视手术摘除异物、监视矫形手术方面才有意义。普通摄影是骨与关节的 X 线检查法中最常用的技术。

某些疾病在病变的早期，X 线检查可能表现为阴性，随病情的发展会逐渐表现出 X 线征象，所以应定期复查，以免发生遗漏造成误诊。

拍片时要注意：任何部位都要拍摄正、侧两个方位的 X 线片，有些部位可能要加拍斜位、切线位或轴位及关节伸展和屈曲位。摄影范围应当包括骨骼周围的软组织，除拍摄病变部位外还应包括邻近的一个关节。拍摄关节时，应设法使 X 线束的中心平行通过关节间隙。检查关节的稳定性及关节间隙的宽窄时，应在关节负重的情况下进行拍摄。两侧对称的骨关节，病变在一侧而症状不明显或经 X 线检查有疑虑时，需摄取对侧相同部位的 X 线片进行比较。

二、四肢骨及关节摄影摆位技术

（一）前肢骨及关节投照摆位

1. 肩胛骨侧位　肩胛骨侧位投照有两种常用方法，都是患肢在下的侧卧位。

● 将下侧病肢向腹侧牵引，上侧健肢屈曲推向头部（图 4-24）。此时被检的肩胛骨重叠在肺野中，因此可清楚地显影，但肩胛骨上缘，因与胸椎重叠而模糊不清。

● 检查肩胛骨的颈部，向腹侧和前侧牵引患肢，使肩胛骨移位，同时将上侧的健肢向后牵引，减少与病肢之间重叠。触摸肩胛棘决定肩胛骨位置，投照中心线垂直对准肩胛骨中心投照（图 4-25）。

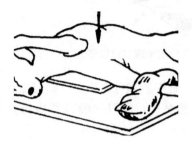

图 4-24　肩胛骨侧位投照体位　　　　图 4-25　肩胛骨侧位投照

2. 肩胛骨尾头位　患犬仰卧，尽可能将前肢向前牵引至伸展状态，然后用带子拴住，后肢向后拴住，而后将躯体略向健侧转动，使前肢与肩胛骨离开胸廓，摄影时可不产生重叠。这种后前向投照，只有在全身麻醉使肌肉松弛的情况下才易完成，这种位置对于检查肩胛骨骨折与肩关节囊内的钙化有意义，投照中心线对准肩胛骨中部（图 4-26）。

3. 肩关节侧位　患犬横卧，病肢在下并向腹侧和前侧牵引，使壁骨头后缘有可能显示。头和颈伸展，健侧前肢向后牵引，可使胸部稍有转动，避免胸骨前部与肩关节重叠。这种投照对检查肱骨头后缘的骨软骨炎有意义。投照中心线垂直对准肩关节（图 4-27）。

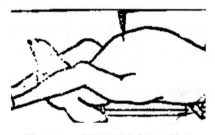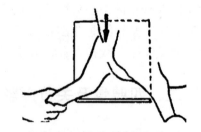

图 4-26　肩胛骨尾头位投照体位　　　　图 4-27　肩关节侧位投照体位

4. 肱骨头尾位　患犬仰卧，将病肢向后牵引，直至肱骨与胶片相平行，并稍稍向外牵引使肱骨不与躯体靠拢。中心线对准肱骨中央。这种位置投照的缺点是物片距较大，照片会有些放大失真（图 4-28）。

5. 肱骨侧位　取横卧位，病肢在下，使病肢稍伸展，将上方健肢向后牵引，并拴住。中心线垂直对准肱骨中央。投照范围要求包括上下两关节端（图 4-29）。

6. 肘关节侧位　患犬侧卧，病肢在下并使病肢肘关节处于正常的屈曲状态，上方健肢向后牵引。中心线对准肱骨中部投照（图 4-30）。

7. 肘关节头尾位　患犬伏卧，病肢稍前伸，避免病肘向外转动。如在肘下垫以泡沫垫则有助于防止移位，头应转向健侧。中心线通过肱桡关节而达于胶片（图 4-31）。

8. 桡尺骨头尾位　患犬伏卧和病肢稍伸展，患肢靠沙袋或绳系住以保持伸展状态，头应转向健侧。中心线对准桡尺骨的中点（图 4-32）。

9. 桡尺骨侧位　患犬侧卧，病肢在下并稍向前伸，用沙袋压住病肢系部以保持其位置，将其上侧健肢向后牵引。中心线对准桡尺骨的中点，投照的范围应包括肘关节与腕关节（图 4-33）。

10. 腕关节侧位　患犬侧卧，病肢向下，腕关节通常稍屈曲，放置泡沫垫于肘关节下，以防止腕关节的转动，上方健肢向后牵引，以减少重叠。中心线对准腕关节（图 4-34）。

11. 腕关节背掌位　患犬伏卧，病肢腕部置于暗盒上，头转向健侧，为防止患肢发生转动，可在肘关节下放一软垫。中心线垂直于腕关节（图 4-35）。

12. 掌（跖）骨与指（趾）骨背掌（跖）位　患犬伏卧，病肢平放于暗盒上，中心线对准掌（或跖）骨中部（图 4-36）。

13. 掌（跖）骨与指（趾）骨侧位　患犬病侧侧卧，病肢向前牵引，置于暗盒上，在肘关节下方垫一沙袋以保持病肢的位置。其上方健肢向后牵引并用带子结扎。中心线对准掌（或跖）骨的中部，投照范围包括腕（或跗）关节（图 4-37）。

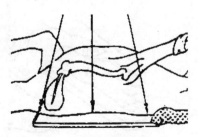

图 4-28　肱骨仰卧头尾位

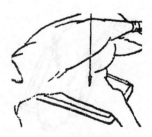

图 4-29　肱骨侧位

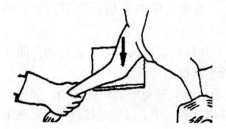

图4-30　肘关节侧位

图4-31　肘关节头尾位

图4-32　桡尺骨头尾位

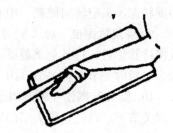

图4-33　桡尺骨侧位

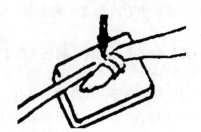

图4-34　腕关节侧位

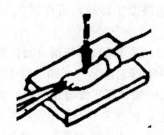

图4-35　腕关节背掌位

图4-36　掌（跖）骨与指（趾）
　　　　骨背掌（跖）位

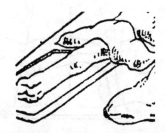

图4-37　掌（跖）骨与指（趾）骨
　　　　侧位

（二）后肢骨及关节投照摆位

1. 股骨头尾位 患犬仰卧，将两后肢向后牵引，使股骨与胶片平行。膝关节向内转动，使髌骨位于股骨髁之间。前躯置于槽形海绵垫中，以防止体躯发生转动。中心线对准病肢股骨中点（图 4-38）。

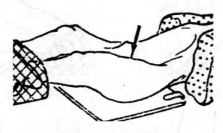

图 4-38 股骨头尾位

2. 股骨侧位 患犬病侧横卧，上方健肢外展，屈曲且用带子系住固定于后侧。病肢跗关节下方置软垫，在系部用带子系住。中心线垂直对准病肢股骨的中点（图 4-39）。这种投照很难照到股骨的全长，有神经质与疼痛的犬，需先进行镇静或全身麻醉，否则健肢的阴影会重叠。

3. 膝关节头尾位 患犬仰卧，两后肢向后牵引，保持伸展状态，将膝关节向内转，使髌骨位于股骨髁之间，中心线通过膝关节间隙（图 4-40）。

4. 膝关节侧位 患犬侧卧，病肢在下，将上侧健肢外展和屈曲，并用带子系住拉向后侧。检查膝关节时可中度屈曲，但不可转动，以软垫置于跗关节下支持患肢，并使胫骨长轴与胶片保持平行，可在跗关节上方压一沙袋以保持患肢位置。

5. 胫腓骨头尾位 患犬仰卧，向后牵引两后肢，将膝关节向内转，跖部下方置一软垫使胫腓骨与胶片平行，中心线垂直于胫腓骨的中点（图 4-41）。

6. 胫腓骨侧位 患犬横卧，病肢在下略屈曲，用沙袋压在跖部上方以保持这种姿势，上方健肢用带子系好后拉向另一侧，胶片的大小要包括膝关节与跗关节，中心线垂直通过胫腓骨的中点而至胶片中心（图 4-42）。

7. 跗关节背跖位 患犬仰卧，向后牵引两后肢，要确保跗关节正确处于前后位的位置，通过向内转动膝关节使髌骨位于两股骨髁之间，病肢应在充分伸展下用带子系住，在膝关节下方置一软垫有助于保持这种姿势，中心线穿过跗关节面达胶片（图 4-43）。

8. 跗关节侧位 患犬横卧，病肢在下，向后牵引患肢，屈曲膝关节，将跗关节置于暗盒中心，并在其掌部压一沙袋，以保持这种姿势，上方健肢向前牵引并用带子系住，中心线对准跗关节（图 4-44）。

9. 髋关节正位 患犬侧卧，两后肢平行后拉使膝关节内翻，在两后肢之间，可用泡沫类 X 线可透性材料适度支撑，以避免脊柱扭转。

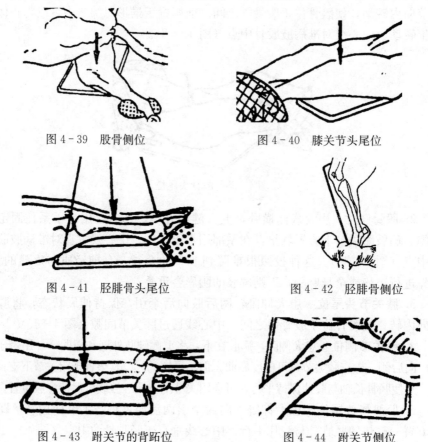

图 4 - 39　股骨侧位　　　　　　　　图 4 - 40　膝关节头尾位

图 4 - 41　胫腓骨头尾位　　　　　　图 4 - 42　胫腓骨侧位

图 4 - 43　跗关节的背跖位　　　　　图 4 - 44　跗关节侧位

第五节　胸部器官摄影摆位技术

一、胸部摄影原则

胸部摄影能更清晰地观察微细病变，且宠物接受的放射剂量低，但若只为静态图像，则会导致影像重叠。由于呼吸运动，患犬胸部始终处于运动状态，除非在麻醉状态下，否则宠物不会控制自己的呼吸动作，更不能与检查人员配合，所以给宠物拍摄胸片多在呼吸的瞬间进行。

　　为了避免呼吸的影响而降低胸片的清晰度，胸部摄影的曝光时间应在0.04s以下。一般中型机器的管电流可达 200mA，曝光时间可缩短至 0.04s 以下，而小型机器达不到这个条件，故难以保证 X 线片的质量。所以有条件者应使用中型以上的 X 线机拍摄胸片。

二、胸部摄影摆位

　　在宠物胸部摄影时，标准位置是左侧位、右侧位和背腹位。

　　1. 侧位投照　侧位投照时应将怀疑病变的一侧靠近胶片。拍摄侧位片时，宠物取侧卧姿势，用透射软垫将胸骨垫高使之与胸椎平行。颈部自然伸展，前肢向前牵拉以充分暴露心前区域，X 线中心对准第四肋间（图 4-45）。

　　2. 背腹位投照　拍摄背腹位 X 线片时，宠物取腹卧姿势，前肢稍向前拉，肘头向外侧转位，背腹位能较准确表现出心脏的解剖位置（图 4-46）。腹背位投照时两前肢前伸，肘部向内转，胸骨与胸壁两侧保持等距离，胸骨与胸椎应在同一垂直平面（图 4-47）。

　　3. 其他投照体位　除标准体位外，还可根据临床诊断需要拍摄站立（图 4-48）或直立姿势的水平侧位（图 4-49）、直立背腹位（图 4-50）或腹

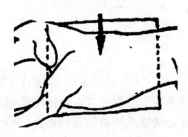

图 4-45　胸部侧位投照

图 4-46　胸部背腹位投照

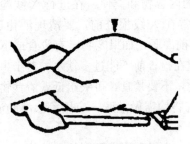

图 4-47　胸部腹背位投照

图 4-48　胸部站立水平侧位投照

背位及背腹斜位片。

 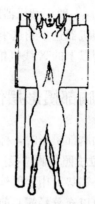

图 4 - 49　直立胸部侧位投照　　　　　图 4 - 50　直立胸部腹背位投照

第六节　腹部器官摄影摆位技术

腹部的范围包括膈以后，骨盆底以前，可分为腹腔内脏器官、腹膜腔、腹膜后间隙和腹壁。

一、腹部摄影原则

对腹部进行 X 线检查，需要有过硬的技术，只有高质量的 X 线片才能从中获取详细的诊断信息。正常的腹腔内器官多为实质性或含有液体的软组织脏器，这些器官多为中等密度，其内部或器官之间缺乏明显的天然对比，因而形成的 X 线影像也缺乏良好的对比度。所以腹部 X 线检查除拍摄普通平片外，通常要进行造影检查。

一般情况下，若在消化道内存有过多的内容物和粪便，在进行 X 线检查时，这些物质的影像会遮挡病灶，所以通常在 X 线检查前，要清理消化道。常用方法是在检查前 12~24h 禁食，1~2h 前灌肠，如果宠物已有废食或呕吐病史则不必禁食。禁食期间可供应饮水，但在检查前不能过多饮水。对于患有诸如糖尿病等对生命有严重威胁疾病的宠物，不要禁食，可喂给低残渣食物。

检查腹部，特别是要进行造影检查的宠物均需做灌肠。应用等渗灌肠液，液体要加温，温度应比宠物体温稍低。

对于某些疾病（如胃扩张-扭转综合征），为了不改变腹部的自然状态，应立刻进行 X 线检查。患急腹症的宠物也应立即检查。

要得到比较优良的腹部 X 线片，关键是控制横膈的运动，曝光的最好时机是在宠物呼气末，此时横膈的位置相对靠前，腹壁松弛，从而避免了内脏器官的拥挤，也避免了因膈的运动所造成的影像模糊。呼气末曝光的另一个好处是在侧位片上能见到两个分离程度较大的肾脏阴影。

腹部投照时，为增加 X 线片的对比度，应适当降低管电压，而增加管电流。

二、腹部摄影摆位

腹部投照时常用的体位有侧位投照、腹背位投照和背腹位投照。

(一) 侧位投照

侧位投照分右侧卧（图 4 - 51）或左侧卧，将胸骨垫高至与腰椎等高水平。将后肢向后牵拉与脊柱约成 120°角。射线束中心对准腹中部，照射范围前界含横膈，后界达髋关节水平，上界含脊柱，下界达腹底壁。

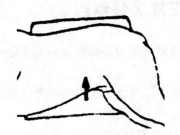

图 4 - 51　腹部右侧卧侧位投照

(二) 腹背位投照

取仰卧位，前肢向前拉，后肢自然屈曲呈"蛙腿"姿势，以避免皮褶影像的干扰。要摆正，避免扭曲。X 线束中心对准脐部，投照范围包括剑状软骨至耻骨区域。

(三) 背腹位投照

取腹卧位，前肢自然趴卧，后肢呈"蛙腿"姿势。X 线束中心对准第十三肋弓后，投照范围包括剑状软骨至耻骨区域。

(四) 其他投照体位

除标准体位外，同胸部摄片一样，还可以根据临床诊断需要拍摄站立或直立姿势的水平侧位、直立背腹位或腹背位及背腹斜位片。

第 五 章
宠物躯体正常影像解剖及病变表现

熟悉和掌握宠物躯体各部位正常 X 线解剖结构是进行影像学诊断的基础。躯体不同部位发生病变后，会表现出影像学方面的变化，通过与正常 X 线解剖比较可发现病变。

第一节　骨与关节的 X 线解剖及病变表现

一、骨与关节正常 X 线解剖

认识骨骼的正常 X 线解剖结构是诊断骨病的基础。

（一）长骨影像结构

在骨骼 X 线解剖结构中，管状结构最为典型（图 5-1），可分为以下几个部分。

1. 骨膜　骨膜属于软组织结构，在 X 线胶片上不易与骨周围的软组织相区别，所以 X 线影像不能显现。但当骨膜发生病变后，则可以显现。

2. 骨密质　骨密质位于骨的外围，X 线影像称为骨皮质，呈带状均匀致密阴影。阴影在骨干中央最厚、两端变薄。外缘光滑整齐，在肌、腱和韧带附着处粗糙。

3. 骨松质　骨松质位于长骨两端骨密质的内侧，呈网格状，且有一定纹理的阴影，影像密度低于骨密质。阴影在骨端最厚，至骨干中段变薄。

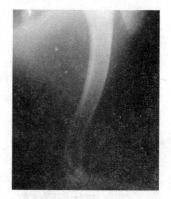

图 5-1　正常骨结构

4. 骨髓腔　骨髓腔位于骨干骨密质的内侧，呈带状边缘不整的低密度阴影，阴影两端消失在骨松质中。骨髓腔常因骨密质及骨松质阴影的遮盖而显现不清。

5. 骨端　骨端位于骨干的两端，体积膨隆，表层为致密阴影，其余为骨松质阴影。

（二）幼犬骨骼的 X 线解剖特点

处于生长发育阶段的幼犬，骨皮质较薄，密度较低，骨髓腔相对较宽。在长骨的一端或两端存在骨骺，为继发骨化中心，宠物在出生时大多数骨骺已经骨化，随年龄的增长逐渐增大。骨骺在 X 线胶片上表现为与骨干或骨体分离的孤立致密阴影（图 5-2）。骺板为位于骨骺和干骺端之间的软骨，X 线胶片上显示为一低密度带状阴影。随年龄的增长逐渐变窄，成年后消失，不同部位的骺板消失的时间不同。干骺端是幼年宠物骨干两端的较粗大部分，由松质骨形成，顶端的致密阴影为临时钙化带。骨干与干骺端无明显分界线。

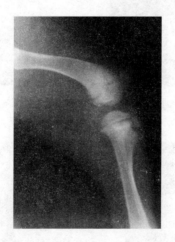

图 5-2　幼年犬骨

骨皮质较薄，密度较低，骨髓腔相对较宽，骺板（生长板）显示为一低密度带状阴影

（三）能动关节 X 线影像

关节是连接两个相邻骨的结构，根据其能否活动及活动程度分成不动关节、微动关节和能动关节三种类型。四肢关节多为能动关节，结构典型。

一般能动关节可表现如下 X 线影像（图 5-3 至图 5-7）。

1. 关节面　X 线胶片上表现的关节面为骨端的骨性关节面，由骨密质构成，呈一层表面光滑整齐的致密阴影。

2. 关节软骨　大体解剖可见到关节软骨在 X 线胶片上不显影，但在关节造影影像上可以在关节面和造影剂之间显示一条低密度线状阴影，即关节软骨。

3. 关节间隙　由于关节软骨不显影，在 X 线胶片上显示的关节间隙包括大体解剖中见到的微小间隙、少量滑液及关节软骨。正常的关节间隙宽度均匀，影像清晰，呈低密度阴影。关节间隙的宽度在幼年时较大，成年后变窄。

4. 关节囊　关节囊包围在关节间隙的外围，属于软组织密度。正常关节囊在普通的 X 线影像上不显影，经关节造影可显示关节囊内层滑膜的轮廓。

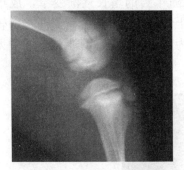

图 5-3　幼年犬膝关节

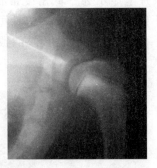

图 5-4　幼年犬肩关节

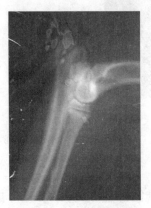

图 5-5　幼年犬肘关节
注意胶片上黄色斑块为定影液硫化物氧化所致

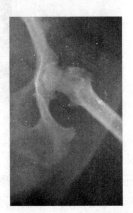

图 5-6　一侧髋关节

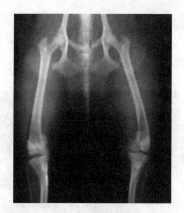

图 5-7　成年犬髋关节与膝关节

二、骨关节病变基本 X 线征象

（一）骨骼病变的基本 X 线表现

1. 骨密度变化　许多内外科疾病都可引起骨密度的变化，骨密度主要的 X 线表现在以下两个方面。

（1）骨密度降低　在某些病理过程中，出现骨基质分解加速或骨盐沉积减少，体内钙吸收增多，使骨组织的量减少或单位体积骨组织内的骨盐含量减少，导致骨组织的 X 线密度下降（图 5-8），全身骨骼骨密度降低，骨溶解。

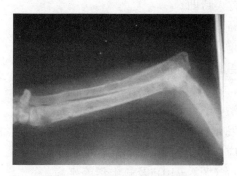

图 5-8　尺桡骨骨密度降低

密度下降可呈广泛性发生或局限性发生。广泛性骨密度降低可见于某一整块骨骼，也可发生在全身骨骼。X 线征象为广泛性骨密度下降，骨皮质变薄，骨小梁稀疏、粗糙紊乱或模糊不清。常见于废用性骨质疏松，老龄性全身骨质疏松（图 5-9），肾上腺皮质肿瘤，长期服用皮质类固醇及因钙磷代谢障碍所致的佝偻病和骨软化症。局限性骨密度降低仅发生于骨的某一局部，常因骨组织被破坏，病理组织代替骨组织而引起。

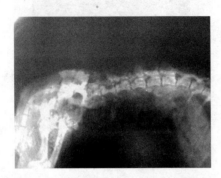

图 5-9　全身骨骼骨密度降低，骨溶解

骨松质和骨密质均可发生破坏。常见的原因有感染、骨囊肿、肿瘤和肉芽肿等。X 线征象可见患部有单一或多发的局限性低密度区，形状规则、界限清楚的多为非侵袭性病变；无定型、蚕食样或弥散性边界不整的低密度区可能为侵袭性病变。另外，也可以根据病变发展的速度推断病因，如炎症的急性期和恶性肿瘤骨质破坏时，轮廓多不规则，边界模糊。炎症的慢性期和良性肿瘤则骨质破坏进展缓慢，边界清楚。骨质破坏是骨骼疾病的重要 X 线征象，观察破坏区的部位、数目、大小、形状、边界及邻近组织的反应等，进行综合分析，对病因诊断有较大帮助。

（2）骨密度增高　某种病理过程造成骨组织内骨盐沉积增多或骨质增生而使骨组织的 X 线密度增高。X 线表现为骨质密度增高，伴有或不伴有骨骼的增大，骨小梁增多、增粗、密集，骨皮质增厚、致密，骨皮质与骨松质界限不清，长骨的骨髓腔变窄或消失。局限性骨密度增高可发生在骨破坏区的周围，是机体对病变的一种修复反应。广泛性骨密度增加可见于犬全骨炎、犬肥大性骨病（图 5-10）及氟中毒等疾病。

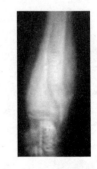

图 5-10　犬肥大性骨营养不良，干骺端硬化

2. 骨膜增生　正常骨膜在 X 线胶片上不显影，当骨膜受到刺激后，骨膜内层成骨细胞活动增加产生新生骨组织，发生骨膜骨化。

骨化后的骨膜便出现出 X 线可识别的阴影。骨膜增生多见于炎症、肿瘤、外伤、骨膜下血肿等情况。骨膜增生的 X 线表现形状各异，这与病变的性质有一定关系。

骨膜增生常见类型：

（1）**均质光滑型**　骨膜骨化后形成的新骨，其形态厚而致密，边缘光滑，与骨皮质的界限清楚。为非侵袭性疾病和慢性疾病的征象，如慢性非感染性骨膜炎、骨折愈合、慢性骨髓炎等。

（2）**层面型**　新生骨沿骨干逐层沉积，呈层片状，层次纹理清楚。当疾病呈间歇性反复发作时，每次发作就会出现一次沉积。常见于反复创伤、细菌性骨髓炎、某些代谢性骨病等。

（3）**花边型或不规则型**　形成的新骨呈花边形，沿骨干分布，边缘清楚，界限明显（图 5-11）。常见于骨髓炎和肥大性骨病。

（4）**放射型**　骨膜骨化形成的新骨呈放射状，从骨皮质发出，形如骨针或骨刺，密度不均，与骨皮质界限不清。这种类型常表明病程急、发展快，具侵袭性，见于恶性骨肿瘤和急性骨髓炎（图 5-12）。

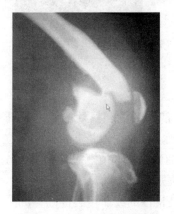
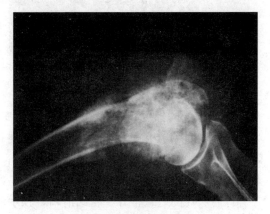

图 5-11　骨折引起的骨膜 花边状增生

图 5-12　骨肿瘤 恶性骨肿瘤引起的放射型骨膜增生

3. 骨质坏死　当骨组织局部的血液供应中断后，骨组织的代谢停止，失去血液供应的组织发生坏死。坏死的骨质即死骨。在骨坏死的早期尚无 X 线异常表现，随时间的推移，肉芽组织长向死骨，死骨骨小梁表面有新骨形成、骨小梁增粗，骨髓腔内也有新骨形成。在肉芽衬托下，X 线胶片上死骨的密度增高且局限化。骨质坏死常发生于慢性化脓性骨髓炎，也见于骨缺血性坏死和骨折后（图 5-13）。

4. 骨骼变形　骨骼变形常与骨骼大小改变并存，可发生在单一骨骼，也可多骨或全身骨同时发生。局部病变或全身性疾病均可引起骨骼变形。

各种先天性骨发育不良可致先天性畸形。佝偻病、骨骺提前闭合、骨折畸形愈合等可引起长骨弯曲变形；骨膜骨化、肥大性骨病、骨质软化、骨应力线改变等可引起骨皮质宽度的改变；骨皮质宽度的改变、骨髓腔内骨质增生可致骨髓腔宽度改变；佝偻病、骨软骨病等可导致干骺端膨隆。完全骨折可引起骨结构破坏性变形，骨肿瘤、骨囊肿、骨髓炎等疾病引起局灶性骨结构破坏性变形（图5-14）。

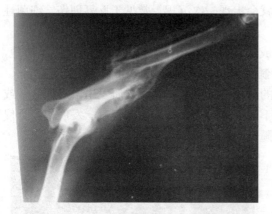

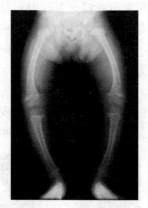

图5-13　骨折不愈合导致的骨质坏死　　　　　　图5-14　骨骼变形

5. 骨病变的部位和轮廓　掌握某些骨病变的常发部位和病灶的轮廓特征对于推断病因、了解病性很有帮助。原发性骨肿瘤、血源性骨髓炎的易发部位为骨端和干骺端；骨软骨病、增生性骨发育不良的常发部位在骺板和干骺端；犬全骨炎、肥大性骨病、转移性骨肿瘤的易发部位则在骨干。

骨骼病灶的边缘整齐、轮廓清晰，预示病变是良性的或非侵袭性的；如果病灶边缘模糊不清，且与健康组织界限不明显，说明病变发展迅速且极有可能是恶性、侵袭性病变。

（二）关节病变的基本X线表现

关节发生病变时，X线检查所能见到的主要影像变化有以下4个方面。

1. 关节外软组织阴影的变化　其原因有关节肿胀、关节萎缩、软组织内异物和出现骨性阴影等。

（1）关节肿胀　关节肿胀主要是关节发生炎症所致。由于关节积液或关节囊及其周围软组织充血、出血、水肿和炎性渗出，导致关节周围软组织肿胀。X线表现可见关节外软组织阴影增大、密度升高及组织结构不清

（图 5 - 15）。

（2）关节萎缩　关节外软组织萎缩可引起关节外软组织阴影缩小，密度降低（图 5 - 16）。常见于关节废用期，如长时间的骨折固定。

（3）软组织内异物　关节发生开放性损伤，软组织内进入异物，关节外软组织阴影内出现气影或异物阴影。

（4）出现骨性阴影　关节囊或关节韧带的撕脱性骨折及肌、腱、韧带、关节囊在关节骨抵止点处的骨化，会使关节外软组织阴影内出现高密度的骨性阴影。

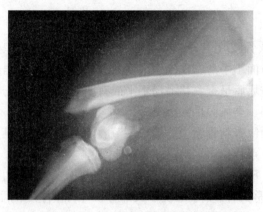
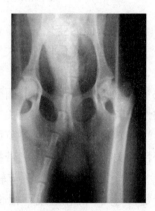

图 5 - 15　由于骨折引起的关节肿胀　　　　　图 5 - 16　关节萎缩

2. 关节间隙的变化

（1）关节间隙增宽　由于炎症造成关节大量积液，可见关节囊膨隆、关节间隙增宽。见于各种积液性关节炎和关节病。

（2）关节间隙变窄　当关节发生退行性病变时，关节软骨变性、坏死和溶解，引起关节间隙变窄。见于化脓性关节炎的后期、变性性关节病等（图 5 - 17）。

（3）关节间隙宽窄不均　当关节的支持韧带如侧韧带发生断裂时，关节失去稳定性，关节则会表现出一侧宽一侧窄的 X 线影像。

（4）关节间隙消失　多为关节发生骨性连接即关节骨性强直的 X 线表现。当关节明显破坏后，关节骨端由骨组织连接导致骨性愈合。多见于急性化脓性关节炎愈合后、变性性关节病。

（5）关节间隙内异物　关节内骨折的结果是骨折片游离于关节腔内，出现骨影（图 5 - 18）；关节透创时外界异物可进入关节腔，可见异物阴影；关节感染产气菌后则在关节间隙内出现气影。

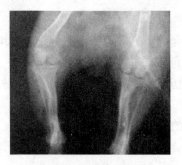 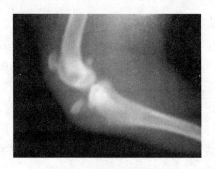

图 5 - 17　关节腔狭窄　　　　　　图 5 - 18　关节间隙内异物

3. 关节面的变化

（1）关节面不平滑　关节软骨及其下方的骨性关节面骨质被病理组织侵蚀、代替，导致关节破坏，关节面不平滑。在疾病早期只破坏关节软骨时出现关节间隙变窄，骨性关节面受破坏后呈蚕食状毛糙不平或有明显缺损。见于化脓性关节炎后期、变性性关节病、类风湿性关节炎等。

（2）关节缘骨化　关节面周缘有新骨增生，形成关节唇或关节骨赘。见于变性性关节病、肌腱、韧带抵止点骨化。

（3）关节骨囊肿　关节软骨下骨出现圆形或类圆形缺损区阴影，阴影边缘清楚，与关节腔相通或不相通，称为骨囊肿。常见于犬的骨软骨病和骨关节病。

（4）关节面断裂　关节面出现裂缝或关节骨有较大的缺损。见于关节内骨折和骨端骨折。

4. 关节脱位　关节脱位是指组成关节的骨骼脱离、错位。

根据关节骨位置变化的程度分为全脱位和半脱位两种（图 5 - 19、图 5 - 20）。关节脱位多为外伤性，也有先天性和病理性关节脱位。

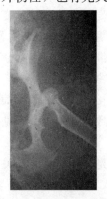 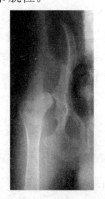

图 5 - 19　髋关节完全脱位　　　　　图 5 - 20　关节半脱位

第二节　头部 X 线解剖及病变表现

一、头部正常 X 线解剖

头部 X 线解剖虽然复杂，但所有的结构左右对称，因而在阅读头部 X 线片时，可将患侧与对侧的正常结构做比较。重要的是阅读头部 X 线片的系统过程中，要按单个区域或局部解剖进行阅片。只有这样，才能全面评阅，不出现遗漏。犬、猫的头部正常 X 线解剖见图 5-21 至图 5-24。

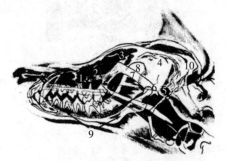

图 5-21　犬头部侧位 X 线解剖

1. 鼻腔　2. 筛骨部　3. 额窦　4. 颅脑　5. 液泡
6. 颞颌关节　7. 颧弓　8. 下颌骨冠状突　9. 下
颌骨　10. 外矢状嵴

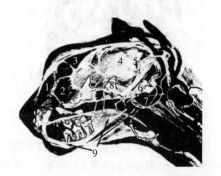

图 5-22　猫头部侧位正常 X 线解剖

1. 鼻腔　2. 筛骨部　3. 额窦　4. 颅脑　5. 小脑骨
性窦　6. 岩骨　7. 鼓泡　8. 下颌骨冠状突　9. 下
颌骨

图 5-23 犬头部背腹位正常 X 线解剖

1. 鼻镜 2. 鼻腔 3. 额窦 4. 下颌骨 5. 颧弓 6. 下颌骨冠
状突 7. 颞颌关节 8. 岩骨和鼓泡 9. 外耳道 10. 枕骨

图 5-24 猫头部背腹位正常 X 线解剖

1. 鼻镜 2. 上颌骨 3. 鼻腔 4. 额窦 5. 颞颌
关节 6. 岩骨和鼓泡 7. 外耳道 8. 颧弓

（一）鼻道与副鼻窦

犬、猫的鼻道由不同部分组成。前端为软组织结构的鼻镜。鼻道内因含有
空气而显示边界清晰，鼻道后段显示鼻道含气结构，被周围的上颌骨和鼻骨围

绕。张口腹背位投照，显示左右鼻腔。鼻腔的后下方与鼻咽相通，后界为颅骨的额骨，背部为额窦，一些大型犬尚可见上颌骨。上颌窦在额窦的前方，显示为位于上颌骨背部的小三角形样的含气结构。小型犬、猫则见不到上颌窦。额窦的大小和形状随犬品种而异。小型犬的额窦小，部分结构不显示，呈金字塔样。猫和大型犬的额窦较大，显示部分骨性密影。

（二）颅顶

颅顶由额骨、颞骨、顶骨、枕骨和颅骨基部组成。颅部形状随品种而异，吉娃娃等犬的颅顶较薄，且呈明显拱形。幼犬可见骨缝，一些小型犬的骨缝甚至终身存在。颅顶密度通常不均匀。

在侧位 X 线片上，尚可见血管孔，血管孔显示为 X 线可透性直线或分叉状影。

（三）后脑骨

后脑骨在 X 线片上很难评阅。枕骨突起构成后脑的背部，界限清晰，向后突出超出第一颈椎。枕骨突起的大小随品种而异。后脑骨的髁骨位于腹正中部，在侧位和腹背位 X 线片上，显示为向后突出的骨性突起。颌关节面呈光滑、规则的弧形。枕骨大孔位于左右髁骨之间，呈一轮廓清晰的、规则的卵圆形。

（四）脑底、中耳、颞颌关节

除了颈突外，鼓泡和颞颌关节都是 X 线上很难显示的脑底部结构。

颈突为后脑骨的小三角形骨性突起，在侧位 X 线片上位于鼓泡后部，其轮廓光滑，鼓泡在腹背位 X 线片上呈类圆形，有含气结构和细小的骨壁。

鼓泡的外侧为外耳道。鼓泡在侧斜位 X 线片上显示为光滑、薄壁的含气结构。颞颌关节在鼓泡前部，由下颌骨的髁突和颞骨的颌窝组成。

颞颌关节在腹背位 X 线片上由呈类三角形的下颌骨髁突、颞骨的颌窝关节面组成。颌窝关节轮廓光滑、规则。颧骨弓从颅骨底部向侧方弓起，由后部的颞骨颧突和前部的颧骨组成。这两部分骨骼之间的骨缝呈斜长形，幼龄犬、猫可见骨缝，而成年犬、猫仅个别可见。

（五）下颌骨与牙齿

下颌骨可分为下颌骨体和下颌骨支两部分。后部的下颌骨支有 3 个突起。最长的突起向背侧突出，为喙突。第二个突起是髁突，即颞颌关节的颌部。第三个突起是角突。下颌骨支无牙齿。下颌骨体前至下颌骨联合部。在侧位 X 线胶片上，贯穿整个下颌骨体的下颌管显示为牙根下方的 X 线透亮线。X 线片上尚可显示颊中孔和颊后孔。门齿骨、上颌骨、下颌骨均有牙齿。

切齿小，有一牙根。上颌切齿齿冠为三峰型，下颌切齿齿冠为二峰型。犬齿特别大而弯，其牙根长度是齿冠的两倍。猫无第一前臼齿，但犬第一前臼齿呈小圆锥形，有一牙根。犬的第二、三前臼齿大，有二牙根，而猫的上颌第二前臼齿小，仅有一牙根。第四前臼齿强而有力，有三牙根。犬上颌臼齿较第四前臼齿小，有三牙根。猫仅有一上颌臼齿，有二牙根。犬下颌第二、三前臼齿和猫下颌第三前臼齿与上颌对应前臼齿相似。有二牙根的下颌第四前臼齿略比第二、三前臼齿大。下颌臼齿是下颌最大的牙齿，有二牙根，但下颌第三前臼齿小，仅有一牙根。

二、头部疾病影像表现

（一）头颅骨折

头颅骨折通常因重力打击所致，如头部摔地、车辆撞伤、暴力打击等。装置开口器、粗暴拔牙等操作偶尔可致骨折。

头颅骨折多见于面部和颌骨，颅部骨折较少。X线检查对于确定诊断、判断预后、制订治疗方案有着重要意义。颅部组织厚度大，X线不易显示，应与颅部正常X线片作详细比较。

1. 下颌骨骨折　下颌骨骨折为较常见的头颅骨折，多发于下颌骨体的近切齿部和两侧下颌骨的联合部。

侧位X线片，下颌骨骨折可显示清晰透明骨折线，断端不同程度移位，下颌骨变形，上下切齿咬合不对位（图5-25）。

图5-25　下颌骨骨折

下颌骨联合分离通常须腹背位X线片方能清晰显示，两侧下颌骨联合部的透明缝隙增宽、不整齐，可发生不同程度的分离和移位。

2. 颌前骨骨折　颌前骨骨折多发生于颌前骨的鼻突部。侧位 X 线片可显示清晰的透明骨折线。骨折线有时可经过上颌骨的齿槽间，波及上颌骨，重者齿间隙间骨折致牙齿移位或脱落。

3. 鼻骨骨折　鼻骨骨折为较常见的头颅骨折，多发于鼻骨背侧部和鼻骨前面楔状突出的游离端。X 线摄片时，X 线中心线应对准鼻骨骨折作切线位摄片。鼻骨背侧部骨折常为凹陷性骨折，鼻骨连续性中断，局部鼻骨骨片陷落而形成缺口。鼻骨前面楔状突出的游离端骨折，可与近端折成角度，甚至分离。

4. 颧骨骨折　颧骨骨折多见于犬的颧骨弓处。做头部背腹位或腹背位 X 线片，显示颧骨连续性中断，颧骨弓有横断或倾斜的透明骨折线。折断的颧骨弓可分离移位，向内凹陷。常须仔细观察并与对侧颧骨弓比较，从而发现未移位的颧骨骨折。

5. 额骨骨折　X 线摄片时，中心线应对准患部，做切线位摄片，以显示额骨骨折的骨折线。X 线显示为额骨连续性中断，有轻度分离或移位。如凹陷性额骨骨折，局部额骨可因骨折片下陷而显示缺损。

(二)颞颌关节脱位

颞颌关节脱位临床上不常见，可单侧或双侧发生，常伴发下颌骨骨折。

本病的 X 线摄片不易，可作腹背位、张口侧位、斜位和张口颞颌关节切线位投照。X 线可显示颌骨髁向前上方脱位，关节间隙明显增宽。单侧性颞颌关节脱位时，做对侧颞颌关节比较有助于诊断（图 5 -26）。

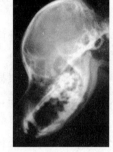

图 5 - 26　下颌关节脱位

(三)头颅异物

头颅内的 X 线不透性异物通常易于显示。这些异物常位于口腔、咽和鼻腔中，X 线可透性异物则需 X 线造影方能显示。

(四)颅下颌骨骨病

颅下颌骨骨病是主要发生在下颌骨的一种双侧性的、骨肥大硬化的骨骼疾病。可伴发桡、尺骨干骺端骨化，并有遗传性，目前对其发病原因了解较少。

本病多发于 3～12 月龄的幼犬，性别不限。各种品种犬均可发病，但以西部高的犬多发。

在宠物的生长发育期，骨组织的吸收与沉积呈周期性交替进行，保持动态平衡，从而完成骨的生长发育。患本病的宠物则出现双侧对称性正常层状骨吸收，而沿骨内和骨膜表面沉积编织状（不成熟）骨。最终编织状骨被成熟骨取代，但很少能恢复正常结构。

下颌骨骨病的临床表现以上、下颌骨部肿胀、疼痛，软组织肿胀，张口疼痛，下颌运动受限等为特征。主要发生于下颌骨、其他颅骨及桡、尺骨。

X 线表现为下颌骨和其他颅骨部呈左右对称性密质骨肥大，密质骨硬化，骨结构增粗增厚，可出现颞颌关节僵硬。

（五）颅骨肿瘤

颅骨肿瘤可发生于颅骨的任何部分。其 X 线表现为破坏性病灶外观，常伴发广泛性骨膜新生骨反应。如为浅在性肿瘤，则伴有大的软组织肿胀；如波及颅顶，则骨膜新生骨反应和骨质硬化较骨质破坏更为明显。

纤维肉瘤、软骨肉瘤等其他肿瘤偶尔可见。

第三节　脊椎 X 线解剖及病变表现

一、脊椎正常 X 线解剖

犬、猫正常脊椎由 7 节颈椎、13 节胸椎、7 节腰椎、3 节荐椎和 20～25 节尾椎组成。

犬椎体侧位投照显示似方形，多数脊椎可显示椎弓、椎管的背侧缘与腹侧缘、椎体前后端骨骺、棘突、横突和椎体。

猫的椎体较长，侧位显示似长方形，椎弓根、关节突欠清楚，椎间孔背侧缘不如犬易见，棘突在腹背位投照时呈致密狭长的断面阴影。

侧位投照时，相邻椎骨的大小、形状和密度大致相同。第 2 颈椎棘突靠近第 1 颈椎椎弓，或与之重叠。第 6 颈椎横突宽大，呈翼状。胸椎椎体长度略比颈椎椎体短。第 11 胸椎（直椎）棘突垂直向上。直椎前的胸椎棘突斜向后上方，而直椎以后的胸腰椎棘突则斜向前上方。后段 4～5 节胸椎的关节后突下方、椎间孔的前上界处，可显示一细小、类三角形的附突致密阴影（图 5 - 27、图 5 -28）。

正常肋骨有 13 对，肋骨头位于其相应胸椎骨的前部。腰椎椎体的长度略比胸椎长，前 5 节腰椎可显示附突致密阴影。3 节荐椎相互融合为一块。前段尾椎椎体较后段尾椎椎体长。

椎间盘由髓核和纤维环组成，呈软组织密影。邻近的椎间隙大致相等，但正常第 10～11 胸椎椎间隙较狭窄，第 1～2 颈椎关节、3 节荐椎之间无椎间盘。

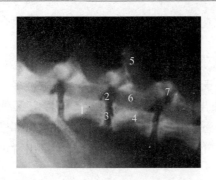
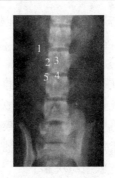

图5-27　犬腰椎侧位正常X线解剖
1. 椎体　2. 椎间孔　3. 椎间隙　4. 横突
5. 棘突　6. 附突　7. 关节突

图5-28　犬腰椎腹背位正常X线解剖
1. 横突　2. 椎弓　3. 棘突
4. 椎间隙　5. 关节突

二、脊柱疾病的影像表现

（一）脊椎骨折与脱位

读片时，应注意有无脊椎轻度移位和方向改变、压缩性骨折、椎间隙狭窄、棘突或横突骨折及游离骨碎片等。所有检查和搬运，应确保脊柱的稳定。犬最好以侧位进行检查。

（二）半椎体

半椎体是犬、猫常见的一种先天性脊柱畸形。侧位X线片可显示椎体呈楔形，细端向腹侧。其邻近椎体常代偿性过大发育，相应的局部不同程度突出（图5-29）。腹背位可显示椎体中部前后端裂开，中央部很细，椎体似两个顶端相对的楔形，呈蝴蝶状，又称"蝴蝶椎"。

（三）椎体融合

椎体融合是因胚胎发育时期节间动脉异常引起的两个或两个以上的椎体、椎弓或棘突相互融合成一块椎体，可发生于脊柱的任何部位。X线显示若干椎体融合在一起，椎间隙不清或不能显示，脊柱异常成角或椎管狭窄（图5-30）。

图5-29　犬胸椎半椎体

图5-30　犬腰椎椎体融合

应注意与继发椎间盘脊椎炎、脊椎骨折或脱位、椎间盘手术后的椎体融合鉴别。

（四）脊柱裂

脊柱裂是脊椎两侧的椎弓不融合，并于棘突处形成不同程度的裂隙，多见于斗牛犬，可能与遗传有关。如无脊膜膨出，则多无临床症状。腹背位 X 线显示椎弓中央有裂隙，棘突不融合者可见患椎有 2 个棘突。侧位则显示患部椎管横径增加。脊髓造影检查可显示造影柱分叉，提示脊髓变宽。脊膜膨出者可见局部有软组织块影。

（五）椎间盘疾病

X 线平片显示椎间隙狭窄，椎间孔形状与大小改变，椎管中有椎间盘脱出的致密阴影。椎间隙呈楔状，背侧端较腹侧端狭窄。脊髓造影检查可确定椎间盘突出部位。椎间盘突出显示为硬膜外病灶，脊髓受压移位，造影剂在椎管内的柱状影像向背侧突起或分布中断。

（六）脊椎炎

脊椎炎的 X 线表现为一个或多个椎体出现异常骨膜新生骨反应，尤其在椎体的腹侧和外侧更为明显。

（七）变形性脊椎关节硬化

X 线表现为单个或多个椎体的椎间隙处骨质增生或骨赘形成。骨赘样突起多发生于椎体的腹侧和外侧，严重者腹侧新生骨跨越椎间隙，融合成骨桥。

本病所引起的骨刺外观呈良性发展，新生骨起源于椎体两端骨骺，与脊椎炎新骨增生活动性、侵犯性强并涉及整个椎体有重要区别。犬血色食道虫病时，除第 8～13 胸椎腹侧骨质增生外，还常伴有食道壁肿块。猫维生素 A 过多症时，骨质增生既可发生于颈、胸、腰椎，也可见于一些长骨和四肢关节周围等。

（八）脊椎骨髓炎

脊椎骨髓炎是由血源性感染或邻近软组织感染蔓延引起椎骨组织感染。X 线主要表现为单个或多个脊椎出现形状不规则、边界不清的骨质破坏与骨质增生硬化，异常骨膜新生骨反应。感染时可侵犯脊膜，引起脊膜炎。

（九）脊椎肿瘤

脊椎肿瘤包括脊椎、脑脊膜、脊神经根和脊髓的原发性或继发性肿瘤。椎骨肿瘤 X 线片可显示椎体骨质溶解、破坏呈虫蚀状，骨质增生，骨质破坏通常不涉及椎端和椎间盘间隙。

第四节 胸部正常 X 线解剖及病变表现

一、胸部的正常 X 线解剖

犬、猫胸部结构以软组织、骨骼、纵隔、横膈、肺及胸膜组成。这些组织和器官在 X 线胶片上互相重叠构成胸部的综合影像（图 5 - 31、图 5 - 32）。然而不同种类、不同年龄之间也存在解剖形态、位置和大小比例上的差异。

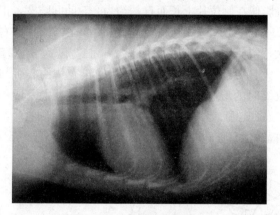 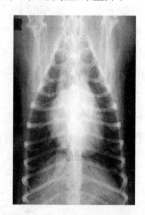

图 5 - 31 正常胸部侧位片　　　　　图 5 - 32 正常胸部正位片

（一）胸廓

胸廓是胸腔内器官的支撑结构，保护胸腔器官免受侵害。X 线片上的胸廓是由骨骼结构和软组织结构共同组成的影像，在读片时不能忽略这些结构的存在及可能发生的病变。

1. 骨骼 骨骼构成胸廓的支架和外形，主要的骨骼有：

（1）胸椎 胸椎在侧位片上位于胸廓的背侧，排列整齐，轮廓清晰，椎间隙明显。

（2）胸骨 胸骨在侧位片上位于胸廓的腹侧，密度稍低于胸椎。在正位片上胸骨与胸椎重叠。

（3）肋骨 肋骨左右成对，为弓形长骨。

在侧位片上常为左右重叠影像，近片侧肋骨影像边缘清晰，远片侧影像边缘模糊且影像增宽。

在正位片上可见肋骨由胸椎两侧发出，上段平直，下段由外弯向内侧，影像不太清楚。

在肋软骨钙化前，肋骨末端呈游离状态。肋软骨钙化程度大致与年龄成正比，钙化形式有两种：一种是沿类软骨边缘的条索状钙化，并与肋骨皮质相通；另一种是肋软骨内部的斑点状钙化。

2. 软组织 胸部的软组织主要是由背阔肌等构成的胸部肌群和臂后部肌群，X线表现为灰白的软组织阴影，有时会遮挡一部分前部肺叶。

（二）心脏与大血管

心脏的形态大小和轮廓因宠物品种、年龄的不同而变化很大。

就犬来说，胸深的犬，心脏影像在侧位片上长而直，约为2.5肋间隙宽，正位片上心脏显得较圆较小（图5-33a、b）；呈圆筒状宽胸的犬，在侧位片上右心显得更圆，与胸骨接触面更大，气管向背侧移位更明显，心脏宽度为3～3.5肋间隙宽，正位片上右心显得扩大且更圆（图5-34a、b）。幼年宠物的心脏与胸的比例比成年宠物大，心脏收缩时的形态比舒张时小，但在X线片上一般不易显示。拍片时宠物处于吸气状态，心脏较小（图5-35a、b）；呼气时则右心与胸骨的接触面增加，气管向背侧提升，心脏显得更大（图5-36a、b）。

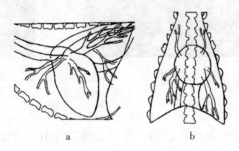

a   b

图5-33 深胸犬的心脏形态

a. 侧位，心脏显得窄而直立   b. 正位，心脏显得圆而小

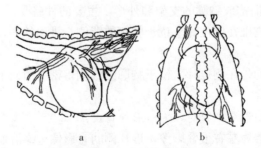

a   b

图5-34 浅胸犬的心脏形态

侧位，心脏显得较大，右心室更圆，气管与胸椎的夹角小   b. 正位，心脏显得大而圆

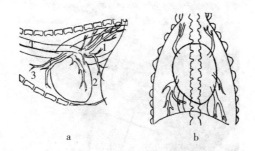

图 5-35　宠物吸气时的心脏形态

a. 侧位，吸气时心脏显得小，心尖与膈之间距离较大

b. 正位，注意心脏大小及与膈的位置关系

T. 气管　1. 椎膈三角区　2. 心膈三角区　3. 心胸三角区

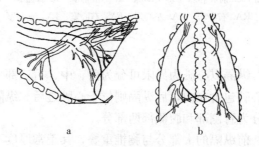

图 5-36　宠物呼气时的心脏形态

a. 侧位，呼气时心脏显大，右心与胸骨接触增加心尖与膈重叠，

气管向背侧提升　b. 正位，注意心脏大小及与膈的位置关系

　　犬侧位拍摄的心脏影像，其头侧缘为右心房和右心室，上为心房，下为心室，在近背侧处加入前腔静脉和主动脉弓的影像。头侧缘向下（即右心室）以弧形与胸骨接近平行，若在胸骨下有较多的脂肪蓄积，则心脏下缘影像将变得模糊，这在左侧位片上尤为明显。心脏的后缘由左心房和左心室影像构成，与膈影的顶部靠近，其间的距离因呼吸动作的变化而不同。心脏后缘靠近背侧（左心室）的地方加入了肺静脉的影像，从后缘房室沟的腹侧出后腔静脉。心脏的背侧由于有肺动脉、肺静脉、淋巴结和纵隔影像的重叠而模糊不清。主动脉与气管交叉后清晰可见，其边缘整齐，沿胸椎下方向后行（图 5-37）。

　　背腹位 X 线片心脏形如歪蛋，右缘的头侧形圆，上 1/4 为右心房，向尾侧则为右心室和右肺动脉。心尖偏左，左缘略直，全为左心室所在，左缘近头侧的地方为左肺动脉。后腔静脉自心脏右缘尾侧近背中线处走出。

图 5-37　心脏与大血管示意图

1. 心脏　2. 前腔静脉　3. 主动脉　4. 后腔静脉　5. 肺血管　6. 横膈

RA. 右心房　LA. 左心房　RV. 右心室　LV. 左心室

（三）纵隔

在侧位片上，纵隔以心脏为界限可分为前、中、后三部分。前纵隔位于心脏前，中纵隔将心脏包含在内，后纵隔则位于心脏之后。纵隔也可按经过气管分叉隆起的平面分为背侧部和腹侧部两部分。

在正位片上，前纵隔的大部分与胸椎重叠，其正常厚度不超过前部胸椎横截面的两倍。肥胖的犬，由于脂肪在纵隔内堆积而使纵隔的宽度增加，有时易与纵隔肿块混淆，应注意鉴别，以免误诊。

犬和猫后纵隔的腹侧部分存有孔隙使两侧胸膜腔相通。另外纵隔与胸膜腔不同，纵隔不是一个密闭的腔，前面通过胸腔入口与颈部筋膜面相通；后面通过主动脉裂孔与腹膜后腔隙相通。

犬侧位胸片上的纵隔，前部以前腔静脉的腹侧线为下界，其内可见到气管阴影，如果食道内有气体存在或存有能显影的食物时，也能见到食道的轮廓。在腹背位或背腹位的胸片上，前腔静脉影像形成右纵隔的边缘，左锁骨下动脉形成左侧纵隔影像的边缘。

纵隔内的器官种类很多，但只有少数几种器官在正常的胸片上可以显示，包括心脏、气管、后腔静脉、主动脉、幼年宠物的胸腺等。其他纵隔内器官或由于体积太小或由于器官之间界限不清、密度相同而不能单独显影。

（四）肺

在胸片上，从胸椎到胸骨，从胸腔入口到横膈及两侧胸廓肋骨阴影内，除纵隔及其中的心影和大血管阴影外，其余部位均为含有气体的肺脏阴影，即肺野。除气管阴影外，肺的阴影在胸片中密度最低。透视时肺野透明，随呼吸而变化，吸气时亮度增加，呼气时稍微变暗。

侧位胸片上，常把肺野分为3个三角区（图5-38）。

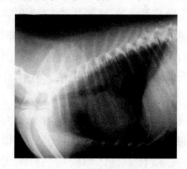

图5-38　肺三角区

T. 气管　1. 椎膈三角区　2. 心膈三角区　3. 心胸三角区

1. 椎膈三角区　此三角区的面积最大，上界为胸椎横突下方，后界为横膈，下界是心脏和后腔静脉。三角形的基线在背侧，其顶端被后腔静脉切断。椎膈三角区内有主动脉、肺门和肺纹理阴影。

2. 心膈三角区　此区含后腔静脉下方、膈肌前方和心脏后方的肺野。这个三角区比椎膈三角区小得多，几乎看不到肺纹理，其大小随呼吸而变化。

3. 心胸三角区　胸骨上方与心脏前方的肺野属于心胸三角区，此区一部分被臂骨和肩胛骨阴影遮挡，影像密度较高。在投照时应将两前肢尽量向前牵拉，否则臂部肌肉将遮挡该区，影响诊断。

在正位胸片上，由于宠物的胸部是左右压扁，故肺野很小，不利于观察。一般将纵隔两侧的肺野平均分成三部分，由肺门向外分别为内带、中带和外带。

肺门是肺动脉、肺静脉、支气管、淋巴管和神经等的综合投影，肺动脉和肺静脉的大分支为其主要组成部分。在站立侧位片上，肺门阴影位于气管分叉处，心脏的背侧，主动脉弓的后下方，呈树枝状阴影。在宠物正位片上，肺门位于两肺内带纵隔两旁。多种肺部疾病可引起肺门大小、位置和密度的改变。本区也是心源性肺水肿的易发部位。

肺纹理是由肺门向肺野呈放射状分布的干树枝状阴影，是肺动脉、肺静脉和淋巴管构成的影像。肺纹理自肺门向外延伸，逐渐变细，在肺的边缘部消失。在侧位胸片上，肺纹理在椎膈三角区分布最明显。在正位片上观察可见肺纹理始于内带肺门，止于中带，很少进入外带。所以中带是评价肺纹理的最好区段。观察肺纹理时应注意其数量、粗细、分布和有无扭曲变形等。

（五）气管和支气管

气管由喉头环状软骨后缘向后延伸，经颈部腹侧正中线由胸腔入口处进入胸腔，然后进入前纵隔后行，在心基部背侧分成两条主支气管进入左右肺。

气管在侧位片上看得最清楚，在颈部几乎与颈椎平行，但到颈后部则更接近颈椎。进入胸腔后，在胸椎与气管之间出现夹角，胸椎向背侧而气管走向腹侧。

气管的影像为一条均匀的低密度带，其直径相对恒定。头部过度伸展会使胸腔入口处气管变窄，为避免与相关疾病混淆，在拍片时应注意摆位姿势，不可造成人为假象。

气管在颈部的活动范围不大，但在前纵隔内有较大的活动度，所以一些纵隔占位性病变会使气管的位置偏移，在正位片上观察得更清楚。在正位片上气管位于正中偏右，偏移的程度在一些体形较短品种的犬更明显。有时在一些老年宠物还可见气管环钙化现象。

支气管由肺门进入肺内以后反复分支，逐级变细，形成支气管树。支气管在正常 X 线胶片上不显影，可通过支气管造影技术对支气管进行观察。

（六）膈

膈是一层肌腱组织，为胸腔和腹腔分界。在透视下观察，膈的运动清晰可见，它是呼吸运动的重要组成部分，其运动幅度因宠物种类不同而异，一般为 0.5～3.0cm。膈呈圆弧形，顶部突向胸腔。

背腹位膈影左右对称，圆顶突向头侧接近心脏，与心脏形成左右两个心膈角。外侧膈影向尾侧倾斜，与两侧胸壁的肋弓形成左右两个肋膈角。侧位检查时，横膈自背后侧向前腹侧倾斜延伸，表现为边界光滑、整齐的弧形高密度阴影。

横膈的形态、位置与宠物的呼吸状态有很大关系，吸气时横膈后移，前突的圆顶变钝，呼气时横膈向前突出。另外，宠物种类、品种、年龄和腹腔器官的变化都会影响横膈的状态。

二、胸部病变的基本 X 线征象

（一）胸廓

1. 软组织包块　胸壁发生的突出性肿胀及乳腺、乳头等都可以在胸部 X 线片上形成软组织密度的包块影像，使该区肺的透明度降低。对于经产或哺乳期的母犬作背腹位投照时，可在两侧心膈角部见到乳房及乳头的影像。

2. 胸壁肿胀 在背腹位检查时，若胸壁发生水肿或严重挫伤，可见胸壁软组织层次不清，皮下脂肪层消失。

3. 胸壁气肿 胸壁外伤导致肋骨骨折刺透胸膜而形成气胸时，气体可窜至胸壁软组织间，形成胸壁气肿。在 X 线下可见皮下或肌间有线条状或树枝状透明阴影（图 5-39）。

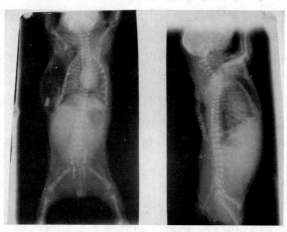

图 5-39 胸壁皮下气肿

4. 肋骨 肋骨的病变影像包括以下几类肋骨局部密度增高，多见于肿瘤、细菌性骨髓炎、肋骨骨折愈合期或异物存留；局部密度降低，常发生于骨折、肿瘤和骨髓炎；发生穿透性创伤时可见肋间隙增宽，密度低于邻近组织，此时可能伴有肋骨骨折（图 5-40）或胸膜穿透（图 5-41），发生产气菌感染时也会出现肋间密度降低，但形状规则。

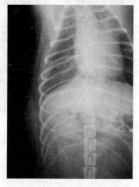 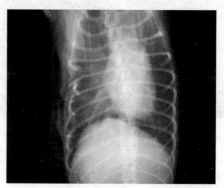

图 5-40 胸壁右侧肋骨骨 　　图 5-41 胸壁肋骨骨折，皮下气肿，胸
　　　　 折，皮下血肿 　　　　　　　　　　膜穿透

(二) 肺部

肺部发生疾病后会产生各种病理变化，而 X 线影像则是对其病理变化的反映。病理变化的性质不同表现出的 X 线影像也不同。

1. 渗出性病变　渗出性病变多见于肺炎的急性期，炎性细胞及渗出液代替空气而充满于肺泡内，同时也在肺泡周围浸润。

当炎症发展到一定阶段时，肺组织出现渗出性实变，造成渗出性实变的液体可以是炎性渗出液、血液或水肿液，可见于肺炎、渗出性结核、肺出血和肺水肿等。病变区域可以互相蔓延，所以在正常组织与病理组织间无明显界限。实变区域大小、形状不定，多少不等。

渗出性病变的早期，表现为密度不太高的较为均匀的云絮状阴影，边缘模糊，与正常肺组织无明显界限，称为软性阴影（图 5-42）。

发生实变后阴影密度增加，一般阴影中心区密度较高，边缘区淡薄（图 5-43）。

以浆液性渗出或水肿为主的实变，其密度较低；以脓性渗出为主的实变则密度较高；以纤维素渗出为主的实变密度最高。

当实变扩展至肺门附近，则较大的含气支气管与实变的肺组织形成对比，可在实变的影像中见到含气的支气管分支影，称支气管气象或空气支气管征。

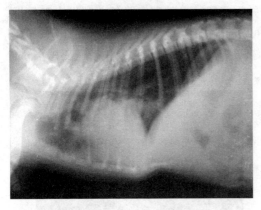
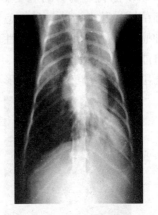

图 5-42　渗出性病变软性阴影　　　　图 5-43　渗出性病变发生实变

2. 增殖性病变　在急性肺炎转变成慢性炎症过程中，肺泡内的炎性渗出物被上皮细胞、纤维素和毛细血管等代替而形成肉芽组织增生性病变。

增殖性病变形成的影像密度比渗出性的阴影高，因而影像浓厚，由于病变进程缓慢，病灶常为孤立型，病灶界限分明，没有明显的融合趋势。

在 X 线下表现为斑点状或梅花瓣状的阴影，密度中等，边界清楚（图 5 - 44）。

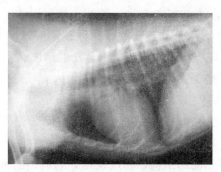

图 5 - 44　肺部增殖性病变

3. 纤维性病变　纤维性病变在病理上为肉芽组织被纤维组织所代替或被纤维组织所包围，是肺部病变的一种修复愈合的结果，原病灶形成瘢痕。

小范围的纤维性病变多为肺的急性或慢性炎症病变愈合的结果，X 线表现为局限性的条索状阴影，密度较高，边缘清楚锐利，称为硬性阴影。

较广泛的纤维性病变是由于肺部慢性炎症反复发作，病变被纤维组织代替后，肺组织收缩呈致密的、边缘清楚的块状阴影。如病变累及一叶或一叶大部时，可使部分肺组织发生疤痕性膨胀不全，呈大片状致密阴影，密度不均，其中可见条索状及蜂窝状支气管扩张的影像（图 5 - 45）。

弥漫性纤维性病变的范围广泛，以累及肺间质为主，X 线表现为不规则的条索状、网状或蜂窝状阴影，自肺门向外延伸，多见于慢性支气管炎。

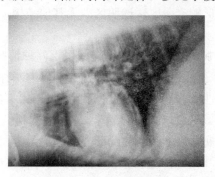

图 5 - 45　肺部纤维性病变

4. 钙化病变　钙化病变是由于组织的退行性病变或坏死后钙盐沉积于病变破坏区内所致。

钙化为病变愈合的一种表现，常见于肺和淋巴结的干酪性结核灶的愈合阶段，某些肿瘤、寄生虫病等也可产生钙化。另一种钙化为钙磷代谢障碍引起的血钙增高，常见于甲状旁腺机能亢进，长期大量服用维生素 D 等。

钙化灶在 X 线片上表现为密度极高的致密阴影，形状不规则、数量大小不等，可为小点状、斑点状、块状或球形，边缘清晰。

5. 空洞与空腔 空洞是肺组织坏死液化，内容物经支气管排除后形成的，常见于异物性肺炎的病例。

空洞周围的肺组织常有不同程度的炎性反应而形成不同厚度的空洞壁，空洞内可有液体。

在 X 线下空洞多呈圆形结构，密度甚低，若洞内有液体则可见液状平面。依病理变化可分为三种类型：

（1）虫蚀样空洞 又称无壁空洞，是大片坏死组织内的空洞，较小，形状不规则，常多发，洞壁由坏死组织形成。X 线表现为实变肺野内多发小的透明区，轮廓不规则，如虫蚀状，见于干酪性肺炎。

（2）薄壁空洞 洞壁薄，由薄层纤维组织和肉芽组织形成。X 线表现为内壁光滑型透明区，内无液面，周围很少有实变影，常见于肺结核。

（3）厚壁空洞 洞壁较厚，空洞呈形状不规则的透明区，周围有密度较高的实变区。内壁光滑或凹凸不平，其中可见液状平面。常见于肺脓肿、肺结核和异物性肺炎后期。

空腔是由局限性肺气肿、肺泡破裂等引起的肺部空腔，空腔内只有气体，没有坏死组织和其他病理产物，周围也没有炎性反应带。因此，在 X 线下，空腔是一圆形或椭圆形的透明区，透明区内无其他结构，外壁很薄，周围多为正常的肺野。

6. 肿块状病变 肺内肿块性病变可分为以下两种情况：

（1）瘤性肿块 瘤性肿块可分为原发性和继发性两种。

原发性者包括良性或恶性肿瘤，良性肿瘤生长慢、有包膜，X 线片显示为边缘锐利的清晰的圆形阴影；恶性肿瘤生长速度快、无包膜、呈浸润性生长，X 线片显示为边缘不规则、不锐利的圆形或椭圆形阴影，可见短毛刺征，因生长不均衡还可出现分叶征象。继发性肿瘤多由血行转移而来，在 X 线上呈多个大小不等的球形阴影（图 5 - 46）。

（2）非肿瘤性肿块 非肿瘤性肿块常见于炎性假瘤、肺内囊性病变等，在 X 线片上均可呈密度增高的块状阴影，其密度均匀或不均匀，边缘清楚规则。

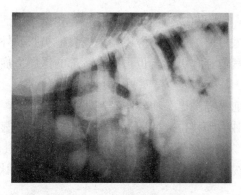

图 5-46　肺部瘤性肿块

(三) 膈

膈的变化有以下几种类型。

1. 胸膜面膈影轮廓广泛性消失　膈影变得无法识别是由于在胸腔出现病变而使膈的影像失去正常对比所致，如两侧胸膜腔积液、肺膈叶广泛性病变等均可使肺的含气减少或不含气体而失去膈的对比。

2. 胸膜面膈影轮廓局限性消失　与膈相邻的胸腔内肿瘤、膈疝、肺膈叶局限性病变均可使膈影轮廓局限性消失。

3. 膈影形态的变化　形态的变化主要出现在膈顶，常见的有横膈附近的胸腔肿块、裂孔处赫尔尼亚、胸膜炎症引起的粘连、肿瘤等。

4. 膈影位置的变化　膈影前移的主要原因有肥胖、腹腔积液、腹痛、腹腔肿块或器官肿大、肝肿大及肿瘤、广泛性膈麻痹。膈影后移常见于呼吸困难和气胸。

(四) 纵隔

在胸片上，大部分纵隔是不显影的，但纵隔内所含的一些器官能够显示出来，据此可以辨认纵隔的大致轮廓。

纵隔影像的常见变化包括纵隔移位、纵隔肿大和气纵隔。

1. 纵隔移位　单纯性纵隔移位是由于胸腔内一侧压力偏大或偏小造成的。在发生纵隔移位的同时可见纵隔内的组织结构也偏向一侧。出现胸腔内一侧压力增大的原因可能是胸内发生肿瘤将纵隔挤向一侧或在发生膈疝时腹腔内容物进入胸腔推压一侧纵隔使其偏向另一侧。

2. 纵隔肿大　纵隔肿大可能是生理性的也可能是病理性的。

生理性纵隔肿大主要是由于青年犬的胸腺较大，使纵隔偏向左侧扩大，在腹背位 X 线片上，可在心脏的前方左侧见到向左扩大的三角形软组织阴影即胸腺的影像。此外在某些肥胖的宠物，可能由于纵隔内蓄积脂肪使得前纵隔变宽。

病理性纵隔肿大可由纵隔炎、淋巴结病、食道扩张及外伤所致的纵隔血肿引起。纵隔炎可由食道穿孔引起，也可能由颈部的深层炎症沿筋膜面进入纵隔引发。

正常情况下，前纵隔淋巴结比较小，X线片不能显示，但肿大后或瘤变后的淋巴结可致纵隔肿大和移位，此时气管的位置会发生明显的变化。

3. 气纵隔 气纵隔是继发于气管或在食道损伤以后，气体进入纵隔形成的。

由于气体进入纵隔，使纵隔内的结构如食道、头臂动脉、前腔静脉等都能比较清楚显示出来。

若进入纵隔的气体很多，压力较大，气体可向后进入腹膜外间隙，这时在腹部侧位片上可见到腹膜外有气体存在，有时在胸部和颈部皮下也可见到有气体存在。

（五）胸膜腔

胸膜腔病变的表现主要有气胸和胸膜腔积液。

1. 气胸 空气进入胸膜腔则形成气胸。进入胸腔的气体改变了胸腔的负压状态，肺可被不同程度的压缩。气体可经壁层胸膜进入胸腔，如创伤性气胸、人工气胸及手术后气胸；也可因脏层胸膜破裂而进入胸腔，如肺破裂。

X线片上由于气体将肺压缩，肺泡内空气减少，肺的密度比周围气体明显增高，可见压缩的肺脏与胸壁间出现透明的含气区，其中无肺纹理存在。在萎缩肺的周围出现密度极低的空气黑带。

侧位检查时，随宠物的位置不同而有不同的影像特点。侧卧位时，在肺的周围有空气黑带区，心脏明显向背侧移位，与胸骨分离（图 5-47）。如

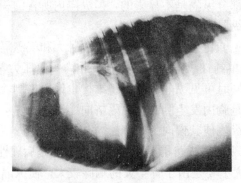

图 5-47 气 胸

在宠物站立侧位投照时，心脏的位置仍能保持正常，空气则集中在胸腔的背侧。

2. 胸腔积液　胸腔积液是指在胸膜腔内出现数量不等的液体。液体的性质在 X 线片上很难区分，可能是炎性渗出液、漏出液、血液或乳糜液。

胸腔积液的 X 线征象与液体的量、投照体位有直接关系，如果液体量比较少，在水平直立腹背位检查时，由于液体积聚于肋膈脚而使肋膈脚变钝或变圆。当液体量比较大时，站立侧位投照时可见液平面和渐进性肺不张；腹背位投照时，心脏轮廓仍清楚，可见许多叶间裂隙，肺叶也被液体与胸壁分开，其间呈软组织密度；背腹位投照时，心脏影像模糊不清，膈影轮廓消失，肺回缩而离开胸壁，整个胸腔密度增加；侧卧位投照时，由于心脏周围有液体存在使心影部分模糊或消失，胸腔密度增加，叶间裂隙明显，通常在胸骨背侧出现一扇形高密度区，为液体积聚于胸腹侧所致（图 5-48）。

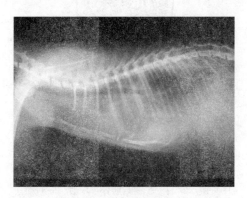

图 5-48　胸腔积液

第五节　腹部正常 X 线解剖及病变表现

一、腹部正常 X 线解剖

影响腹腔脏器正常位置和外观的因素有投照体位、呼吸状态、生理状况及 X 线束几何学因素。一般来说，位于前腹部的横膈、肝脏、胃、降十二指肠、脾脏和肾脏的位置最易发生变化。腹腔器官的基本位置和轮廓见图 5-49、图 5-50。

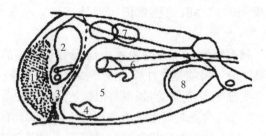

图 5-49　犬腹部侧位 X 线解剖示意图

1. 肝脏　2. 胃　3. 最后肋骨　4. 脾脏

5. 小肠　6. 大肠　7. 肾　8. 膀胱

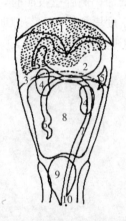

图 5-50　犬腹部腹背位 X 线解剖示意图

1. 肝脏　2. 胃　3. 最后肋骨　4. 肾　5. 脾脏

6. 盲肠　7. 结肠　8. 小肠　9. 膀胱　10. 直肠

（一）胃

胃在解剖结构上包括胃底、胃体和幽门窦三个区域。

大多数情况下胃内都存在一定量的液体和气体，所以在 X 线平片上可以据此辨别胃的部分轮廓，但不可能显示出胃的全部轮廓。

胃位于前腹部，前面是肝脏，胃底位于体中线左侧，直接与左侧膈相接触。由于胃内存有一定的气体和液体，且气体常分布在液体上部，故在拍片时可选取不同的体位以显示胃的不同区域。

在侧位投照时，可见充有气体或食物的胃与左膈脚相接触。在左侧位 X 线片上，左膈脚和胃位于右膈脚前。在胃底经胃体至幽门引一条直线，侧位片上此直线几乎与脊柱垂直，与肋骨平行，正位观察，则见此线与脊柱垂直。

胃在空虚状态下一般位于最后肋弓内，胃内存留的气体主要停留在胃底和胃体，从而显示出胃底和胃体的轮廓（图5-51），在左侧位 X 线片上，胃内气体则主要停留在幽门（P处），显示为较规则的圆形低密度区（图5-52）。通过胃造影术可以清楚显示胃的轮廓、位置、黏膜状态和蠕动情况（图5-53）。

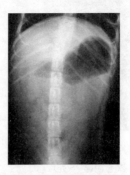

图5-51　胃内气体显示出胃底和胃体的轮廓

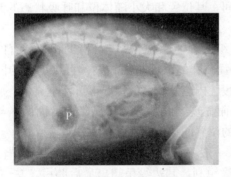

图5-52　幽门气体（P处）

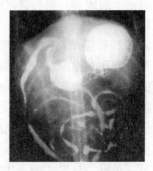

图5-53　胃钡餐造影

（二）脾

脾脏为长而扁的实质器官，分脾头、脾体和脾尾。脾头与胃底相连，脾体和脾尾则有相当大的游离性。

在左侧位投照时，整个脾脏的影像可能被小肠遮挡而难以显现。

在右侧位投照时，在腹底壁、肝脏的后方可见到脾脏的一部分阴影。

脾脏的形态常表现为月牙形或弯的三角形软组织密度阴影（图5-54）。

当作腹背位或背腹位投照时，脾脏显示为小的三角形阴影，位于胃体后外侧（图5-55）。

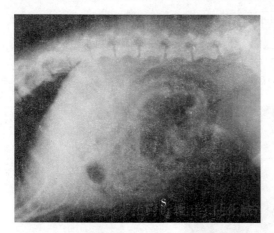
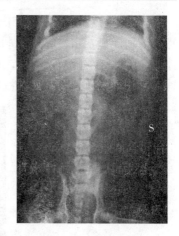

图 5-54 脾侧位片

表现为月牙形或弯的三角形软组织密度阴影（S处）

图 5-55 脾正位片

显示为小的三角形阴影（S处）

（三）肝脏

肝脏位于前腹部，膈与胃之间，其位置和大小随体位和呼吸状态的改变而发生变化。

肝的 X 线影像呈均质的软组织阴影，轮廓不清，可借助相邻器官的解剖位置、形态变化来推断肝脏的位置。肝的前面与膈相贴，可借助膈的阴影识别。肝的左右缘与腹壁相接，在腹腔内脂肪较多的情况下可清晰显示。肝的下缘可借助镰状韧带内脂肪的对比而显现。肝的背缘不显影，后面凹，与胃相贴，可借助胃、右肾和十二指肠的位置间接估测。

在侧位 X 线片上，肝的后缘一般不超出最后肋弓，后上缘与右肾相接。后下缘呈三角形，显影清晰、边缘锐利，其边缘稍超出最后肋弓。左-右侧位投照时，由于肝的左外叶后移，故其阴影比右-左侧位投照时大。

在腹背位 X 线片上，肝主要位于右腹，其前缘与膈接触，右后缘与右肾前端相接。左后缘与胃底相接，中间部分与胃小弯相接。气腹造影可显示肝叶的轮廓及表面性状。

胆囊在 X 线片上不显影，胆囊造影或胆囊内存有结石时胆囊可显示出来。在侧位 X 线片上，胆囊位于肝区前下方，在腹背位 X 线片上显现于肋弓内，位于右腹中部。

（四）肾脏

肾脏位于腹膜后腔，胸腰椎两侧，左右各一，为软组织密度。在平片上其影像清晰程度与腹膜后腔及腹膜腔内蓄积的脂肪量有关，脂肪多影像清晰。若平片显示不良，可通过静脉尿路造影显示肾脏和输尿管。

通常在质量较好的 X 线平片上可识别出肾脏的外部轮廓，据此估测肾脏的大小、形状和密度。正常犬、猫的肾脏有两个，左、右肾的大小及形状相同，但位置不同。犬的右肾位于第 13 胸椎至第 1 腰椎水平处，猫的右肾位于第 1～4 腰椎水平处。左肾的位置变异较大，而且比右肾的位置更靠后。在犬位于第 2～4 腰椎水平，在猫位于第 2～5 腰椎水平处。

目前广泛使用的测定犬、猫肾脏形态大小的方法是测定肾脏长度。测定方法是将肾脏的长度与腰椎椎体的长度进行比较。正常犬肾脏的长度约为第 2 腰椎长度的 3 倍。猫肾的长度为第 2 腰椎的 2.5～3 倍，幼猫和成年公猫的肾脏相对较大。

肾脏的宽度和形状随体位的变化而变化。在侧位片，右肾会沿长轴转动而显现出肾门，影像为豆形（图 5-56）。膈的运动也会使肾脏位置发生变化，变化范围通常在 2cm 左右。在左-右侧位片上，右肾大约前移 1/2～1 个椎体的距离。因此，在实际投照时为使左右肾更明显分开，多采用左-右侧位。静脉尿路造影可清楚显示肾实质、肾盂憩室、肾盂的大小和形状，也能显示出输尿管的位置、通畅性和形状。

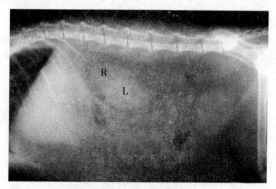

图 5-56　肾脏
L. 左肾　R. 右肾

（五）小肠

小肠包括十二指肠、空肠和回肠。在腹腔中，小肠主要分布于那些活动性比较小的脏器之间。小肠位置的变化往往提示腹腔已发生病变。小肠内通常含有一定量的气体和液体，通过气体的衬托小肠轮廓在 X 线片上隐约可见，显示为平滑、连续、弯曲盘旋的管状阴影，均匀分布于腹腔内（图 5-57）。在营养良好的成年犬、猫，小肠的浆膜面也清晰可见。各段小肠的直径及肠腔内的液体、气体含量大致相等，由于犬的体型相差较大，无法用具体数值表示，通常用肋骨的宽度表示。一般犬小肠的直径相当于两个肋骨的宽度，猫小肠直径不超过 12mm。

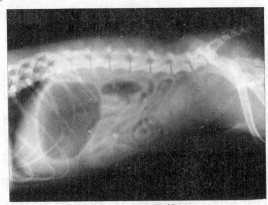

图 5-57　肠管
显示为平滑、连续、弯曲盘旋的管状阴影

十二指肠的位置相对固定，十二指肠前曲位于肝右叶后面；降十二指肠沿右侧腹壁向后延续；十二指肠后曲位于腹中部，由此转换为升十二指肠直达胃的后部。

经造影可显示出小肠黏膜的影像，正常小肠黏膜平滑一致，而降十二指肠的对肠系膜侧黏膜则呈规则的假溃疡征。造影剂通过小肠的时间，犬为 2~3h，猫为 1~2h。

（六）大肠

犬、猫的大肠包括盲肠、结肠、直肠和肛管。犬和猫盲肠的 X 线影像不同，犬盲肠的形状呈半圆形或 C 形，肠腔内常含有少量气体，在 X 线平片上可以辨别出盲肠位于腹中部右侧。猫的盲肠为短的、锥形憩室，内无气体，故 X 线平片难以辨认。

结肠是大肠最长的一段，为一薄壁管道，由升结肠、横结肠和降结肠三部分构成。结肠的形状如"?"形（图 5-58），升结肠与横结肠的结合部称肝曲或结肠右曲，横结肠与降结肠结合部称脾曲或结肠左曲。升结肠和肝曲位于腹中线右侧，横结肠在肠系膜根前由腹腔右侧横向左侧，脾曲和降结肠前段位于腹中线左侧，降结肠后段位于

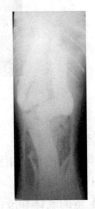

图 5-58　正位片结肠的形状如"?"形

腹中线，后行进入骨盆腔延续为直肠。直肠起于骨盆腔入口，止于肛管（图5-59）。

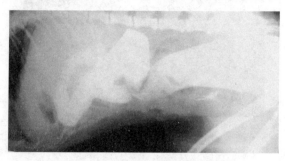

图5-59　结肠钡剂灌肠造影侧位片

　　大肠与其相邻器官的解剖位置关系对于大肠及其邻近脏器病变的影像学鉴别有非常重要的意义。升结肠与降十二指肠、胰腺右叶、右肾、肠系膜和小肠相邻；横结肠与胃大弯、胰腺左叶、肝脏、小肠和肠系膜根相邻；降结肠前段与左肾、输尿管、脾脏、小肠相邻，降结肠中段与小肠、膀胱、子宫相邻，此段结肠的活动性较大，邻近器官的变化会导致其位置的变化；降结肠后段、直肠与尿道、髂骨、腰椎腹侧、荐淋巴结、前列腺、子宫、阴道和盆膈相邻。

（七）膀胱

　　膀胱可分为膀胱顶、膀胱体和膀胱颈三部分。

　　正常膀胱的体积、形状和位置不断变化，排尿后膀胱缩小，故在X线平片上不显影；充满尿液时膀胱增大，X线平片上位于耻骨前方，腹底壁上方，呈卵圆形或长椭圆形均质软组织阴影；极度充盈时，膀胱可向前伸达脐部的上方（图5-60）。

　　膀胱造影可清楚显示膀胱黏膜的形态结构（图5-61）。

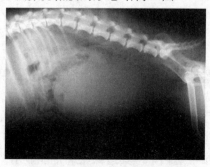

图5-60　充盈尿液的膀胱

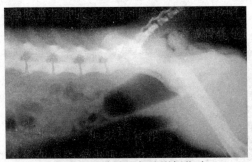

图 5-61 膀胱空气造影侧位片
显示膀胱黏膜

（八）尿道

雌性尿道短而宽，雄性尿道长而细。

（九）前列腺

前列腺为一卵圆形具有内分泌和外分泌功能的副性腺。其位置在膀胱后、直肠下。由于前列腺与膀胱位置关系密切，所以其位置随膀胱位置的变化而变化。

当膀胱充满时，由于牵拉作用，前列腺会进入腹腔；若膀胱形成会阴疝，则前列腺进入盆腔管后部。其他因素如年龄的变化也会引起前列腺位置的改变，通常是向前方变位。

尿道穿过前列腺中部偏上，前列腺内部的尿道直径稍增宽，但到前列腺后界处又轻微缩小。

在幼犬，前列腺全部位于盆腔管内，至成年后前列腺增大，当年龄达到3～4岁时腺体前移，大部分位于腹腔内。10～11岁时腺体通常发生一定程度的萎缩，成年猫前列腺的位置和形态与犬相似，但比犬的小，在X线片上很难显影。

正常前列腺的直径在腹背位X线片上很少超过盆腔入口宽度的1/2。前列腺的外形为圆形或卵圆形，其长轴约为短轴的1.5倍。正常前列腺有两个叶，两侧对称，在X线片上很难分出叶间界限。前列腺的密度为液体密度，故其影像显示是否良好主要依赖于其周围脂肪组织的量，如果宠物较瘦或有腹腔积液，则前列腺影像模糊不清；当腺体周围有较多脂肪时，则前列腺的影像外表平滑、边缘清晰，而且在侧位片和正位片上都能显示，在侧位片上其前界和腹侧清晰可见。在腹背位X线片上，前列腺位于盆腔入口处的中央，其中间部分可能被荐椎和最后腰椎遮挡，但其边缘轮廓常能显示。当直肠内有粪便蓄积时，前列腺的影像也会被遮挡。

（十）子宫

X 线检查也适用于子宫状况的评估，平片检查主要适应于与子宫相关的腹腔肿块或子宫体积增大的检查。也可用于检查胎儿发育情况、妊娠子宫及患病子宫的变化。

检查子宫需拍摄两个方位的 X 线片。准备工作包括禁食 24h、灌肠。在投照技术方面，要求所拍 X 线片必须有良好的对比度，才能与膀胱和结肠相区别。也可在腹部加压使结肠、子宫和膀胱形成良好对比。

1. 未妊娠子宫　未妊娠子宫为管状，直径约 1cm，位于后腹部，子宫体位于结肠和膀胱之间。在正常情况下子宫的密度为软组织密度，在普通 X 线片上很难与小肠相区别。

2. 妊娠子宫　犬妊娠子宫的形状、大小和密度因犬的品种、胎儿数量及所处的妊娠时期不同而变化。一般来说，大约在排卵后 30 天，可查出子宫增大，子宫角呈粗的平滑管状。胎儿骨骼出现钙化的时间约在 45 天（图 5 - 62）。在妊娠中后期，子宫的位置达中后腹部下侧，其上为小肠和结肠，下为膀胱。

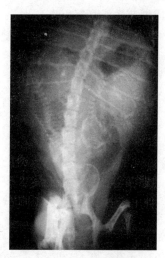

图 5 - 62　胎儿骨骼

（十一）卵巢

正常母犬和母猫的卵巢不易显影，所以普通 X 线检查正常卵巢有一定的局限性。另外，因卵巢是繁殖的基础，故应尽量减少对卵巢的辐射，不宜过多地进行影像检查。

卵巢位于肾的后面，属于腹腔内器官。

X线检查卵巢适应于检查临床不能触及的卵巢肿块，或检查涉及卵巢的腹腔肿块。根据卵巢的位置、邻近器官的变位、影像密度可确定肿块来源。X线片对于鉴别诊断卵巢、脾脏和肾脏肿块很有价值。其局限性在于不易确定卵巢肿块的内部结构。

二、腹部病变的基本 X 线征象

腹腔内器官较多，所患疾病类型也比较复杂，其 X 线征象各有特点，但归纳起来主要表现为内脏器官体积、位置、形态轮廓和影像密度的变化。

（一）体积的变化

体积的变化主要表现为内脏器官的体积比正常时增大或缩小。引起器官体积增大的原因可能包括组织器官肿胀、增生、肥大。器官内出现肿瘤、囊肿、血肿、脓肿、气肿或积液（图 5 - 63），会使病变的器官比正常增大，有时增大数倍，使病变器官邻近的组织或器官的位置、形态发生变化。体积缩小可能是由于器官先天发育不足或器官萎缩所致。

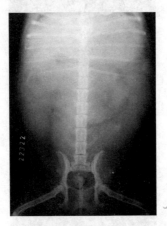

图 5 - 63　子宫蓄脓，体积变大，子宫增粗

在所有内脏器官中，胃、膀胱和子宫的体积在生理状态下变化较大，当它们发生病理性增大后单纯从 X 线影像上鉴别仍有一定困难，需结合临床检查和实验室及其他影像技术进行综合分析后才能作出正确诊断。其他内脏器官体积变化时则多为异常情况。有的器官其体积的异常变化在 X 线片上能直接表现出来，有些在 X 线片上则不易显示出来，可以借助其邻近器官的位置变化

进行判断。如肝脏发生增大或缩小可根据胃的位置进行判断，前列腺体积增大可从膀胱和直肠的形态及位置变化进行推断。

（二）位置的变化

位置的变化说明内脏器官发生异常移位（图 5 - 64）。腹腔内的器官除空肠游离性较大外，其他器官的位置均相对固定。大多数移位是由邻近组织器官发生病变推移所致。如胃后移常见于肝脏增大或肝脏肿瘤、囊肿的推移，相对的胃前移可能是肝萎缩、膈破裂或胃后方的器官压迫所致。

（三）形态轮廓的变化

形态轮廓的变化表现为内脏器官的变形。胃、肠、膀胱、子宫等管腔器官及肝、脾、肾等实质器官的任何超出生理范围的变形都是病变的征象。变形的类型有几何形状的变化、表面形状的变化和空腔器官黏膜形态的变化。如肝肿大后肝的后缘变钝圆，肝硬化、肝肿瘤时肝脏的表面不规则；胃溃疡时的直接征象是钡餐造影时出现龛影；膀胱肿瘤时膀胱阳性造影可见膀胱黏膜充盈缺损。

（四）密度的变化

腹部密度的变化表现为密度增高或密度降低，可表现为广泛性或局限性密度变化。

广泛性密度增高常见于腹腔积液、腹膜炎、腹膜肿瘤，X线片表现为广泛性密度增高的软组织阴影，腹腔内脏器轮廓不清（图 5 - 65）。

腹部局限性密度增高常见于腹腔器官肿瘤或肿大，X线片上显示为局限性高密度的软组织阴影。

若腹腔内出现钙化灶（腹腔淋巴结钙化）、器官结石（胆结石、肾结石或膀胱结石）则表现为高密度异物阴影。

腹部出现低密度阴影可见于胃、肠积气（图 5 - 66）及各种原因造成的气腹。

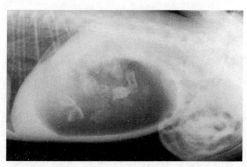

图 5 - 64　位置与体积变化

应注意的是在正常情况下，消化道内或多或少存留一些气体，也表现为低密度阴影，在实际工作中应与病理性阴影鉴别。

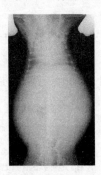 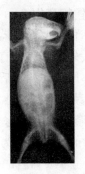

图 5-65　密度增高，腹水广　　　　图 5-66　荷兰猪（天竺鼠）胃
　　　　　　泛性密度增高的软　　　　　　　　　　肠臌气，腹部出现
　　　　　　组织阴影　　　　　　　　　　　　　　低密度阴影

第 六 章
骨与关节系统疾病的影像学诊断

骨与关节疾病临床上发生较多，影像学检查手段是诊断骨关节病的最佳检查方法。本章主要介绍宠物临床中发病率较高的骨关节疾病 X 线影像表现。

第一节　下颌骨骨折

下颌骨骨折是由于下颌受到暴力外伤所致。下颌骨是颌面部唯一可动的骨骼，骨质结构远较上颌骨致密，由于处于面下部的位置，可接受多方向的暴力，因而下颌骨骨折比较常见。下颌骨骨折后，会出现不同情况的骨折段移位。

一、发病原因

下颌骨骨折为较常见的头颅骨折，多发于下颌骨体的近切齿部和两侧下颌骨的联合部。在宠物临床上，下颌骨骨折常见于宠物之间的打斗咬伤、从高空坠落及车祸等。

二、临床与病理

下颌骨骨折时一般会出现面部肿胀、疼痛，张口运动受限，骨折线部位牙龈撕裂、出血，骨折段移位及咬合错乱，下颌运动异常等。

三、影像学诊断

首选拍摄侧位片，下颌骨骨折可显示清晰透明的骨折线，断端不同程度移位，下颌骨变形，上下切齿咬合不对位（图 6-1 至图 6-3）。下颌骨联合分离通常需腹背位 X 线片方能清晰显示，两侧下颌骨联合部的透明缝隙增宽、不整齐，可发生不同程度的分离或移位。

图 6-1　下颌骨骨折

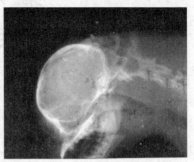

图 6-2　下颌骨骨折

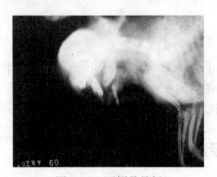

图 6-3　下颌骨骨折

第二节　下颌关节脱位

　　下颌关节又称颞颌关节，是颌面部唯一的左右双侧联动关节，具有一定的稳定性和多方向的活动性。在肌肉作用下产生与咀嚼、吞咽及表情等有关的各种重要活动。

　　下颌关节由下颌骨髁突、颞骨关节面、居于二者之间的关节盘、关节周围的关节囊和关节韧带（颞下颌韧带、蝶下颌韧带、茎突下颌韧带）组成。

一、发病原因

　　运动中相互碰撞、张口过大、韧带松弛等可致下颌关节向前脱出。

二、临床与病理

症状为张口不能闭合，不能下咽，局部疼痛和压痛，口涎外溢，颈部向前突出，下颌小头位置有空凹。根据脱位的方向可分为前方脱位、后方脱位、内侧脱位与外侧脱位。颞颌关节脱位并不常见，可单侧或双侧发生，常伴发下颌骨骨折。

三、影像学诊断

本病的 X 线摄片不易进行，可根据情况进行腹背位、张口侧位、斜位（左 20°腹-右背斜位或右 20°腹-左背斜位，左 20°前-右后斜位或右 20°前-左后斜位）和张口颞颌关节切线位投照。颞颌关节由颌骨髁和颞骨鲮状部的颌骨窝组成。X 线可显示颌骨髁向前上方脱位，关节间隙明显增宽（图 6-4）。单侧性颞颌关节脱位时，进行对侧颞颌关节比较有助于诊断。

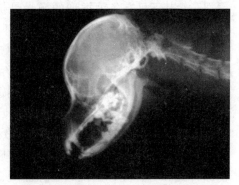

图 6-4　下颌关节脱位

第三节　头颅骨折

颅骨有容纳和保护颅腔作用，头颅骨骨折的重要性不在于颅骨骨折本身，而在于颅腔内的并发损伤。头颅骨骨折，按骨折形状分为线形骨折、凹陷骨折、粉碎骨折等。凹陷或粉碎骨折的骨折片，既可损伤脑膜及脑，又可损伤脑血管和颅神经。颅骨骨折占颅脑损伤的 15%～20%，可发生于颅骨任何部位，以顶骨最多，额骨次之，颞骨和枕骨又次之。一般骨折线不跨过颅缝，如暴力损伤过大，也可波及邻骨。头颅正侧位片可确诊。

一、发病原因

头颅骨折通常因重力打击所致，如头部摔地、车辆撞伤、暴力打击等。装开口器、粗暴拔牙等操作偶尔可致骨折。由于颅骨骨折常并发脑、脑膜、颅内血管和神经的损伤，若处理不及时，可引起颅内血肿、脑脊液漏、颅内感染等并发症，影响预后。头颅骨折多见于面部和颌骨，顶部骨折较少。有些幼犬会出现先天性头骨缺损。

二、临床与病理

颅骨骨折分类较多，按照骨折的部位不同，可分为颅盖和颅底骨折。

闭合性颅盖骨折处头皮肿胀，并有压痛，颞肌明显肿胀，张力增高和压痛。开放性颅盖骨折多发生于锐器直接损伤，少数为火器伤。受伤局部头皮全层裂开，其下可有各种类型的颅骨骨折，伤口内可有各种异物如毛发、碎骨片、泥土等。颅底骨折依其发生部位不同，分为颅前窝骨折、颅中窝骨折和颅后窝骨折，临床表现各有特征。颅前窝骨折前额部皮肤有挫伤和肿胀，伤后常有不同程度的口鼻出血，有时因血液吞入胃中，而致呕吐出黑红色或咖啡色液体。当骨折线经过视神经孔时，可因损伤或压迫视神经而导致视力减退或丧失。颅前窝骨折也常伴有额极及额叶底面的脑挫裂伤及各种类型的颅内血肿。颅中窝骨折临床上常见到颞部软组织肿胀，骨折线多限于一侧颅中窝底，有时也经蝶骨体达到对侧颅中窝底。当骨折线累及颞骨岩部时，往往损伤面神经和听神经，出现周围性面瘫、听力丧失、眩晕或平衡障碍等。骨折线经过中耳和伴有鼓膜破裂时，多产生耳出血和脑脊液耳漏，偶尔骨折线宽大，外耳道可见有液化脑组织溢出。颅后窝骨折常有枕部直接承受暴力的外伤史，除着力点的头皮伤外，数小时后可在枕下或乳突部出现皮下瘀血，骨折线经过枕骨鳞部和基底部，亦可经过颞骨岩部向前达颅中窝。骨折线累及斜坡时，可于咽后壁见到黏膜下瘀血，如骨折经过颈内静脉孔或舌下神经孔，可分别出现下咽困难，声音嘶哑或舌肌瘫痪。骨折累及枕骨大孔，可出现延髓损伤症状，严重时伤后立即出现深昏迷，四肢弛缓，呼吸困难，甚至死亡。

三、影像学诊断

颅骨摄片时，一般应摄常规的前后位和侧位片，有凹陷骨折时，为了解其凹陷的深度应摄以骨折部位为中心的切线位。

颅骨X线检查可确定有无骨折或缺损（图6-5）及其类型，也可根据骨折线的走向判断颅内结构的损伤情况，合并颅内血肿的可能性，便于进一步检查和治疗。线性骨折后，头颅 X 线片显示单发或多发骨折线；凹陷骨折后头颅 X 线片显示骨碎片重叠，密度增高或骨片移位。粉碎性骨折后，头颅 X 线片显示多条交叉的骨折线。

X 线检查对于确定诊断、判断预后、制订治疗方案有着重要意义。颅部组织厚度大，X 线不易显示，应与颅部正常 X 线片进行详细比较。

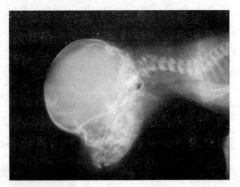

图 6-5　1 月龄泰迪犬头骨先天性缺损

第四节　颅骨肿瘤

颅骨肿瘤是一种常见的良性肿瘤，其特点是生长缓慢、无痛、广基，与周围颅骨分界常不清楚。可发生于颅骨的任何部位，以额骨和顶骨多见，其他颅骨及颅底骨较少见。

一、发病原因

颅骨肿瘤的发病原因尚不明。颅骨肿瘤分为骨密质性肿瘤和骨松质性肿瘤两大类。骨密质性肿瘤多起源于骨外板，内板多保持完整，显微镜下与正常骨质相似，有的可见成骨性结缔组织，内有新骨组织。因其致密坚硬，也称为象牙骨瘤。骨松质性肿瘤内含较多的纤维组织，有时也含红骨髓或脂肪性骨髓。

二、临床与病理

因肿瘤生长缓慢，早期易被忽略，病程多较长，有的可自行停止生长。多数骨瘤位于颅顶部，以板型多见，呈突出于颅顶外板的圆形或圆锥状隆起，大小自直径数毫米至数厘米不等，无压痛，多无不适感，除引起外貌变形外，一般不引起特殊症状。鼻旁窦内骨瘤常有峡蒂与窦壁相连，骨瘤增大阻塞鼻旁窦出口使其成为鼻旁窦黏液囊肿的原因之一。筛窦骨瘤突入眼眶可引起突眼及视力障碍。

三、影像学诊断

颅骨肿瘤并不常见，多见于犬。骨肉瘤可发生于颅骨的任何部分（图6-6）。其X线表现呈破坏性病灶外观，常伴发广泛性骨膜新生骨反应。如为浅在性肿瘤，则伴有大的软组织肿胀。如波及颅顶，则骨膜新生骨反应和骨质硬化较骨质破坏明显。纤维肉瘤、软骨肉瘤等其他肿瘤偶尔可见。

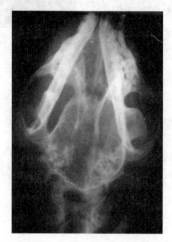

图6-6　颅骨肿瘤

第五节　四肢骨折

由于外力作用使骨的完整性或连续性遭受机械破坏，称为骨折。骨折的同时常伴有周围软组织不同程度的损伤，一般以血肿为主。车祸等常造成犬的四肢骨骨折，尤其是股骨骨折。相对来讲，未成年博美犬的前肢桡骨、尺骨的骨折比较常见。猫的骨折多是从高楼掉下造成的，犬的骨折则多与车祸、棍棒打击、从高处跳下等因素有关。

一、发病原因

（一）外伤性骨折

1. 直接暴力　此类骨折都发生在打击、挤压、火器伤等与各种机械外力直接作用的部位，如车辆冲撞、重物压轧、蹴踢、角顶等。常发生开放性骨折甚至粉碎性骨折，大都伴有周围软组织的严重损伤。

2. 间接暴力　指外力通过杠杆、传导或旋转作用而使远端发生骨折。如奔跑中扭闪或急停、跨沟滑倒等。可发生四肢长骨、髋骨或腰椎的骨折；肢蹄嵌夹于洞穴、木栅缝隙等时，肢体常因急旋转而发生骨折；家养猎犬由于营养不良或缺乏锻炼等原因，在有落差的山地上奔跑、跳远时，偶有四肢长骨的骨折现象。

3. 肌肉过度牵引　肌肉突然强烈收缩，可导致肌肉附着部位骨的撕裂。

(二) 病理性骨折

病理性骨折指有骨质疾病的骨发生骨折。如患有骨髓炎、骨疽、佝偻病、骨软病，营养神经性骨萎缩，慢性氟中毒等；某些遗传性疾病，如四肢骨关节畸形或发育不良等。这些处于病理状态下的骨，疏松脆弱，应力抵抗降低，有时遭受不大的外力，也可引起骨折。长期以肝、火腿肠、肉为主的犬，由于食物中缺钙而极易出现病理性骨折。

二、临床与病理

(一) 骨折的特有症状

1. 肢体变形　骨折两断端因受伤时的外力、肌肉牵拉力和肢体重力的影响等，造成骨折段的移位。常见的有成角移位、侧方移位、旋转移位、纵轴移位等。骨折后的患肢呈弯曲、缩短、延长等异常姿势。诊断时可把健肢放在相同位置，仔细观察和测量肢体有关段的长度并进行两侧对比。

2. 异常活动　正常情况下，肢体完整而不活动的部位，在骨折后负重或作被动运动时，出现屈曲、旋转等异常活动。但肋骨、椎骨、蹄骨、干骺端等部位的骨折，异常活动不明显或缺乏。

3. 骨摩擦音　骨折两断端互相触碰，可听到骨摩擦音，或有骨摩擦感。但在不全骨折、骨折部肌肉丰厚、局部肿胀严重或断端间嵌入软组织时，通常听不到。骨骺分离时的骨摩擦音是一种柔软的捻发音。

四肢长骨骨干骨折时，常由一人固定近端后，由另一人将远端轻轻晃动。若为全骨折时，可以出现异常活动和骨摩擦音。

(二) 骨折的其他症状

1. 出血与肿胀　骨折时骨膜、骨髓及周围软组织的血管破裂出血，经创口流出或在骨折部发生血肿，加之软组织水肿，造成局部显著肿胀。闭合性骨折时肿胀的程度取决于受伤血管的大小，骨折的部位，以及软组织损伤的轻重。肋骨、髋骨、掌（跖）骨等浅表部位的骨折，肿胀一般不严重；臂骨、桡骨、尺骨、胫骨、腓骨等的全骨折，大都因溢血和炎症等，肿胀十分严重，皮肤紧张发硬，致使骨折部不易摸清。随着炎症的发展，肿胀在伤后数日内很快加重，如不发生感染，经过十来天后逐渐消散。

2. 疼痛　骨折后的骨膜、神经受损，犬、猫即刻感到疼痛，疼痛的程度常随宠物种类、骨折的部位和性质的不同，反应各异。在安静时或骨折部固定后较轻，触碰或骨断端移动时加剧。患病宠物出现不安、避让，全身发抖等症状。骨裂时，用手指压迫骨折部，患病犬、猫表现线状压痛。

3. 功能障碍　骨折后因肌肉失去固定的支架，以及剧烈疼痛而引起不同程度的功能障碍，都在伤后立即发生。如四肢骨骨折时突发重度跛行、脊椎骨骨折伤及脊髓时可致相应区后部的躯体瘫痪等。但是发生不全骨折、棘突骨折、肋骨骨折时，功能障碍可能不显著。

（三）全身症状

轻度骨折一般全身症状不明显。严重的骨折，当伴有内出血、肢体肿胀或内脏损伤时，可并发急性大失血和休克等一系列综合症状。闭合性骨折于损伤2～3天后，因组织破坏后分解产物和血肿的吸收，可引起轻度体温升高。骨折部继发细菌感染时，体温升高，局部疼痛加剧，食欲减退。

（四）骨折的类型

● 按病因，可将骨折分为外伤性骨折与病理性骨折。

● 按皮肤是否破损，可将骨折分为闭合性骨折（骨折部皮肤或黏膜无创伤，骨断端与外界不相通）与开放性骨折（骨折伴有皮肤或黏膜破裂，骨断端与外界相通。此种骨折病情复杂，容易发生感染化脓）。

● 按有无合并损伤，可将骨折分为单纯性骨折（骨折部不伴有主要神经、血管、关节或器官的损伤）与复杂性骨折（骨折时并发邻近重要神经、血管、关节或器官的损伤，如股骨骨折并发股动脉损伤、骨盆骨折并发膀胱或尿道损伤等）。

● 按骨折发生的解剖部位，可将骨折分为骨干骨折（发生于骨干部的骨折，临床上多见）与骨骺骨折（多指幼龄宠物骨骺的骨折，在成年宠物多为干骺端骨折。如果骨折线全部或部分位于骨骺线内，使骨骺全部或部分与骨干分离，称骨骺分离）。

● 按骨损伤的程度和骨折形态，可将骨折分为不全骨折与全骨折。

● 根据骨折线的方向不同，可将骨折分为横骨折、纵骨折、斜骨折、螺旋骨折、嵌入骨折、穿孔骨折等（图6-7）；如果骨断成两段以上，称为粉碎性骨折，骨折线可呈T、Y、V形等。这类骨折复位后大都不稳定，容易移位，因此只能手术固定。

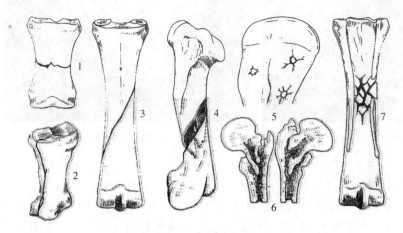

图6-7 骨折类型

1. 横骨折 2. 纵骨折 3. 斜骨折 4. 螺旋骨折
5. 穿孔骨折 6. 嵌入骨折 7. 粉碎性骨折

三、影像学诊断

（一）X线检查

诊断骨折时，X线检查可清楚了解骨折的形状、移位情况、骨折后的愈合情况等。若关节附近的骨折需要与关节脱位作鉴别诊断，也常用X线透视或摄片。

骨折在进行X线检查时一定要注意不能再加重骨折的程度，一定要在患病部位保定稳妥后方能检查，疼痛严重的病例可对宠物实行安定术或进行浅麻醉后再行检查。

X线摄影范围至少应包括一个邻近的关节，以便确定骨折部位（图6-8）。必须拍摄正、侧位，有时还要加拍斜位等特定体位或加拍健侧相同部位的对比X线片。设法使X线束中心线对准骨折线且与骨折线平行。X线与骨折线垂直时可能显示不出骨折线。怀疑关节骨折时，需拍摄关节伸、屈位X线片，以便观察骨折线。有些正常解剖结构或解剖变异易被误认为是骨折（图6-9），这些结构主要包括滋养孔、骺板、籽骨分裂、韧带联合（桡尺骨、胫腓骨、掌骨间韧带联合）等。

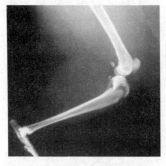
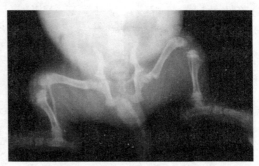

图6-8 骨折摄片包括至少 　　图6-9 幼年犬骨骼易被认为骨折
　　一个邻近关节

（二）骨折的基本X线表现

1. 骨折线　骨骼断裂后，断面多不整齐，X线片上呈不规则的透明线，称为骨折线。骨关节不同部位骨折及术后X线片见图（图6-10至图6-30）。骨皮质显示明显，在骨松质则表现为骨小梁中断、扭曲、错位。当X线中心通过骨折断面时，骨折线显示清楚，否则可显示不清，甚至难于发现。嵌入性骨折或压缩性骨折时，骨小梁紊乱，甚至可能由于骨密度增高而看不到骨折线。

2. 骨变形　骨折后由于断端移位可使骨骼变形。X线可见的移位种类有分离移位、水平移位、重叠移位、成角移位和旋转移位等。

3. 软组织肿胀　外伤性骨折常伴有骨折部软组织损伤肿胀，X线影像密度增高，层次不清。

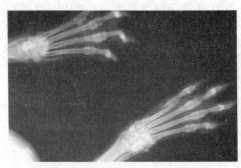
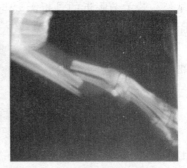

图6-10 掌骨骨折，对称投照　　　　图6-11 尺桡骨错位，横骨折

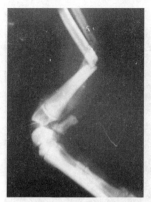

图 6 - 12　尺桡骨成角骨折　　　　图 6 - 13　尺桡骨，闭合复位
　　　　　　　　　　　　　　　　　　前后对照 X 线片

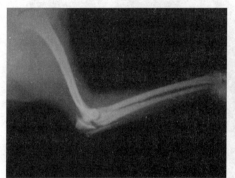

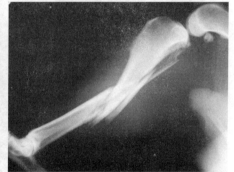

图 6 - 14　肘突骨折　　　　　　　　图 6 - 15　胫骨骨折

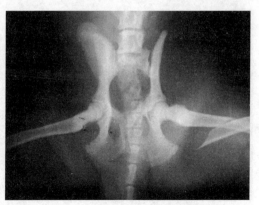

图 6 - 16　股骨远端骨折　　　　　图 6 - 17　金毛股骨斜骨折术前

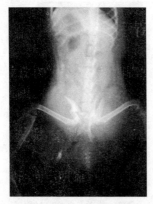
图 6-18 车祸骨盆粉碎性骨折

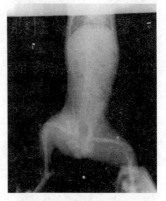
图 6-19 股骨-骨盆骨折

图 6-20 肋骨骨折

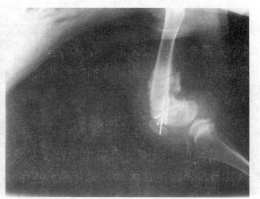
图 6-21 古牧犬股骨远端骨折克氏针固定

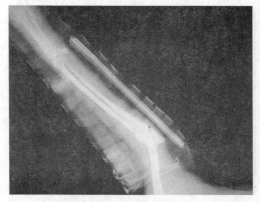
图 6-22 肘突骨折外固定

图 6-23 夹板绷带固定

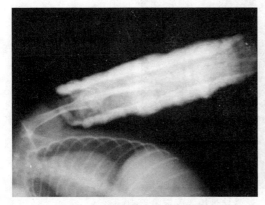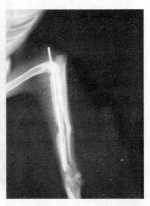

图 6-24　博美犬骨折外固定后　　　图 6-25　桡骨骨折内固定

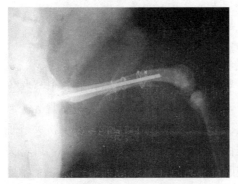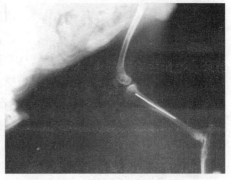

图 6-26　金毛犬股骨斜骨折　　　图 6-27　胫骨骨折髓内针内固定

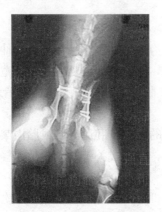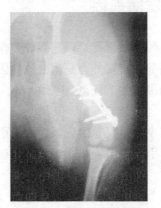

图 6-28　骨盆骨折内固定　　图 6-29　股骨骨折接骨板内固定

图 6 - 30　髋骨接骨板内固定术后 10 天

第六节　四肢关节脱位

关节骨端的正常的位置关系，因受力学、病理的作用，失去其原来状态，称关节脱位（脱臼）。关节脱位常为突然发生，有的间歇发生或继发于某些疾病。犬、猫的常发关节有前肢的肘关节，后肢的髋关节、膝关节的髌骨等。

肩关节、肘关节、指（趾）关节也可发生关节脱位。按病因，可将关节脱位分为先天性脱位、外伤性脱位、病理性脱位、习惯性脱位；按程度，可将关节脱位分为完全脱位、不全脱位、单纯脱位、复杂脱位。

一、发病病因

外伤性脱位最常见。以间接外力作用为主，如蹬空、关节强烈伸屈、肌肉不协调收缩等，直接外力是第二位的因素，使关节活动处于超生理范围的状态下，关节韧带和关节囊受到破坏，使关节脱位，严重时引发关节骨或软骨的损伤。

脱位在少数情况是由先天性因素引起的，由于胚胎异常或胎内某关节的负重的关系，引起关节囊扩大，多数不破裂，但造成关节囊内脱位，轻度运动障碍，无痛。

如果关节存在解剖学缺陷，当外力小时，也可能反复发生间歇性习惯性脱位。

病理性脱位是关节与附属器官出现病理性异常时，加上外力作用引发的脱位。分以下 4 种情况：因发生关节炎，关节液积聚并增多，关节囊扩张而引起扩延性脱位；因关节损伤或关节炎，使关节囊及关节的加强组织受到破坏，出现破坏性关节脱位；因变形性关节炎引发变形性关节脱位；由于控制固定关节的有关肌肉弛缓性麻痹或痉挛，引起麻痹性脱位。

二、临床与病理

关节脱位的共同症状包括关节变形、异常固定、关节肿胀、肢势改变和机能障碍。

（一）关节变形
因构成关节的骨端位置改变，使正常的关节部位出现隆起或凹陷。

（二）异常固定
因构成关节的骨端离开原来的位置被卡住，使相应的肌肉和韧带高度紧张，关节被固定不动或活动不灵活，他动运动后又恢复异常的固定状态，带有弹拨性。

（三）关节肿胀
由于关节的异常变化，造成关节周围组织损伤，可因出血、形成血肿及比较剧烈的局部急性炎症反应而引起关节的肿胀。

（四）肢势改变
出现内收、外展、屈曲或伸张的状态。

（五）机能障碍
伤后立即出现。由于关节骨端变位和疼痛，患肢发生程度不同的运动障碍，甚至不能运动。

随着脱位的位置和程度的不同，以上五种症状会有不同的变化。在诊断时根据视诊、触诊、他动运动及双肢的比较不难作出初步诊断；当关节肿胀严重时，通过 X 线检查可以作出正确的诊断，同时应检查肢体的感觉和脉搏等情况，尤其是是否存在骨折。

三、影像学诊断

（一）X 线检查
当怀疑患部不完全脱位时，应在患肢负重情况下进行 X 线摄影检查，必要时摄取对侧关节进行对照。读片时要注意判断关节脱位的类型与程度，对于外伤性关节脱位更要仔细观察有无撕脱性骨折、碎片骨折和关节内骨折同时发生。

（二）关节脱位的主要X线征象

关节不完全脱位时，表现为关节间隙宽窄不一或关节骨移位但关节面之间尚保持有部分接触。

关节完全脱位时，相对应的关节面完全分离移位，无接触。

先天性关节脱位可能有关节或骨发育不良的X线征象；外伤性关节脱位常有关节周围软组织肿胀、撕脱性骨折、碎片骨折或关节内骨折的X线征象；病理性关节脱位可见原发性关节疾病的X线征象，如化脓性关节炎、变性性关节疾病和发育不良性关节疾病等。

关节脱位后久未整复或整复不良者，可继发关节骨端废用性骨质疏松或变性性关节疾病。

（三）常见四肢关节脱位

1. 犬髋关节脱位　犬髋关节脱位可因外伤引起，也可因髋关节本身发育异常造成。X线投照需做腹背位和侧位两个方位，可见股骨头自髋臼内脱出（图6-31至图6-34），常伴发髋臼、股骨头或大转子的撕脱性骨折。

髋关节脱位的类型：当股骨头完全处于髋臼窝之外时，称全脱位；当股骨头与髋臼窝部分接触时，称不全脱位。根据股骨头变位的方向，又分为前方脱位、上方脱位、内方脱位和后方脱位。

2. 犬髌骨脱位　犬髌骨脱位多因膝关节发育异常所致。髌骨脱位有先天性和外伤性两种。前者与遗传有关，多见于玩具、小型品种犬。后者多因髌骨直接受到撞击，引起髌骨骨折，或其周围软组织损伤所致。宠物行走跛行，有

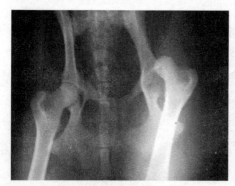

图6-31　股骨头脱位正位片　　　　图6-32　股骨头脱位侧位片

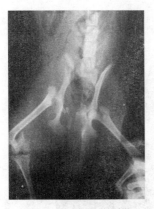

图 6-33　股骨头脱位　　　　图 6-34　股骨头脱位

时呈三脚跳步样，跳走一会儿后，患肢落地行走，又恢复正常。髌骨内方脱位时，宠物行走跛行，有时呈三脚跳步样，这是因髌骨卡在内侧滑车嵴上导致。站立时患肢呈弓形腿，膝关节屈曲，趾尖向内，后肢呈不同程度的扭曲性畸形，小腿向内旋转，股四头肌群向内移位。触摸髌骨或伸屈膝关节时可发生髌骨脱位。一般可自行复位，如不能自行复位，通常也易整复。重者，不能复位或髌骨与股骨髁相连接。髌骨外方脱位时，宠物表现跛行，偶尔呈三脚跳步样。患肢膝外翻，膝关节屈曲，趾尖向外，小腿向外旋转。伸展膝关节或向外移动髌骨时，可引起髌骨外方脱位，但一般可自行复位。

　　X线检查可见后肢弯曲（膝内翻），常见内侧脱位（图 6-35）。侧位投照时显示髌骨与股骨髁重叠；正位投照可见髌骨位于内侧或外侧；水平位投照时可显示滑车沟的深度及脱出髌骨的位置；髌骨半脱位时 X 线片可能不显示异常。

　　3. 犬肘关节脱位　肘关节完全脱位多因外力作用所致，常为后脱位（图 6-36）。尺骨和桡骨端同时向肱骨后方脱位，尺骨鹰嘴半月切迹脱离肱骨滑车。侧方脱位时，桡、尺骨向外侧移位。肘关节脱位常伴发骨折。关

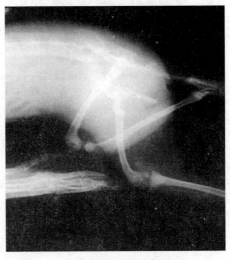

图 6-35　髌骨脱位

节囊及韧带严重损伤，有时可出现血管和神经损伤。

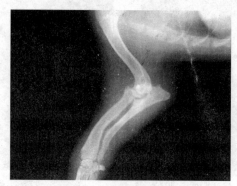

图 6-36　肘关节脱位

4. 犬肩关节脱位　肩关节完全脱位多因外力作用所致，常为完全脱位。表现为患肢跛行，移动时肱骨疼痛。肱骨头向肩臼上方移位（图 6-37、图 6-38）。肩关节脱位常伴发关节囊及韧带严重损伤，还可并发血管和神经损伤。博美、贵宾等小型犬易发生肩关节脱位。

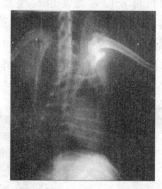
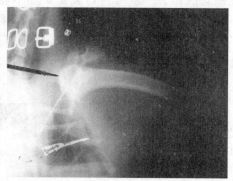

图 6-37　肩关节脱位　　　　　图 6-38　灵缇犬外伤性肩关节脱位

第七节　犬髋关节发育不良

髋部发育异常是生长发育阶段的犬出现的一种髋关节疾病，病犬股骨头与髋臼错位，股骨头活动增多。临床上以髋关节发育不良和不稳定为特征，股骨头从关节窝半脱位到完全脱位，最后引起髋关节变性性关节病。本病多见于大型、快速生长的品种，如圣伯纳、德国牧羊犬、藏獒等，但在小型犬（比格犬、博美犬）和猫也有报道。

一、发病原因

本病多与遗传有关，主要表现为肌肉和骨骼以不同的速度发育成熟，致使主要依赖肌肉组织固定的关节不能保持稳定。试验证明，任何可能导致髋关节不稳定的因素都可引起本病的发生。因此，髋关节发育异常是许多基因缺陷和环境应激因素作用的集中反应。

二、临床与病理

犬髋关节发育不良是发育性的、与年龄相关的疾病，出生时髋关节发育正常，一般在6月龄至2岁时间段内逐渐发病。多呈两侧发病，无性别差异，发病后病情随年龄增长逐渐加重。早期的关节病变表现为非化脓性滑膜炎和局部变性性关节病变；当滑液大量增加、韧带损伤加重时，则出现软骨外围骨赘形成、股骨头和股骨颈重建、髋臼重建、股骨头和髋臼软骨下骨骨质硬化等一系列变化。在变性性关节炎过程中，髋臼变浅，股骨头变扁，股骨颈增粗。

病犬后肢步幅异常，往往一后肢或两后肢突然跛行，起立困难，站立时患肢不敢负重。行走时弓背或身体左右摇摆（图6-39、图6-40）。他动运动时，可听到"咔嚓"声。关节松弛，多数病例疼痛明显，特别在他动运动时，宠物呻吟或反抗咬人。一侧或两侧髋关节周围组织萎缩、被毛粗乱。有些因关节疼痛明显而出现食欲减退、精神不振等全身症状。个别宠物体温升高。呼吸、脉搏、大小便及常规化验均无异常。

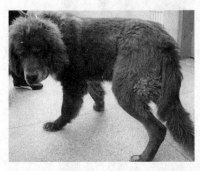 

图6-39 髋关节发育不良，走路摇摆　　图6-40 髋关节发育不良，起立困难

三、影像学诊断

（一）X线检查

虽然借助病史和临床检查可初步诊断本病，但最后仍需 X 线摄影确诊。宠物需镇静或全身麻醉，髋关节的摄影体位多采用腹背位，前肢前拉固定，后肢充分伸展、后拉。两膝内旋使两股骨平行，膝盖骨位于滑车沟上方。将躯干两侧垫高以防止身体转动。X 线束中心指向两髋关节连线的中点，投照范围应包括骨盆、股骨和膝盖骨。如摆位正确，成像后可见双侧髂骨翼等宽，骨盆口接近圆形，两闭孔大小相等，双侧股骨平行、膝盖骨位于股骨远端上方中央。此时 X 线球管对准股中部进行拍摄。如保定及拍摄位置不正确，会得出错误的诊断。根据 X 线诊断髋关节骨性增生、髋臼变浅、股骨头不全脱位及全脱位等异常情况，可判断病情严重程度。

（二）髋关节正常与病变 X 线表现

犬髋关节正常 X 线解剖结构表现为关节间隙的前上 1/3 部分等宽；至少有 1/2 股骨头位于髋臼内；股骨头外形为圆形且平滑，股骨头窝为一扁圆区域；股骨颈平滑、无增生变化；股骨颈倾角约为 130°（图 6-41）。

髋关节发育不良时，X 线表现为髋臼变浅、股骨头扁平、关节间隙增宽；髋臼与股骨头关节软骨下骨质硬化，影像密度升高；髋臼缘骨质增生，呈唇样突起；股骨颈骨质增生，倾角改变，呈髋内翻或髋外翻；髋关节半脱位或脱位（图 6-42 至图 6-46）。

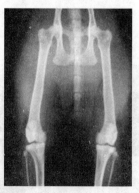
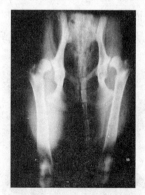

图 6-41　犬正常髋关节位　　　　图 6-42　髋关节发育不良，
　　　　　　　　　　　　　　　　　　　　　双侧性严重脱位

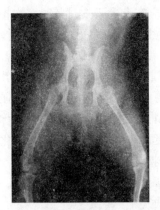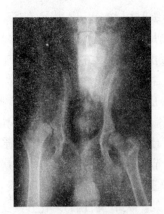

图 6-43　髋关节发育不良，轻度　　图 6-44　髋关节发育不良，右侧脱位

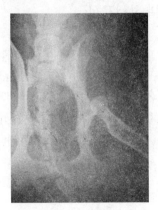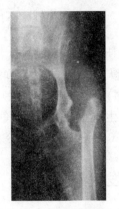

图 6-45　髋关节发育不良，　　图 6-46　髋关节发育不良，
　　　　　左侧脱位　　　　　　　　　　　　股骨头切除后

　　目前主要是通过 OFA 标准（Orthopedic Foundation for Animals 制定的一项评定髋关节发育的等级标准）来评价髋关节发育不良等级。根据 OFA 标准，宠物麻醉后采取标准的腹背位（VD)，后肢伸展、内收，拍摄髋关节正位片。根据 X 线片影像，将髋关节发育状况分为 7 个不同等级，依次如下：

　　1. 非常好　髋臼深，髋臼与股骨头间的关节间隙紧密，髋臼几乎包含整个股骨头。

　　2. 好　髋臼包含住大部分股骨头，关节间隙也较小。

　　3. 一般　存在轻微的不规则，髋关节间隙稍窄，存在轻度的关节松弛。但髋臼内包含的股骨头的面积仍很大。这种情况在沙皮犬、贵妇犬和松狮犬多见。

　　4. 近于正常　对于介于髋关节发育正常和发育不良之间，很难判定是属于哪一等级时用 bordline 表示。对于此种病例应在犬大于 6 月龄时多次拍摄髋关节 X 线片，有超过 50％的病例最后发现其髋关节发育良好，达到正常水平。

5. 轻度发育不良　表现为关节间隙增大，股骨头呈半脱位状态；髋臼浅，并且只包含股骨头的一小部分。多数犬随年龄增长会有早期关节炎性病变出现。

6. 中度髋关节发育不良　关节处于典型的亚脱位状态，股骨头勉强位于非常浅的髋臼内。往往沿着股骨颈和股骨头有继发性关节炎性骨病变（称为重塑），髋臼缘的病变包括骨赘或骨刺，不同程度的小梁骨样病变称为硬化。一旦存在关节炎，随着时间的推移，病情将会越来越重。

7. 严重发育不良　髋臼非常浅，股骨头处于半脱位。沿着股骨头、股骨颈、髋臼处，关节炎性骨质增生，变性非常严重。

第八节　股骨头坏死

累卡佩斯病（LCPD），又名股骨头无菌性坏死、股骨头缺血性坏死。被认为是小型犬遗传性的髋关节疾病。此病最早是在 1910 年由 Legg（美国）、Calve（法国）、Perthes（德国）三名医生各自发现并描述的儿童股骨头骨骺坏死。常发生于小型犬，如贵宾、博美、约克夏、迷你杜宾、吉娃娃等，一般发病在 3～10 月龄，5～8 月龄发病率最高。可单侧发病也可双侧同时发病。

一、发病原因

随着对本病的深入研究，发现其可能与创伤、一过性滑膜炎、生长发育异常、内分泌失调、自身免疫缺陷、遗传、环境等多种因素有关。可能因损伤和炎症，关节液增多，压力增高，从而影响股骨的血液供应，导致骨骺血流减少；各种原因引起的骨骺血管脂肪栓塞、毒血症、激素紊乱、代谢和遗传等因素也可促成疾病的发生与发展。但确切的病因和发病机制至今仍不是完全清楚。

二、临床与病理

公犬和母犬的发病率相当，一般在 3～10 月龄发病，5～8 月龄高发。10％～17％的患犬为双侧发病。至医院就诊时，一般病程已经超过 2 周，有些病例病程甚至超过 1 个月。

　　多数患犬表现的症状是患侧跛行，不敢负重，奔跑时患肢提举，患侧后肢肌群明显萎缩，症状逐渐加重。他动活动髋关节时疼痛明显，有时能听到噼啪声，关节活动范围减小，患肢肌肉萎缩明显。

三、影像学诊断

　　最初的 X 线表现可能不明显，但随病情的发展可见 X 线征象变化。早期阶段股骨头骨骺出现不规则的骨溶解吸收区域，出现散在的点状或斑块状低密度区。随病情发展，X 线片可见股骨头密度下降（图 6 - 47、图 6 - 48），股骨头塌陷并存在严重的骨关节炎。少数严重病例，可见到股骨头骨骺处发生病理性骨折。病程较长者，可见股骨头坏死后出现重新塑形，股骨头较对侧健肢小，骨密度下降等。在严重的病例表现为股骨头塌陷和碎裂骨折，同时伴有继发性变性性骨关节炎。

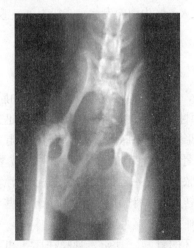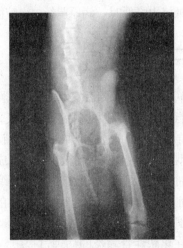

图 6 - 47　右侧股骨头坏死，股骨头　　　　　图 6 - 48　贵宾犬左侧股骨头坏死，
　　　　　　　变形密度下降　　　　　　　　　　　　　　　变形脱位密度下降

第九节　骨　髓　炎

　　骨髓炎实际上是骨组织（包括骨髓、骨、骨膜）炎症的总称。临床上以化脓性骨髓炎多见。按病情发展方式可分为急性和慢性两类。

一、发病原因

化脓性骨髓炎主要因骨髓感染葡萄球菌、链球菌或其他化脓菌而引起。感染来源有三种。

（一）外伤性骨髓炎

外伤性骨髓炎大多发生于骨损伤后，如开放性骨折、粉碎性骨折或在骨折治疗中应用内固定等，病原菌可直接经由创口进入骨折端、骨碎片间及骨髓内而发生。

（二）蔓延性骨髓炎

蔓延性骨髓炎系由附近软组织的化脓过程直接蔓延至骨膜后，沿哈佛氏管侵入骨髓内而发病。

（三）血源性骨髓炎

血源性骨髓炎发生于蜂窝织炎、败血症、腺疫等情况下，当骨组织受到损伤，抵抗力降低时，病原菌经由血液循环进入骨髓内引起发病。一般为单一感染。

二、临床与病理

病原菌侵入骨髓后发生急性化脓性炎症，其后可能形成局限性的骨髓内脓肿，也可能发展为弥漫性的骨髓蜂窝织炎。血源性骨髓炎时，脓肿在骨髓腔内迅速增大，穿破后病原菌通过骨小管达于骨膜下，形成骨膜下脓肿。脓肿将骨膜掀起，使骨膜剥离，骨密质失去血液供给，造成部分骨质和骨膜坏死。随后脓肿穿破骨膜，进入周围软组织，形成软组织内蜂窝织炎或脓肿，经一定时间穿破皮肤而自溃，急性炎症症状逐渐消退。由于死骨的存在，即转入慢性骨髓炎阶段。临床上一些外伤性骨髓炎的病理过程，通常比较缓慢，常取亚急性和慢性经过。

在化脓性骨髓炎的病理过程中，被破坏的骨髓、骨质、骨膜在坏死和离断的同时，病灶周围的骨膜增生为骨痂，包围死骨和骨样的肉芽组织，形成死骨腔。断离的死骨片分解后由窦道自行排除或经手术摘除后，死骨腔就有可能为肉芽组织所填充，肉芽组织经过逐渐钙化而成为软骨内化骨，这种骨组织始终不具有正常的骨结构；另一种情况是死骨腔内的死骨片未能排出，从而成为长期化脓灶，遗留为久不愈合的窦道。

急性化脓性骨髓炎发病经过急剧，患病宠物体温突然升高，精神沉郁。病部迅速出现硬固、灼热、疼痛性肿胀，呈弥漫性或局限性，压迫病灶区疼痛显著。局部淋巴结肿大，触诊疼痛。血液检查白细胞增多，重者发生败血病。

　　经过一定时间脓肿成熟，局部出现波动，脓肿自溃或切开排脓后，形成化脓性窦道，临床上只要浓稠的脓液大量排出，全身症状即能缓解。通过窦道探诊，可感知粗糙的骨质面；探针可进入骨髓腔。局部冲洗时，脓汁中常混有碎骨屑。

　　外伤性骨髓炎时，骨髓因皮肤破损而与外界相通，临床常取亚急性或慢性经过，可见窦道口不断排脓，无自愈倾向，窦道周围的软组织坚实，疼痛，可动性小。由于骨痂过度增生，局部形成很大面积的硬固性肿胀，通常可见局部肌肉萎缩。

三、影像学诊断

　　炎症早期仅见软组织肿胀，后期骨松质出现局限性骨质疏松，继续发展则出现多数分散不规则的骨质破坏区，骨小梁消失，破坏区边缘模糊，区内可见有密度较高的死骨阴影（图 6-49）。由于骨膜下脓肿的刺激，骨皮质周围出现骨膜增生，表现为与骨干平行的一层密度不高的新生骨。

　　慢性化脓性骨髓炎时，骨破坏区界限清楚，破坏区周围骨质增生反应明显，仍可见到死骨阴影。

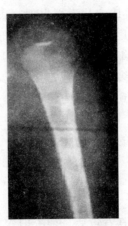

图 6-49　急性骨髓炎

骨小梁模糊、消失，破坏区边缘模糊，区内可见有密度较高的死骨阴影

第十节　犬全骨炎

　　犬全骨炎是自限性疾病，多发生于体型较大品种的幼龄犬，尤其是德国牧羊犬、大丹犬、圣伯纳犬、笃宾犬、金色猎犬、爱尔兰赛特犬、德国短毛指示

犬等。发病犬中雄性略多于雌性。发病年龄平均为 5～12 月龄。发病部位多在管状骨的骨干和干骺端。

一、发病原因

本病病因至今不明确。由于德国牧羊犬易患此病，因此认为遗传因子是本病的一个致病因素。本病于 1951 年第一次在欧洲报道，并称此病为慢性骨髓炎，以后称嗜酸性全骨炎、青年骨髓炎、内生骨疣、内骨症等，本病仅见于犬。

二、临床与病理

病犬突然跛行但无受伤历史，几天后跛行会自然减轻，但几周后又会在另一肢上出现。慢性情况下再发间隔可长达几个月，再发的管状骨有尺骨、桡骨、臂骨、股骨、胫骨等。随年龄的增长，症状程度变轻，再发的间隔时间延长。到 18～20 月龄以后，临床症状不再出现。病犬体温正常，无肌肉萎缩现象，压诊患骨的骨干可出现疼痛反应，严重者可出现厌食和倦怠。

病理特点是骨髓的脂肪细胞变性，然后是基质细胞增殖，膜内骨化，髓内小梁消失。骨内的原始病灶多出现在滋养孔附近，大约 20 天后，病变从骨干扩大到干骺端，一般不扩大到骨骺。约 30 天后，在最初出现病变的髓腔部位开始恢复，70～90 天后可完全恢复正常。但多次受到本病攻击的长骨也会变形、变粗，骨髓会失去正常的造血活性。

三、影像学诊断

X 线检查对本病的诊断具有重要价值，但 X 线所表现的病变严重程度与临床症状轻重无相关性；X 线征象在早期与晚期不及中期明显；病变可能在多块骨上存在。因此，应在多部位多次进行 X 线检查。

最常见的 X 线征象是发病长骨的骨髓腔内出现透射线性差的或不透线的阴影，阴影呈斑块状，密度中等，界限不清，部分骨小梁界限不清或消失，有时可出现骨内膜的骨性增厚及骨膜反应，骨膜上新骨形成一般是光滑的层状结构（图 6-50、图 6-51）。患病早期还可能出现骨髓腔内局灶性透明度增加的征象。

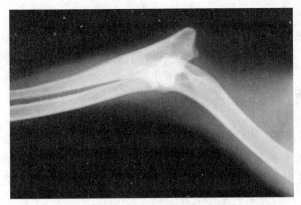 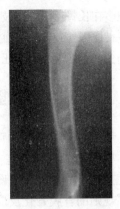

图 6-50　全骨炎　　　　　　　图 6-51　全骨炎

肱骨与桡骨尺骨骨髓腔片状高密度影　　肱骨骨髓腔片状高密度影

第十一节　犬肥大性骨营养不良

本病主要发生于大型犬的幼龄阶段，易受侵害的部位是长骨的干骺部；易受侵害的骨是桡骨、尺骨和胫骨，且多在远端的干骺部。其他长骨也可被侵害，包括掌骨、上颌骨、下颌骨、肋骨、肩胛骨，也可出现纤维性增厚和新骨形成的骨性肿胀。

一、发病原因

肥大性骨营养不良是青年大型或巨型犬易发的长骨干骺端的发育性骨病。长骨干骺端出现区域性坏死、缺乏骨沉积物、骨小梁因急性炎症发生微骨折。

确切的病因尚不清楚，有人认为与感染有关，但经培养未分离出病原菌。也有观点认为与机体缺乏维生素 C 或对维生素 C 的利用效率低有关，但对患病宠物用维生素 C 治疗，并没有见到好的效果。第三种观点认为给犬过多的食物添加剂使宠物营养过剩、矿物质过多可能是本病的致病因素。

二、临床与病理

本病常发于大型或巨型且处于快速生长发育阶段的犬，一般发病年龄在 3～6 月龄，易发品种有大丹犬、德国牧羊犬等。受累骨骼有桡骨、尺骨和胫骨，发病部位多在长骨远端。患肢常有肿胀、疼痛和跛行，严重病例还会出现肢体变形。由于各种原因导致干骺端血液循环障碍，发生骨化障碍或骨化延迟，干骺端出现一系列病变，包括炎症、坏死、骨小梁骨折和外骨膜成骨，引发不同程度的临床症状。

三、影像学诊断

所有骨的干骺端均可发病，但以桡骨和尺骨常见，通常为双侧对称性发生。典型的X线征象是在干骺端出现与生长板平行的、虫蚀状低密度线或低密度带。干骺端硬化（图6-52），干骺端区域有骨膜下新骨形成，伴有光滑或不规则的骨膜骨化反应，可能累及整个骨干。

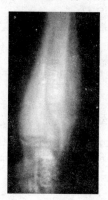

图6-52　犬肥大性骨营养不良
干骺端出现与生长板平行的、虫蚀状低密度线或低密度带，干骺端硬化

第十二节　骨软骨炎

骨软骨炎是由犬、猫局部或全身性的软骨内骨化障碍，即骨发育不良所致。常危害关节骨骺和干骺端软骨，以肩关节、肘关节、系关节、髋关节、膝关节和跗关节多发。本病可引起多种临床症状，最常见的有分离性骨软骨炎和软骨下囊状损伤（骨囊肿）两种。

一、发病原因

（一）营养和生长

饲喂全价营养饲料和处于生长时期的宠物发病率高。生长快的和喂精料过多的宠物易患本病。生长快的雄性犬比雌性犬发病率高 2 倍，且主要发生于大型犬，20kg 以下的小型犬和玩具犬几乎不发病。

（二）外伤

广泛的压迫可影响成熟过程中的软骨细胞的正常生长，反复的外伤可能造成软骨骨折及骨的离断。

（三）遗传因素

目前认为与宠物遗传性生长速度过快有关。

（四）激素代谢失调

骨钙化过程是在激素控制下进行的，雌性激素和睾酮抑制软骨细胞的增殖；糖皮质激素抑制骨骼生长；生长激素调节软骨细胞的有丝分裂；甲状腺素是软骨细胞成熟和增殖所必需的。已知激素代谢失调可引起骨生长紊乱，但激素在本病发生中的作用机制尚未完全清楚。

二、临床与病理

本病的发生一般认为主要由外伤引起软骨下骨缺血坏死造成，其早期变化是软骨内骨化异常。软骨内骨化过程包括软骨增殖、成熟和钙化，最后形成骨。软骨基质的钙化可导致软骨细胞的死亡。

在本病发生时软骨细胞正常增殖，但其成熟和分化过程异常。随着软骨细胞继续增殖，新生软骨被保留于周围的软骨下骨内，而较深层的软骨发生坏死，最后在坏死软骨内出现许多裂隙。如发病面积大，这些裂隙可延伸到关节表面，导致分离性骨关节炎。反之面积局限，坏死软骨就成为软骨下骨内的一个局部缺损——软骨囊状损伤。

分离性骨软骨炎多发于 2 岁以内幼龄宠物的股膝关节和胫跗关节。股骨远端发病往往跛行，胫跗关节则无跛行，关节渗出性病变明显。

三、影像学诊断

早期检查一般无明显变化，有时需经关节造影才能见到病变。当软骨下骨受侵蚀后可见关节面局灶性变平、凹陷或有缺损，关节腔内有小骨片或钙化的软骨片游离于关节腔内或附着在骨缺损旁（图 6 - 53）。检查时可做

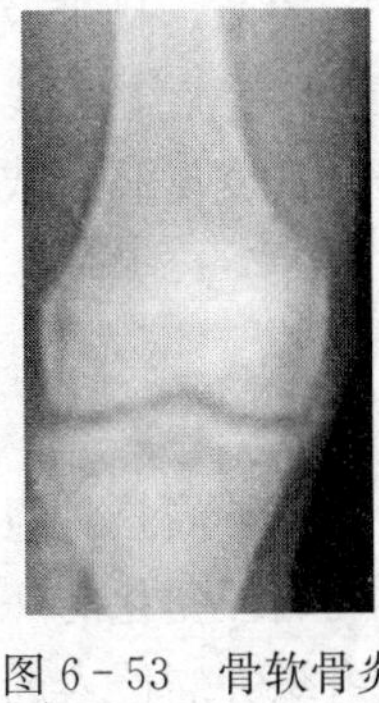

图 6 - 53　骨软骨炎

多个方位投照，如臂骨头应做侧位投照、肘部应做前后位和斜位投照、股骨远端及跗关节做斜位投照。

第十三节　外伤性骨膜骨化

外伤性骨膜骨化是骨膜直接受外伤或骨膜长期受机械性外力作用所引起的一种慢性骨膜炎。以骨膜增生和在骨表面形成新骨为主要特征，新生骨称为骨赘。

一、发病原因

本病常由骨膜直接受外伤或骨膜长期受机械性外力作用所引起。

二、临床与病理

本病常发部位为掌（跖）骨和指（趾）骨。由于存在长期慢性刺激，骨膜内层成骨细胞活动增加引起骨质增生。组织检查可见骨膜内层成骨细胞增多，有新生的骨小梁。

当骨赘较小或隐藏于深部时，临床检查难于发现，此时患病宠物也未见跛行。只有在骨赘增大后可见患部局限性隆起，触之较硬，无热无痛。当骨赘发生在肌腱或韧带的经路上时可引起跛行症状。

三、影像学诊断

关节、韧带及肌腱附着点处骨赘，见于犬髋结节、坐骨结节、椎骨棘突等肌腱附着点。X线征象为在关节囊外的关节韧带或肌腱附着点处骨皮质粗糙隆起，密度增高，或呈有明显突起的骨影，骨影致密均质，边缘清晰。

第十四节　四肢骨肿瘤

骨肿瘤是骨组织受肿瘤细胞的侵害，引起骨质破坏、吸收或增生硬化等一系列病理变化的一种骨骼疾病。骨肿瘤分为原发性、继发性（转移性）和邻近软组织肿瘤侵入局部发生的肿瘤。

一、发病原因

（一）原发性恶性骨肿瘤

原发性恶性骨肿瘤包括骨肉瘤、软骨肉瘤、纤维肉瘤、血管肉瘤及多发性骨髓瘤。

（二）继发性骨肿瘤

继发性骨肿瘤为恶性肿瘤，由身体其他部位的恶性肿瘤转移至骨骼，比原发性骨肿瘤诊断率低。常见类型有淋巴肉瘤和腺癌，多来源于乳腺、前列腺或肺肿瘤灶。肿瘤灶呈多发性，可发生在任何骨上。在长骨主要侵袭骨干，病灶呈骨质浸润性破坏和不同程度的骨质增生。

（三）良性骨肿瘤

多发部位为四肢和头骨，生长慢，大小不定，质硬。

（四）骨软骨瘤

骨软骨瘤常发于长骨远端，犬常见。内生软骨瘤，多见于幼年宠物，可单发或多发，与骨软骨瘤相似。骨纤维瘤，由大量纤维组织与少量骨质构成。骨囊肿，为单发性骨的瘤样病变，并非真正肿瘤，病因不明，多发生于长骨干骺端。

二、临床与病理

骨肉瘤为临床常见的骨组织恶性肿瘤，多发于成年的大型或巨型犬。好发部位为长骨干骺端，病变发展迅速，可发生早期远处转移，预后较差。

主要表现为局部进行性疼痛、肿胀、跛行、厌食、体重减轻，常并发患部感染。若发生肺转移，则有呼吸困难的表现。

三、影像学诊断

（一）影像学检查的意义

影像学检查对于诊断骨肿瘤有重要的意义，不仅能准确显示出肿瘤的部位、大小、邻近骨骼和软组织的改变，对多数病例还可初步判断肿瘤的性质、原发性或转移性，为确定治疗方案和预后提供有价值的信息。

（二）恶性骨肿瘤的 X 线征象

恶性骨肿瘤生长快，破坏性强，较早出现肿瘤转移。肿瘤常位于长骨的干骺端。肱骨的近 1/3（图 6-54）、桡尺骨的远 1/3、股骨近 1/3 或远 1/3、胫骨近 1/3 或远 1/3、尺骨近 1/3。肿瘤灶周围软组织阴影增厚、浓密，有时可见肿瘤性软组织块阴影。肿瘤呈浸润性生长。在肿瘤灶和正常骨之间有一块界限不清的过渡区，骨皮质破坏；有不同程度的骨质增生，新生骨可伴随肿瘤生长侵入周围软组织，骨膜浸润性骨化。肿瘤灶处及邻近骨膜多呈放射状、花边状骨化或考德曼三角型骨化，均是恶性骨肿瘤常见的骨膜骨化，通常不累及关节或越过关节累及其他各骨。肿瘤的晚期多发生肺转移，胸部 X 线片上可见多量、大小不等、分布范围较广的球形高密度阴影。

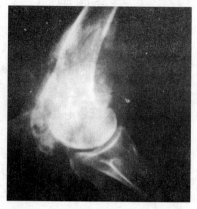

图 6-54　肱骨的近 1/3 处骨肉瘤

（三）良性肿瘤的 X 线征象

良性肿瘤的发生一般无明显的品种、年龄和部位差异，肿瘤生长缓慢，可引起病理性骨折。肿瘤灶不侵袭周围软组织，故无炎性肿胀，仅可能因肿瘤推移而突出。肿瘤灶骨质密度降低或增高，范围小，界限清晰。邻近骨皮质膨胀或受压变薄，但骨皮质不中断。单发或多发，但不转移。

（四）骨肉瘤的 X 线平片特征

除具备前述的 X 线征象外，骨肉瘤尚有其发病特点：肿瘤灶起源于骨髓腔，表现为骨髓腔内不规则的骨破坏和骨增生；有不同形式的骨膜增生和骨膜新生骨的再破坏；软组织肿胀并在其中形成肿瘤骨。确认肿瘤骨的存在是诊断骨肉瘤的关键，肿瘤骨表现为云絮状、针状和斑块状致密影（图 6-55、图 6-56）。骨肉瘤有成骨型、溶骨型和混合型，以混合型多见。

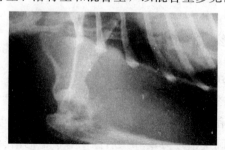

图 6-55　肱骨骨肉瘤

骨皮质破坏，不同程度的骨质增生，新生骨伴随肿瘤生长侵入周围软组织

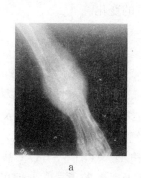
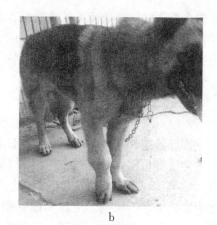

a
b

图 6-57　骨肉瘤
a. X 线图　b. 患犬关节肿大

第十五节　肥大性骨病

一、发病原因

本病中骨的变化仅是某些系统疾病的病理过程。多数病例与某种肺部疾病有关，尤其多见于肺肿瘤，包括原发性肺肿瘤和肺部转移性肿瘤，还有肺脓肿、慢性支气管炎、感染性肺肉芽肿、肺结核等，也有少数病例见于非肺内疾病过程。

二、临床与病理

本病的病理机制尚不完全了解，可能是肺部病变时刺激胸膜，引起迷走神经或肋间神经的反射，导致四肢远端外周血流加速和局部被动性充血。这些过多的血液因含氧量不足，造成局部组织氧和不全，刺激骨膜增生，并逐步向上发展，引起爪和长骨的新骨形成。

常表现为四肢突然跛行，跛行渐进性加重。病肢远端常有连续几个月进行性增粗的病史。触诊四肢见远端长骨呈对称性硬肿，患部温热，有压痛。有的病例长期伴有咳嗽、轻度呼吸困难症状。原发病灶消除后跛行及骨肥大病变可随之消退。

肉眼可见的病变是病骨上有粗糙不平的外生骨瘤，多呈结节状，覆盖在病骨的皮质表面。显微镜下见大量富含血管的结缔组织增生，覆盖在病骨远端的骨和肌腱上。骨内膜上没有新骨形成。如出现关节病则滑膜增厚、发炎，关节内有渗出，关节面上很少出现像在骨上那样严重的变化。

三、影像学诊断

四肢远端长骨，尤其是掌（跖）骨及第一、二指（趾）骨上出现双侧肢对称的骨膜骨化阴影（图6-57）。早期骨膜骨化多发生于指（趾）骨及非轴向骨，如第二、五掌（跖）骨上，以后则逐渐波及整个四肢远端长骨上。骨膜骨化阴影光滑或不规则，呈现"栅栏型"或"花边型"（图6-58）。病程长久者，新生骨逐渐增厚、致密、表面平滑。骨内膜及骨髓腔无异常，但可因骨外膜下新生骨的遮蔽而轮廓不清。患部软组织阴影稍增厚。原发病灶被控制或痊愈后，骨膜骨化的阴影迅速消退，一般需3~4个月时间。

 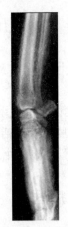

图6-57 犬肥大性骨病　　图6-58 犬肥大性骨病
掌骨骨膜骨化　　　　　　长骨骨膜骨化

第十六节　桡骨和尺骨发育不良

本病多是由于近端或远端生长板受到损伤，生长板部分或完全融合，导致骨的生长速度不一致，桡骨和尺骨发育异常。骺板受损常见于创伤、不良发育和骨化、限制性植入物的植入或由于骨折愈合中造成的桡、尺骨骨性连接。此发育不良可导致前肢角度和长度发生异常，腕、肘关节脱位并继发骨关节炎。

一、发病原因

本病常发于无软骨形成品种的犬，如斗牛犬、巴哥犬、Boston terrier 犬；也发生于软骨形成不良的犬，如腊肠犬、比格犬、巴塞特犬等。

二、临床与病理

犬前肢正常发育的基础是桡骨与尺骨同步生长，就每一单独骨来说生长速度可有不同，但不应限制骨和关节生长发育的一致性。

任何一块骨骼的生长发生变化，都会影响邻近的骨骼和近端或远端的关节。桡骨是前肢的主要负重骨，其长度的 60% 由远端骨骺生长而成。尺骨有约 85% 的长度由远端骨骺生长而成。大多数犬在 4～8 月龄时骨骺生长加快，9～11 月龄时减慢。

任何原因引起任何骨的骨骺病变都会使骺板提前闭合而影响相邻骨骼。尺骨远端骺板提前闭合时，变短的尺骨限制桡骨生长，可导致桡骨向前弯曲及肘关节半脱位；桡骨远端提前闭合时，使桡骨变短、肘和腕关节异常连接、桡尺骨向后弯曲。

发病犬多数表现为不同程度的跛行，关节疼痛和肢体变形。如为创伤所致，则常为单侧发生；一些由品种原因发生的发育性病变，则多为双侧性。

三、影像学诊断

在对该病进行 X 线检查时，投照时应将桡骨和尺骨的远、近端关节包含在同一张 X 线片上，同时要拍摄对侧桡、尺骨 X 线片进行对照。尺骨远端骺板提前闭合可见尺骨远端骺板钙化，桡骨远端骺板仍为线状软骨低密度阴影。由于桡骨长度大于尺骨而被动向前突出弯曲，远端后方骨皮质增宽。尺骨骨干缩短、变直、横径可增大，远端茎突上移。桡、尺骨间隙增大，桡腕关节及臂尺关节的关节间隙增大，关节骨对位不良（图 6-59），关节处于半脱位状态。桡骨远端骺板提前闭合时可见骨远端骺板钙化，尺骨远端骺板时有线状阴影。桡骨骨干失去正常生理弧度而变直、缩短，尺骨远端茎突下移。桡腕关节的关节间隙增大，肘关节半脱位。

桡骨近端骺板提前闭合时可见桡骨近端骺板提前钙化，桡骨短缩，尺骨向

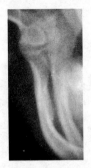

图 6-59　尺骨远端骨骺提前闭合，桡骨前弯臂尺关节变宽

后方隆突弯曲，桡、尺骨间隙增大，臂桡关节、桡腕关节半脱位。此类病变不常发生。

第十七节　犬肘关节发育不良

肘关节发育不良是一种严重的遗传性疾病，多发生于幼犬阶段，终生影响犬的运动。在某些品种或犬群中发病率较高，特别是工作犬品种，如罗威纳犬、德国牧羊犬、英国史宾格犬和拉布拉多犬等。

一、发病原因

肘突未愈合幼犬生长发育至 4~6 月龄时，肘突骨化中心与尺骨近端干骺端已经融合，如果由于肘部受力和运动不平衡引起肘突骨化中心与尺骨近端干骺端分离，则易发生肘部骨折。本病多发生于 5~8 月龄的大型犬，肘关节屈曲、指深部触诊疼痛、软组织肿胀。内侧冠状突不连接是由于肘关节内侧冠状突部分或完全与尺骨干分离，使肘关节内侧冠状突不能成为滑车切迹关节表面的一部分，造成肘关节松弛、疼痛，可继发骨关节病。

二、临床与病理

肘关节发育不良指肘关节的一组发育性疾病，此类疾病主要包括肘突离裂、冠状突碎裂、肱骨内髁软骨炎及肘关节不协调等。

（一）肘突离裂
正常情况下，犬出生后肘突是一块与尺骨分离的软骨，随着犬的生长，肘突渐渐与尺骨融合，并在约 5 月龄后与尺骨紧密结合而成为尺骨的一部分。但在本病中，由于桡骨和尺骨生长的不一致或其他原因，5 月龄后肘突与尺骨之间没能完全结合，而形成了处于分离状态的一块骨粒。

（二）冠状突碎裂

正常情况下冠状突应在 12～14 周龄开始骨化，20～22 周龄完成并成为尺骨的一部分。然而在本病中，由于肘关节不协调或桡骨和尺骨生长不同步（或两者兼而有之），冠状突与尺骨部分或全部分离，肘关节内存在一块或多块松散的附着于桡、尺关节的骨质碎片。

（三）肱骨内髁软骨炎

正常情况下，肱骨内髁在出生后 4～8 月龄（依不同品种）出现骨化中心，并在 6 月龄左右分别与肱骨远端的骨骺和骨干后端结合。但本病中由于骨骼的异常生长使得肱骨远端软骨发育异常，内髁变弱，形成一个分离的皮片状物。

（四）肘关节不协调

由于桡骨和尺骨生长不同速或骨骼发育异常，形成的肘关节面之间不协调。所有这些原发性异常均是仔犬生长发育阶段产生的，并随着时间的推移继发关节病。这种关节病是进行性的，在犬的一生中会不断变化。

肘关节发育不良的常见的症状是前肢跛行（特别是运动之后），肘关节肿胀和前肢姿势异常。犬首次出现症状一般在 4～10 月龄，继发肘关节炎前可能有所好转。多数患犬一侧前肢出现症状，但也有 20%～50% 的犬两侧前肢都出现症状。不过，许多患犬并不出现明显的临床症状，只有当进行 X 线诊断时才能发现疾病的存在。

三、影像学诊断

X 线检查对本病的诊断至关重要，拍片时宠物取侧卧位，患肢在下，充分屈曲患肢，应同时拍摄肘关节内、外侧位 X 线片。

肘突未愈合幼犬生长发育至 4～6 月龄时，肘突骨化中心与尺骨近端干骺端已经融合，如果由于肘部受力和运动不平衡引起肘突骨化中心与尺骨近端干骺端分离，则可发生肘部骨折；屈曲肘关节做侧位 X 线片检查可见肘突分离，不要忽略对侧肢的肘关节。

肱骨内侧上髁不连接是由肱骨远端内上髁的骺软骨内融合障碍引起的一种疾病。X 线片检查可见肱骨内侧上髁的尾侧和远侧有致密的阴影。

内侧冠状突不连接是由于肘关节内侧冠状突部分或完全与尺骨干分离，

使肘关节内侧冠状突不能成为滑车切迹关节表面的一部分，造成肘关节松弛、疼痛，可继发骨关节病。本病的早期，X 线片检查可见一条低密度带（裂缝）。

第十八节　犬佝偻病

佝偻病是幼犬由于缺乏维生素 D 和钙而引起的一种代谢病。主要表现为生长中的骨化过程受阻，长骨因负重而弯曲，软骨肥大，肋骨与肋软骨结合处出现圆形膨大的串珠样肿。临床上以消化紊乱，异嗜，跛行，四肢骨、椎骨等变形为特征。

一、发病原因

维生素 D 不足是佝偻病发生的主要原因。

幼犬的维生素 D 是通过饲料和母乳摄取的，在母犬营养不良、母乳或断奶之后的饲料中缺乏维生素 D、幼犬阳光照射不足，或消化不良、维生素不能被充分吸收等原因均可引起维生素 D 不足或缺乏，进而影响钙的吸收和骨盐的沉积，发生本病。钙、磷缺乏或严重比例不当、甲状旁腺机能异常，也是佝偻病发生的重要原因。此外，尿毒症或遗传缺陷时，对维生素 D 的需要量增加，也容易发生佝偻病。肠内寄生虫过多时，寄生虫能妨碍寄主对钙、维生素族、蛋白质的吸收，从而诱发佝偻病。

二、临床与病理

前期症状，可见有异嗜，如吃墙土、泥沙、污物等，后期因关节疼痛而呈步态强拘、跛行，起立困难，特别是后肢的运步受到阻碍，犬往往呈膝弯曲姿势、O 状姿势、X 状姿势（图 6-60）。

本病的病理变化是全身性骨基质钙化不足，骺板软骨内骨化障碍和继发性负重长骨弯曲变形，严重者发生骨折。骺板和干骺端是主要病变区，生长迅速的部位如肋骨胸端、桡骨远端、尺骨远端、股骨远端及胫骨两端的骺板区是主要发病部位，由于软骨基质钙化不足和骨样组织不能钙化而大量堆积于骨骺软骨处，并向四周膨大。此外，还可能因骨质脱钙和原有的骨结构被吸收而发生普遍性的骨质软化、密度降低，骨小梁稀少、粗糙，骨皮质变薄或分层等改变。

图 6 - 60　佝偻病幼犬

三、影像学诊断

　　根据病犬年龄、发病缓慢、骨骼变形、X 线检查骨质密度降低等征象，可以诊断，如能测定血清中钙和磷的含量，则更有助诊断。

　　典型病变在长骨的干骺端，主要的 X 线检查部位为桡骨、尺骨远端及肋骨的胸端。较早的变化在骺板，表现为临时钙化带不规则、模糊、变薄以至消失（图 6 - 61）。干骺端边缘凹陷变形，明显者呈杯口状变形，其边缘因骨样组织不规则钙化而呈毛刷状致密阴影，干骺端宽大。骨骺出现延迟，密度低、边缘模糊乃至不出现。骨骺与干骺端的距离由于骺板软骨增生、肥大、堆积、不骨化而增宽。肋骨胸端由于软骨增生而膨大，形成串珠肋，X 线表现为肋骨胸端呈宽的杯口状。

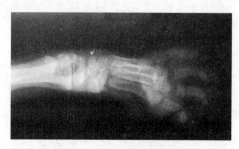

图 6 - 61　佝偻病幼犬

第十九节　关节扭伤

关节扭伤是关节在突然受到间接外力的作用时，关节过度伸屈或扭转，使关节超出了生理活动范围而发生的关节损伤。

一、发病原因

关节扭伤常见于跳跃障碍、失足蹬空，肢体嵌夹于洞穴时急速拔腿等情况。

二、临床与病理

轻者引起关节韧带和关节囊的剧伸，严重者导致韧带和关节囊撕裂及关节软骨或骨骺损伤。关节囊或滑膜囊破裂，引起关节腔内出血或关节周围出血、渗出，关节周围软组织的损伤还会导致循环障碍和局部水肿。转为慢性后可继发关节周围纤维化或骨化，发展为变性性关节疾病。临床上患犬、猫出现跛行，疼痛明显，患病关节肿胀、温热，固定不稳或脱位、半脱位。

三、影像学诊断

在扭伤后立即拍片的急性病例，可见患关节周围软组织阴影密度增高、增大。可能发现有关节周围撕脱性骨折、碎片骨折、关节内骨折，严重者可见关节脱位或半脱位。侧韧带断裂者还可见关节间隙宽窄不均。在慢性病例，关节周围可能出现骨赘或广泛性骨化的致密阴影，关节面可能出现变性性关节疾病的 X 线征象。

第二十节　感染性关节炎

感染性关节炎是指由病原微生物侵袭关节引起的疾病。

一、发病原因

外源性的关节感染，常见于关节透创后病原菌直接感染或关节周围组织化脓性炎症的蔓延；血源性感染，肺炎、脐带炎、泌尿道感染等原发性病灶的病原菌经血循环感染至关节；医源性的感染，见于关节切开术、关节腔穿刺等手术中的污染。

二、临床与病理

病变发展大致分为三个阶段。早期为浆液渗出期，关节滑膜充血、水肿，有白细胞浸润；关节腔内有浆液性渗出液，液体内有大量白细胞，关节软骨没有被破坏。随着炎症的发展出现浆液纤维蛋白性渗出，渗出液量增加，性质黏稠，细胞增多，内有白细胞、细菌和纤维蛋白。滑液中出现酶类物质，酶类物质破坏软骨的基质，使胶原纤维失去支持，在负重和活动时受压力和碾磨而断裂，关节软骨遭到破坏。滑膜和关节软骨遭到破坏后，炎症继续侵犯软骨下骨质，关节囊和周围软组织有蜂窝织炎病变，附近有骨质增生，病程长久后继发变性性关节疾病。

临床跛行明显，患关节肿胀、热、触诊疼痛，有的形成脓瘘。

三、影像学诊断

急性期仅可见关节周围软组织阴影扩大或关节囊膨胀，阴影密度增高，关节间隙增宽，此时化脓病变极易破坏关节囊、韧带而引起关节的脱位或半脱位。构成关节的骨骼可有一时性废用性骨质疏松。后期关节软骨被破坏则引起关节间隙的狭窄或消失，骨面毛糙。当感染至软骨下骨时，可见骨质破坏和增生。附近骨有骨髓炎时，则出现骨髓炎的一系列病变。

第二十一节　骨关节病

骨关节病是始发于关节软骨的非炎性、退行性疾病。骨关节病以关节软骨破坏，软骨下骨硬化及关节周围形成骨赘为特征，是人和宠物的常见病。在犬多发于负重较大的关节，如髋关节、膝关节、肩关节、肘关节及胸椎椎间关节和颞颌关节等。本病也称为变性关节病、骨关节炎。

一、发病原因

变性性关节病是一种慢性关节疾病，它的主要病变是关节软骨的退行性病变和继发性骨质增生，该病从病性上属非炎性关节疾病，故常称为骨关节病。

变性性关节疾病按致病因素可分为原发性和继发性两种类型。原发性骨关节病多因机体关节常年应力不均，随年龄的增长，结缔组织易发生退行性变化，尤其是软骨可因承受不均应力而出现破坏，过多的关节活动容易使局部的骨关节病提前出现。任何使关节不稳或改变其负重功能的损伤都可引起继发性骨关节病。如先天性关节构形不良（膝内翻、膝外翻）、犬髋关节发育不良、髌骨脱位、关节内骨折、股骨头软骨溶解、关节不稳定、长期不恰当地使用皮质激素引起的关节软骨病变等。

二、临床与病理

患病关节疼痛，患肢跛行，疼痛于运动后、气候变冷后加重，具有间歇性。慢性病例关节囊增厚、肌肉萎缩，滑液检查可见滑液量正常或增多（急性期），无纤维性或黏蛋白性凝块，细胞计数正常或略高。本病可发生于一个关节，也可多个关节同时发病，负重关节如髋关节、膝关节及肘关节最易发病。骨关节病的早期症状不明显，只有在关节功能出现障碍时才可见到明显跛行。关节不灵活，触摸患部疼痛，疼痛有时与气候有关，每当天气突变，疼痛也会加重。

三、影像学诊断

X线检查可见关节腔狭窄，关节面不平滑，关节骨磨损或增生硬化，关节周围骨质增生，关节囊增厚或钙化。病程长久者可发展为关节脱位或关节愈着。关节内骨折和关节感染继发的变性性关节疾病可发展为关节周围骨性愈着或关节内骨性愈着。

第二十二节　犬类风湿性关节炎

犬类风湿性关节炎是犬的一种自身免疫病，是由犬自身免疫造成的组织损伤。自身免疫又称自身变态反应，是机体自身的免疫系统和自身的正常组织细胞或其他成分发生免疫反应的结果。其主要病变发生在关节，但机体的其他系统也会受到一定的损害。

一、发病原因

风、寒、潮湿等因素对此病的发生起着重要作用。犬舍潮湿、阴冷，犬出汗后被雨浇淋，受贼风侵袭，夜卧于寒冷潮湿地面或露宿于风雪之中，以及饲养管理不当等都是诱发本病的原因。本病常侵害小型或中型的中年犬。

二、临床与病理

早期可见滑膜炎性反应，滑膜充血、水肿、纤维蛋白渗出，滑膜增殖和绒毛增生致滑膜增厚，滑膜内有典型的单核细胞、淋巴细胞和浆细胞浸润。关节内有积液，滑液内有大量中性粒细胞。炎性肉芽组织侵袭滑膜下结缔组织，引起肿胀，并侵及关节囊和韧带。肉芽组织布满关节面，形成血管翳，干扰关节软骨摄取来自滑膜的营养物质，引起软骨坏死。在关节边缘，肉芽组织侵袭软骨下骨，产生局部骨溶解，吸收后形成囊性病变。此外，关节周围的肌腱、腱鞘也可发生类似的肉芽组织浸润，影响关节功能。

易发关节有腕关节、膝关节、肘关节、跗关节、肩关节。患病宠物表现为关节渗出，关节周围软组织肿胀，跛行。疾病的发生有游走性、对称性，容易复发的特点。关节活动受限，疼痛，肌无力、萎缩，关节畸形。

三、影像学诊断

X线检查表现为关节周围软组织肿胀影，尤其是指、趾关节周围呈梭形肿胀，其次为腕、肘、膝等关节，肩、髋关节虽也易受累，但肿胀不易看出。早期表现为局限性骨质疏松，严重时则呈弥漫性骨质疏松，且多发生于骨端。根据骨质疏松程度，可分为三度：轻度松骨质小梁变细变小，关节面下可见透亮线，骨密度轻度降低；中度骨密度普遍减低，骨小梁稀小模糊，有囊状透亮区，骨质变薄，呈横行的透亮带改变；重度骨密度明显减低，骨纹理模糊不清，骨皮质变薄且密度减低而与周围软组织难以区别。骨膜增生，多见于小管状骨病变早期。由于炎症侵害骨附着处的肌腱、韧带，刺激骨膜增生而出现层状、花边状或羽毛状致密阴影。上述改变是风湿性关节炎的特点之一，出现早、消失也快，有时可与骨皮质融合形成骨膜增厚或骨膜斑，出现干骺端喇叭状增宽，整个骨干增粗。晚期可见四肢肌萎缩，关节脱位或半脱位，骨端破坏后形成骨性融合。

第二十三节　滑膜性骨软骨瘤

滑膜性骨软骨瘤是滑膜细胞发生化生而形成成软骨细胞，以致在滑膜内有软骨组织沉积。

一、发病原因

本病起因尚不明确。

二、临床与病理

沉积的软骨变成骨化中心，不断生长，呈蒂状，然后脱落于关节腔内成游离体，又称为"关节鼠"。本病犬、猫均有发生，临床表现为受累关节肿胀、疼痛及压痛，关节穿刺可抽出积液。关节活动时有响声、绞锁征，活动受限。

三、影像学诊断

滑膜性骨软骨瘤的 X 线检查常见关节内出现多个圆形、边界清楚、结节状高密度阴影。有些软骨瘤钙化，有些无钙化征，经关节造影可显示其病变。

第七章
脊柱疾病的影像学诊断

脊柱疾病在宠物临床发病较多，影像学检查手段也是诊断脊柱疾病的最佳检查方法。本章主要介绍宠物临床中发病率较高的脊柱疾病的 X 线影像表现。

第一节　颈椎骨折

颈椎骨折一般好发部位为前 4 个颈椎，尤其第 3、4 颈椎发生最多。颈椎骨折可分为椎体骨折、椎体不全骨折和椎骨棘突、横突等骨折。

一、发病原因

强大的直接或间接暴力是最常见原因，如跌落时头颈部着地，人为粗暴打击，动物间剧烈打斗，猛烈冲撞，头部保定不确实时动物大幅度摇摆头颈等。颈部肌群的强力收缩，也可能导致椎骨突起的骨折。骨代谢病如骨质疏松、佝偻病、氟中毒等是颈椎病理性骨折的诱因。

二、临床与病理

颈椎骨折的临床表现因受伤部位及对脊髓和脊神经的影响程度不同而有较大的差异。

第 2 颈椎骨折时，头颈呈强直姿势。其他椎体骨折一般都有不同程度的斜颈。患部因软组织损伤而出血，可导致肿胀，但需与单侧肌肉收缩和头颈低位时的水肿相区别，触压肿胀部位时疼痛反应明显，一般不易出现骨摩擦音。颈部运动障碍，多数椎体骨折病例患病犬、猫卧地不起，即使人为使之站立，运步也很勉强，头低垂，前肢不愿负重。当椎体腹侧骨折并伤及气管时，可出现气管塌陷或狭窄，从而出现呼吸困难。一般情况下，颈椎椎体全骨体都可能伤及脊髓及附近脊神经，椎管内还可能形成血肿并压迫脊髓，从而出现高位截瘫。这种情况预后不良。

　　颈椎的棘突、横突等附件骨折时，症状轻微，有不同程度斜颈、局部压痛、颈部肌肉强直、局部出汗、运动受限等症状。

　　一般来说，颈椎的压缩性骨折少见。

三、影像学诊断

　　根据病因、病史、症状等进行综合分析，确诊需进行 X 线诊断（图 7-1）。X 线检查要拍摄侧位与正位片，注意观察骨折线。同时需注意颈椎突起、椎弓的病变，怀疑有脊髓损伤时，还可进行脊髓造影，以确定脊髓是否受压。

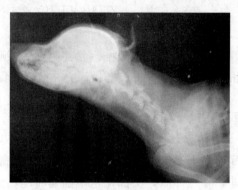

图 7-1　寰椎骨折

第二节　颈椎脱位

　　颈椎脱位是由于暴力作用于颈椎，导致椎关节脱位，并可能导致脊髓损伤的外科病。本病可分为全脱位与不全脱位两类，以不全脱位多见。本病在斜颈中占有一定比例。由于第 4～6 颈椎活动范围大，故更易发病，其他颈椎也可发生。

一、发病原因

　　主要是机械性暴力作用于颈椎，如冲撞、打击、猛跌、强烈拖拉、猛烈挣扎等，使颈椎关节超出活动范围而突然发病。

二、临床与病理

颈部突然出现异常，表现出不同程度的斜颈症状。头颈偏向一侧，即使轻轻复位，松手后又会弹回原位。不全脱位时症状表现较轻，全脱位时局部畸形明显，头颈倾斜严重，也不易复位。全脱位时，往往由于脊髓受到损伤而卧地不起。颈椎脱位的部位不同，症状也有差异。在寰枢关节脱位时，表现头部僵直、上扬，颈部感觉过敏，前、后肢运动失调或不同程度的轻瘫；其后的颈椎脱位时，可发生四肢痉挛性麻痹和四肢反射活动过强，如损伤严重，尤其是伤及膈神经时，可发生高度呼吸困难甚至窒息死亡。

三、影像学诊断

应根据病因、病史和临床表现，结合 X 线检查，作出诊断。X 线检查对确诊和治疗有重要意义。作 X 线检查时，通常需全身麻醉。X 线片能确定脱位的部位和程度，如需确定脊髓损伤的程度，可作脊髓造影检查。

第三节　颈椎间盘脱出

颈椎间盘脱出是指由于颈椎间盘变性，纤维环破裂，髓核向背侧突出压迫脊髓而引起的以运动障碍为主要特征的一种脊椎疾病。多见于体形小、年龄不大的犬，猫也可发生。该病可分为两种类型，一种是椎间盘的纤维环和背侧韧带向颈椎的背侧隆起，髓核物质未断裂，一般称之为椎间盘突出；另一种是纤维环破裂，变性的髓核脱落，进入椎管，一般称之为椎间盘脱出。

一、发病原因

本病主要是由于椎间盘退行性变化所致，不过退变的诱因目前尚无定论。

（一）品种和年龄
很多品种犬都可发病，不过德国猎犬、北京犬、法国斗牛犬等品种发病率较高。3～6 岁犬发病率最高。

（二）遗传因素
有人通过对德国猎犬系谱分析，发现椎间盘脱位的遗传模式一致，既无显性也无连锁性，有易受环境影响的多基因累积效应。

（三）激素因素

某些激素如雌激素、雄激素、甲状腺素和皮质类固醇等可能会影响椎间盘的退变。

（四）外伤

一般不会导致椎间盘脱出，但可作为诱因。

二、临床与病理

颈椎间盘突出的好发部位为第 2～3 节和第 3～4 节椎间盘。

由于椎间盘突出而压迫神经根、脊髓或椎间盘本身，故颈部疼痛十分明显，患病宠物拒绝触摸颈部，疼痛常呈持续性，也可呈间歇性。头颈运动或抱住头颈时，疼痛明显加剧。触诊时颈部肌肉高度紧张，颈部、前肢过度敏感。患畜低头，常以鼻触地，耳竖立，腰背弓起。多数患畜出现前肢跛行，不愿行走。重者可出现四肢轻瘫或共济失调。

三、影像学诊断

根据病史和症状可作出初步诊断，确诊则需进行 X 线脊髓造影检查或 CT 等影像学检查。

一般取侧位和腹背位拍摄。椎间盘脱位时可见髓核和纤维环矿物化、椎间隙变窄、椎管内有矿物化团块和椎间孔模糊等（图 7 - 2）。脊髓造影检查可准确确定椎间盘突出部位。椎间盘突出显示为硬膜外病灶，脊髓受压移位，造影剂在椎管内的柱状影像向背侧突起或分布中断（图 7 - 3）。

图 7 - 2　颈椎间盘突出
第 6 与 7 椎间隙狭窄、椎管内有
矿物化团块和椎间孔模糊

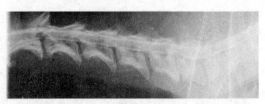

图 7 - 3　颈椎间盘突出
脊髓受压移位，造影剂在椎管内的柱状
影像向背侧突起

第四节　胸腰椎骨折

胸腰椎骨折是指胸腰椎椎体、横突、棘突的骨折。

一、发病原因

脊椎骨折常由交通意外、摔倒、跳跃、打击、踢伤、咬伤等暴力作用所致。脊椎横骨折、压缩性骨折、横突骨折、棘突骨折等各种典型骨折均可单独发生，也可与脊椎半脱位或全脱位一并发生。

二、临床与病理

脊椎骨折与脱位多发于犬后段胸腰椎。

胸腰椎骨折后，常表现希-谢二氏现象（前肢极度伸展和截瘫）。

脊髓如因脊椎骨折与脱位而受压、损伤或毁坏，则临床视其部位不同，可出现轻瘫、截瘫、痛觉减退、无痛觉、反射减弱、无反射等。如果损伤位于较前段脊柱，则后段脊柱反射消失或增强。损伤部疼痛，脊柱移位。

三、影像学诊断

应注意有无脊椎轻度移位和方向改变、压缩性骨折、椎间隙狭窄、棘突或横突骨折，以及游离的骨碎片等。所有检查和搬运时都应确保脊柱的稳定。

诊断椎体骨折需做正位（图7-4）与侧位（图7-5）X线检查。椎体骨折与棘突骨折首选侧位片（图7-6），横突骨折首选侧位片。椎体骨折可波及椎间隙，椎间隙狭窄或增宽。脊柱异常成角，椎体的外侧缘、腹侧缘或背侧缘中断。与邻近脊椎比较，可见椎体与椎弓的形状、大小发生改变。

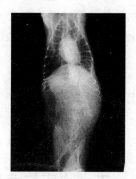

图7-4　腰椎骨折正位片

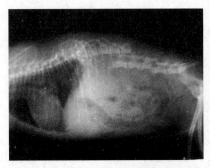 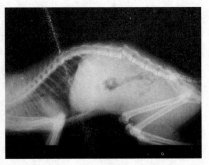

图7-5　腰椎多段骨折侧位片　　　　　图7-6　腰椎骨折

第五节　腰椎椎间盘突出

　　腰椎椎间盘突出是由于腰椎间盘变性，其纤维环局限性膨出或因髓核破裂而致的纤维环突出，从而压迫脊髓或脊神经根而引起的以后躯感觉和运动障碍等为特征的一种脊椎疾病。

一、发病原因

　　椎间盘渐进性的退变是本病常见病因。腰椎间盘脱位可能与下列因素有关。

（一）外伤

　　外伤可引起纤维环和软骨终板的破裂，促使椎间盘脱位。这些外力因素包括动物从高处跳下，上下楼梯，嬉戏时跑跳，两后肢触地直立，在光滑的地板上突然跌倒等。但外伤可能并不是导致椎间盘退变的重要原因。

（二）遗传

　　多发于某些小型犬种，如腊肠犬、北京犬、法国斗牛犬、贵宾犬、可卡犬、西施犬、拉萨狮子犬等，且近亲繁殖发病率增高，但无性别差异。

（三）内分泌因素

　　某些激素如雌激素、雄激素、甲状腺素等可能导致椎间软骨的退变。

二、临床与病理

　　椎间盘位于相邻两个椎体之间，由纤维环、髓核和软骨终板三部分组成。纤维环由多层呈同心圆排列的纤维软骨构成，其腹侧厚度约为背侧的 2 倍；髓核为胶状物质，富有弹性，位于纤维环的中央；软骨终板又称软骨盘，覆盖于前后椎体的骨骺端。椎间盘连接椎体，可允许椎体间有少量的运动，同时又可减缓震动。

椎间盘主要由蛋白聚糖、胶原蛋白、弹性硬蛋白和水等组成。椎间盘髓核中央蛋白聚糖和水含量较高。随着宠物年龄增长和椎间盘变性，髓核中蛋白聚糖含量下降，而胶原成分增加。蛋白聚糖的多糖组成成分也发生改变，硫酸软骨素下降，硫酸角质素增加。同样地，纤维环蛋白聚糖减少，胶原增加，但硫酸角质素与硫酸软骨素的比值高于髓核中的比值。椎间盘由于其生物化学结构的改变，组织液逐渐减少，其缓冲震动的能力也随之降低。

椎间盘退变有两种表现形式，一是软骨样化生，并伴有钙化，多见于软骨营养障碍类品种；二是纤维样化生，很少钙化，多见于非软骨营养障碍类品种。起初，髓核外周变性并向中央发展，同时纤维环退变。由于纤维环腹侧较背侧厚，而腹侧的纵韧带较背侧韧带强大有力，腰椎间盘多向背侧突出。椎间盘突出可表现为纤维环局限性的膨出，但纤维环不破裂；或纤维环破裂，髓核脱出。椎间盘脱位的临床症状与损伤部位、突出物大小、脊髓受压或受损程度有关。常见病变部位在胸腰段，若胸腰段椎管与脊髓直径的比值较小，则椎间盘突出时容易产生急性脊髓压迫性病变。

患病宠物主要表现后躯感觉和运动障碍，病初疼痛，弓背，腰背肌肉紧张，尾下垂，疼痛剧烈的宠物一旦触及背部就会发出惨叫声。宠物后躯无力，喜卧，强行驱赶时走路不稳，左右摇摆，严重者后躯瘫痪，针刺后肢感觉迟钝或无感觉。急性病例突然出现两后肢瘫痪，痛觉消失，粪、尿失禁。上运动神经原损伤时，瘫痪肢体的腱反射增强，膀胱充满，张力大，难挤压。下运动神经原损伤时，瘫痪肢体的腱反射消失，肌肉弛缓、萎缩，膀胱松弛，容易挤压。

三、影像学诊断

X线检查对腰椎间盘脱位的诊断有重要意义。一般取侧位和腹背位拍摄。腰椎间盘脱位可见髓核和纤维环矿物化、椎间隙变窄（图7-7）、椎管内有矿物化团块和椎间孔模糊等（图7-8）。为了准确确定脊髓病变范围并区别于其他脊髓和脊椎疾病（如肿瘤），可做脊髓造影术。脊髓造影检查可准确确定椎间盘突出部位。椎间盘突出显示为硬膜外病灶，脊髓受压移位，造影剂在椎管内的柱状影像向背侧突起或分布中断（图7-9）。

另外，CT 和 MRI 对腰椎间盘突出症的诊断也有重要参考价值。

图 7-7　椎间盘突出致第 12 与 13 胸椎、第 4 与 5 腰椎椎间隙狭窄

图 7-8　第 3 与 4 腰椎椎间盘突出

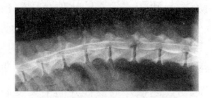

图 7-9　椎间盘突出脊髓造影
造影剂在椎管内的柱状影像向背侧突起

第六节　脊　椎　炎

脊椎炎是脊椎发生感染的一种炎性疾病。

一、发病原因

脊椎炎可由肾、卵巢或子宫感染的直接扩散、异物迁移或外伤所致。椎间盘脊椎炎则是椎间盘和椎体感染，中幼龄大种公犬的胸腰椎多发，其主要病因包括血源性感染、椎间盘手术后感染和脊椎炎继发感染等。最常见的病原体是中间型葡萄球菌，链球菌、绿脓杆菌、大肠杆菌、溶血性巴氏杆菌也可引起感染。真菌可引起感染但不常见。

二、临床与病理

大多数病例是由微生物经血液传播引起，它们可来自皮肤、尿道和心脏。转移至椎体后则寄居于椎体骨骺内的血管袢中，引起脊椎和椎间盘发炎。脊椎炎时以骨膜反应为特征，发生骨膜骨化形成新生骨。椎间盘脊椎炎则主要引起与受侵椎间盘相邻的椎体终板溶解。由于新生骨和纤维组织增生压迫脊髓，故神经机能发生障碍。本病的好发部位有胸部中段脊椎、胸腰结合部、第 6 与第 7 腰椎，第 7 腰椎与第 1 尾椎。

临床症状主要是感觉过敏、高跷步态或颈部僵直，重者后躯麻痹或瘫痪，常伴随发热等全身症状。本病常见于大型中年犬。

三、影像学诊断

表现为一个或多个椎体出现异常骨膜新生骨反应，尤其是在椎体的腹侧和外侧更为明显（图 7-10）。椎间盘脊椎炎的早期 X 线表现为椎间隙的椎体端骨质异常破坏，椎间隙增宽或塌陷。后期则显示椎体端骨质硬化，椎间隙塌陷，椎体有骨赘形成（图 7-11），严重者甚至发生椎体融合。

图 7-10　第 1 与 2 腰椎椎体腹侧骨膜新生骨

图 7-11　椎间盘脊椎炎
多个椎体有骨赘形成

第七节　变形性脊椎关节硬化

变形性脊椎关节硬化是以相邻椎体的椎间隙腹侧形成骨赘甚至骨桥为特征的一种常见慢性退行性疾病。

一、发病原因

多发于中老龄犬的胸腰椎和腰荐椎。其病因尚不清楚，可能与脊柱段的运动性增加，椎间盘、韧带疲劳有关。也可继发多种脊柱疾病。

二、临床与病理

临床表现不明显，仅在脊髓或神经根受压时，才表现出脊柱僵硬、灵活性降低等症状。

　　本病的发生可能与年龄的增长和脊柱遭受外伤有关。外层纤维环的破坏导致椎间盘与椎体终板的连接减弱，继而发生椎间盘向腹侧突出并与前纵韧带接触，在椎体与韧带连接处有骨赘形成。骨赘主要在椎体腹侧和两侧面生长，所以很少压迫脊髓和神经，故多数不可见临床症状。

　　若有骨赘进入椎管内则会引起疼痛和神经障碍。

三、影像学诊断

　　X线表现为单个或多个椎体的椎间隙处骨质增生或骨赘形成。骨赘样突起多发生于椎体的腹侧和外侧。严重者腹侧新生骨跨越椎间隙，融合成骨桥（图7－12）。

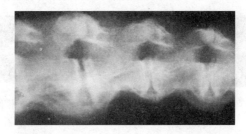

图7－12　变形性脊椎关节硬化融合

多个椎体的椎间隙处骨质增生或骨赘形成，融合成骨桥

第八章
呼吸系统与心脏疾病影像学诊断

呼吸系统与心脏疾病在宠物临床发病较多，影像学检查手段在诊断呼吸系统疾病中具有无可替代的优势。本章主要介绍宠物临床中发病率较高的呼吸系统疾病与心脏疾病 X 线影像表现。

第一节　气管异物

犬气管异物是指异物误吸入喉、气管等产生的一系列呼吸道症状，严重者窒息死亡，多发生于幼犬。气管异物病例在临床上发病较少，应及时诊断，尽早取除，以保持呼吸道通畅，并防止发生由于呼吸困难、缺氧而致的心功能衰竭。

一、发病原因

主要是犬玩耍或采食时误咽异物所致。

二、临床与病理

患犬往往突然发病，口腔出现大量涎液，呼吸困难，眼结膜与口腔黏膜发绀，舌苔发紫，呼吸困难，张口呼吸。

三、影像学诊断

由于患犬缺氧且烦躁不安，应先给予氧气，并保持适当体位，当缺氧及精神状态缓解后再拍片，采取右侧位，保定应采取前低后高的倾斜姿势，避免异物及气管分泌物向气管深处移动。摄片范围应包含完整的呼吸道。由于气管在 X 线片中表现为低密度管状影像，因此气管内异物多易于发现（图 8-1、图 8-2）。

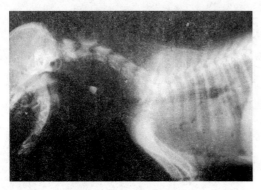
图 8-1　气管石头异物

图 8-2　气管异物手术取出的小石头

第二节　气管塌陷

气管狭窄或气管塌陷是发生在颈部或胸部，有时发生在全部气管的上、下管壁塌陷，造成管腔狭窄的一种呼吸器官疾病。本病多发生于中年或生长发育阶段的小型犬和玩具犬。气管塌陷的最常发生部位是在胸腔入口处。

一、发病原因

尚不完全清楚本病的发病原因，但患本病的犬常见气管环透明软骨中糖蛋白和黏多糖含量减少。本病多发生于中老年犬、肥胖犬和小型犬，也可发生于青年犬（约克夏似乎有易发趋势）。导致气管环缺陷的原因是气管环无法保持坚固性，随后在呼吸过程中发生萎缩。患病犬、猫有突发性咳嗽的病史（刺耳的"鹅叫式"干咳）。运动或兴奋及牵拉脖套时咳嗽加剧。本病常伴有心脏病症状。

二、临床与病理

患病宠物通常在运动或激动兴奋的时候出现带有响亮喘鸣音的呼吸困难。由于刺激、气管压力、喝水和采食而诱发干咳。在有些病犬于胸腔入口前能触及到变形的气管。触诊气管可引起"鹅叫式"咳嗽。

三、影像学诊断

气管的影像在侧位 X 线片上显示清楚。

正常气管基本与颈椎和前部胸椎平行排列。气管的直径均匀一致，呼气与吸气动作对气管的影响在影像形态学上不明显。

气管塌陷会导致呼吸不畅，其典型 X 线征象是在胸腔入口处的气管呈上下压扁性狭窄（图 8-3 至图 8-5）。但需引起注意的是，气管直径的变化，特别是胸腔入口处气管直径的变化明显受拍片时颈部所处位置的影响。拍片时头和颈部过度向上方伸展可导致气管在胸腔入口处同样显示出上下压扁的气管塌陷、狭窄现象（图 8-6）。因此，在拍片时必须注意正确摆放体位，以免误诊。

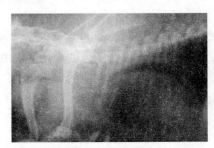 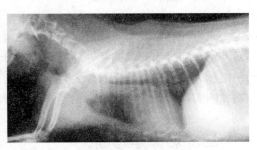

图 8-3　气管塌陷　　　　　　　　　　　　图 8-4　气管塌陷

胸腔入口处的气管呈上下压扁性狭窄，气管弯曲　　　胸腔入口处的气管呈上下压扁性狭窄

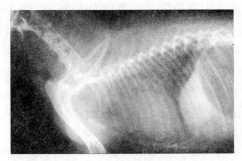 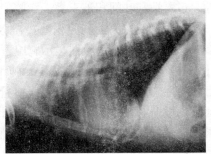

图 8-5　气管塌陷　　　　　　　　　　图 8-6　摆位不正引起的气管狭窄

胸腔内气管呈上下压扁性狭窄

第三节　胸腔积液

胸腔积液是指液体潴留于胸膜腔内。视胸腔积液的量而异，患犬表现出不同程度的呼吸困难。

一、发病原因

本病可继发于心脏功能不全。积液常为肝脏、肾脏疾病和血浆低蛋白血症时的漏出液、胸导管受压破裂的淋巴液、胸外伤或恶性肿瘤的血液、化脓性炎症的脓液等。

二、临床与病理

充血性心力衰竭、肾脏疾病或血浆蛋白过低可导致漏出液潴留于胸腔。胸部外伤、肺脏或胸膜的恶性肿瘤可引发血性积液。胸膜炎时产生的炎性渗出液积聚形成积液，若为化脓性炎症则为积脓。由于胸腔内积聚的液体影响肺的活动和胸廓运动，故患犬表现出明显的呼吸困难。

三、影像学诊断

X线检查仅可证实胸腔积液，但不能区别液体性质。胸腔积液包括游离性、包囊性和叶间积液三类。胸腔积液多为双侧发生，单侧发生少见（图8-7）。极少量的游离性胸腔积液，在X线检查不易发现。游离性胸腔积液量较多时，站立侧位水平投照显示胸腔下部呈均匀致密的阴影，其上缘呈凹面弧线（图8-8）。这是由于胸腔负压、肺组织弹性和液体重力及表面张力所致。大量游离性胸腔积液时，心脏、大血管和中下部的膈影均不可显示（图8-9）。侧卧位投照时，心脏阴影模糊、肺野密度广泛增加，在胸骨和心脏前下缘之间常见三角形高密度区。当液体被纤维结缔组织包围并因粘连而固定于某一部位，形成包囊性胸腔积液时，X线表现为圆形、半圆形、梭形、三角形的密度均匀的密影（图8-10）。发生于肺叶之间的叶间积液，X线显示梭形、卵圆形、密度均匀的密影。

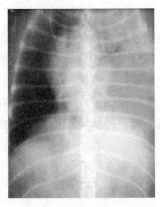

图 8-7　胸腔积液

左侧胸腔积液

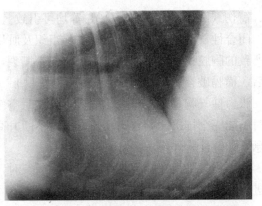

图 8-8　胸腔积液站立水平投照见液平面

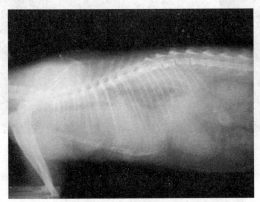

图 8-9　胸腔积液

心脏、大血管和中下部的膈影均显示不清

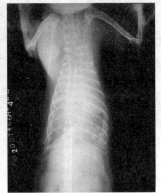

图 8-10　胸腔积液

第四节　气　　胸

　　气胸是指空气进入一侧或双侧胸膜腔，引起全部或部分肺萎陷。气胸可分为开放性气胸、闭合性气胸、张力性气胸和中隔积气四种。

一、发病原因

　　开放性气胸是空气经胸壁穿透进入胸膜腔，如咬伤、撕裂伤、撞伤或枪伤、箭伤（图 8-11、图 8-12）等均可引致。

闭合性气胸是无外伤作用下的肺组织及脏层胸膜破裂，气体由肺进入胸膜腔所致的胸腔积气，常伴发于肺、支气管撕裂，甚至闭合性肋骨骨折的钝性外伤后、横膈破裂后等。

张力性气胸是肺创口呈活瓣状，吸气时空气经肺损伤进入胸膜腔，但在呼气时不能完全排出，导致胸膜腔内压力不断升高，肺、静脉受压迫，很快出现窒息，如钝性胸外伤后。

中隔积气是指在肺胸膜尚完整的肺撕裂时，空气经支气管周围的胸膜下组织进入纵隔。

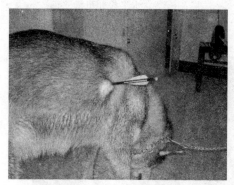 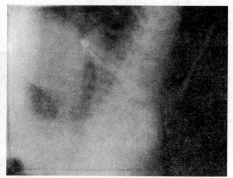

图 8-11　胸部箭伤拔箭后导致气胸　　　图 8-12　胸部箭伤犬拔箭前 X 线，箭端
　　　　　　　　　　　　　　　　　　　　　　　　穿过一侧肺叶，未进入心脏

二、临床与病理

对于无并发症的闭合性气胸，积气量不足胸膜腔的 30% 者通常无临床症状，可缓慢重吸收。

较大积气量时，则根据肺萎陷的程度出现呼吸困难、腹式呼吸等。胸部似扩大，且外伤部位疼痛。叩诊有鼓音，听诊心肺音不清。注意可能伴发有外伤、肋骨骨折和肺出血。

开放性气胸时，由于空气可以自由出入胸腔，胸腔负压消失，肺组织被压缩。被压缩的肺组织其通气量和气体交换量显著减少，胸腔负压消失影响血液回流，造成心排血量减少。患病宠物表现出严重的呼吸困难、烦躁不安、心跳加快、可视黏膜发绀和休克等症状。

三、影像学诊断

肺野显示萎陷肺的轮廓、边缘清晰、密度增加，吸气时稍膨大，呼气时缩小（图8-13、图8-14）。

在萎陷肺的轮廓之外，显示比肺密度更低的、无肺纹理的透明气胸区（图8-15、图8-16）。

一侧性大量气胸时，纵隔可向健侧移位，肋间隙增宽，横膈后移。

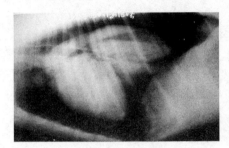

图8-13 气 胸

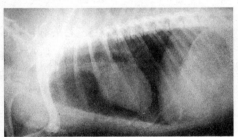

图8-14 气 胸

胸骨上阴影

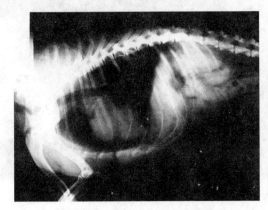

图8-15 肋骨骨折引起的气胸

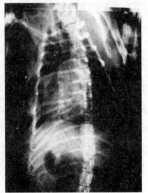

图8-16 气胸肋骨骨折

第五节 小叶性肺炎

小叶性肺炎是指肺小叶或小叶群的炎症。肺泡内充满浆液性、卡他性渗出物和脱落的上皮细胞，故又称卡他性肺炎。因为病变常从支气管或细支气管开始，之后再向邻近的肺小叶群蔓延，故也称支气管肺炎。

一、发病原因

肺炎双球菌、链球菌、葡萄球菌和巴氏杆菌等为常见致病菌。受寒感冒、饲养管理和卫生条件不良等常为主要诱因。

二、临床与病理

本病发生多见于幼年、老龄和体弱宠物。

临床表现较重，多有高热，呼吸困难、流鼻液、咳嗽，有啰音。一般有白细胞增多、中性粒细胞增多、核左移等症。

三、影像学诊断

小叶性肺炎的 X 线表现，在透亮的肺野中可见多发的大小不等的点状、片状或云絮样渗出性阴影，多发生于肺心叶和膈叶，常呈弥漫性分布，或沿肺纹理的走向散在于肺野（图 8 - 17）。

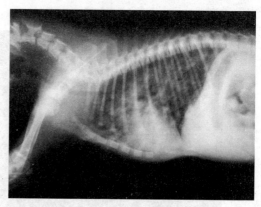

支气管和血管周围间质的病变，常表现为肺纹理增多、增粗和模糊。

小叶性肺炎的密度不均匀，中央浓密，边缘模糊不清，与正常的肺组织没有清晰的分界（图 8 - 18）。大量的小叶性病灶可融合。

图 8 - 17 小叶性肺炎

X 线检查似大叶性肺炎，但其密度不均匀，不是局限在一个肺的大叶或大叶的一段，往往在肺野的中央、肺门区、心叶和膈叶的前下部，致心脏的轮廓不清（图 8 - 19、图 8 - 20），后腔静脉不可见，但心膈脚尚清楚。若膈叶的后上部显得格外透亮，则表示伴有局限性肺气肿（图 8 - 21）。

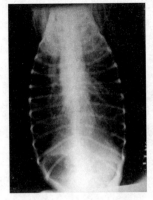

图 8-18　小叶性肺炎

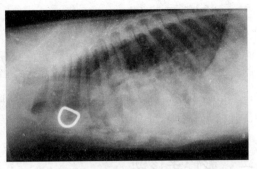

图 8-19　小叶性肺炎
治疗前

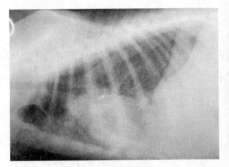

图 8-20　小叶性肺炎
同图 8-19 治疗 5 天后

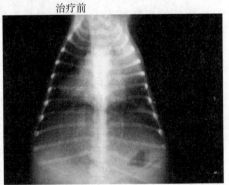

图 8-21　小叶性肺炎
肺塌陷与气肿

第六节　大叶性肺炎

大叶性肺炎是整个肺叶或肺大叶的一段发生急性炎症。以肺泡内充满大量纤维蛋白性渗出物为特征，又称格鲁布性肺炎。

一、发病原因

大叶性肺炎的病原至今尚无一致意见，有人认为大叶性肺炎是一种独特的非传染性疾病，病原菌主要是肺炎双球菌。另外，链球菌、葡萄球菌、巴氏杆菌、绿脓杆菌和大肠杆菌等也可引发本病。

引起本病最主要的因素是受寒感冒，吸入粉尘和刺激性气体。

二、临床与病理

临床症状可见体温升高，呈稽留热，流铁锈色或黄红色鼻液，有短弱的咳嗽。呼吸频数，叩诊有大片浊音或弓形浊音区。出现支气管呼吸音、啰音。心音亢进，以后减弱，脉搏加快并不与体温升高同步。当体温升高 2～3℃ 或更高时，脉搏每分钟不过增多 10～15 次。

三、影像学诊断

本病的病理过程十分典型，而且带有明显的阶段性，所以在其病理经过的各个阶段，均具有较典型的 X 线表现。

（一）充血期

此期可能无明显的 X 线征象，或仅可发现病变部的肺纹理略有增加、增重或增粗，肺部的透亮度稍降低。如果在临床上怀疑为本病，或为了系统观察和研究，则应定期进行 X 线复查。

（二）肝变期

病程 4～5 天，在病理学上分红色肝变期和灰色肝变期，但 X 线检查不能区分各种肝变期，只能显示肺的实变。表现为大片浓密阴影，密度均匀一致。其形态可呈三角形、扇形或其他不规则的大片状，与肺叶的解剖结构或肺段的分布完全吻合（图 8-22）。其边缘一般较为整齐而清楚，但有的也较模糊。

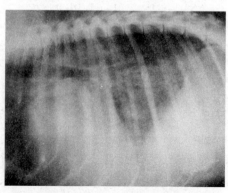

图 8-22　大叶性肺炎

（三）消散期

大叶性肺炎通常在发病 2 周内即可消散和吸收，称为消散期。由于吸收的先后不同，X 线表现常不一致。吸收初期可见原来的肺叶内阴影由大片浓密、均质，逐渐变为疏松透亮淡薄，其范围也明显缩小。而后显示为弥散性大小不等的、不规则的斑片状阴影，最后变得淡如飞絮而全部消失。

但是近年来由于各种抗菌药物的广泛应用，往往使大叶性肺炎的发展受抑制，而失去典型临床经过和 X 线表现，此时应进行综合性诊断。另外，在大叶性肺炎时常常发生胸膜炎，伴发胸膜增厚和胸腔积液，在 X 线检查时也有相应的改变。经过不良的大叶性肺炎，消散作用延迟，特别要注意继发肺脓肿、肺坏疽和肺硬变等并发症。

犬大叶性肺炎，一侧性的居多。有时病变部相当广泛，可占据一侧肺脏或整个肺野，呈均质致密阴影（图 8 - 23）。

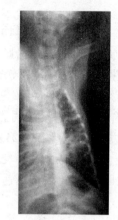

图 8 - 23　大叶性肺炎

第七节　异物性肺炎

异物性肺炎是由于误咽（药物或异物）所引起的肺部的急性炎症。

一、发病原因

本病通常由于在给宠物灌药时误将药物灌入肺内，或全身麻醉、昏迷的病宠将呕吐物吸入肺内所致。

二、临床与病理

主要症状为咳嗽、高度呼吸困难，两肺可听到极广泛的中小水泡音，患病宠物常由于极度衰竭而死亡。

吸入肺内液体物质引起的肺内反应，其轻重取决于吸入物性质及量。如吸入大量高度刺激性异物，死亡率将增高。进入肺内后对毛细血管壁造成直接损害作用，引起毛细血管壁的通透性增加，当毛细血管内大量液体渗出至肺间质和肺泡内时，则形成急性肺水肿。由于支气管痉挛、肺水肿、出血及肺表面张力的降低，可发生严重的低血氧。

三、影像学诊断

由于吸入的异物沿支气管扩散，早期于肺野上部表现出沿肺纹理分布的小叶性渗出性阴影，即密度较淡的斑片状、云絮状阴影。随着病情的发展，小片状阴影发生融合，形成弥漫性阴影，而且密度多不均匀、边缘不清（图8-24）。

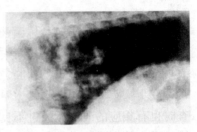

图8-24　异物性肺炎

急性吸入性肺炎经过适当的治疗其X线征象可于数日内迅速消退。

第八节　肺　气　肿

肺因空气含量过多而致体积膨胀称为肺气肿。肺泡内空气增多称为肺泡性肺气肿；肺泡破裂，气体进入间质的疏松结缔组织中，使间质膨胀的称为间质性肺气肿。因此，肺气肿分肺泡性肺气肿和间质性肺气肿两种。

一、发病原因

● 原发性肺气肿是在剧烈运动、急速奔驰、长期挣扎过程中，由于强烈的呼吸所致，特别是老龄犬，肺泡壁弹性降低，容易发生肺气肿。

● 继发性肺气肿常因慢性支气管炎、弥漫性支气管炎时的持续咳嗽，或支气管狭窄和阻塞时，由于支气管气体通过障碍而发生。

● 间质性肺气肿是由于剧烈的咳嗽或异物误入肺内，肺泡内的气压急剧增加，致使肺泡壁破裂而引起。

● 慢性肺气肿常由慢性支气管炎引起。

二、临床与病理

主要表现为呼吸困难、剧烈呼吸时气喘，有时张口呼吸，黏膜发绀，易于疲劳，脉搏增快，体温一般正常。间质性肺气肿可伴发皮下气肿。肺部叩诊呈过清音，叩诊界后移。肺部听诊肺泡音减弱，可听到碎裂性啰音及捻发音。在肺组织被压缩的部位，可闻支气管呼吸音。

三、影像学诊断

肺气肿的 X 线检查可见整个肺区异常透明（图 8-25）、支气管影像模糊及膈肌后移等。气肿区的肺纹理特别清楚，较疏散。吸气和呼气时肺野的透明度变化不大。背腹位上可见胸廓呈桶状，肋间隙变宽，膈肌位置降低，呼吸动作明显减弱。

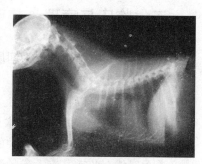

图 8-25　肺气肿

（一）一侧性肺气肿

一侧性肺气肿时，纵隔被迫向健侧移位。在站立侧位时可见膈肌后移，膈圆顶变直，椎膈角变大，肋间隙变宽，呼吸运动也明显减弱。有时可以看到在透明区周围，由于被肺大泡挤压而引起肺部分不张，肺纹理相互靠拢，透明度减低。

（二）代偿性肺气肿

代偿性肺气肿，在 X 线下，除原发病部位密度增加的阴影外，其余的肺组织透明度增高，如果原发病变为一侧性，于背腹位观察时，则健侧透明度增高，纵隔向对侧移位。

（三）间质性肺气肿

间质性肺气肿，一般肺内无改变，膈、心脏和大血管外缘呈窄带透亮影，颈部或胸壁皮下呈小泡状透光区，可见肌间隙透光增宽。

第九节　肺　水　肿

肺水肿是肺脏内血管与组织之间液体交换功能紊乱所致的肺含水量增加。本病可严重影响呼吸功能，是临床上较常见的急性呼吸衰竭的病因。主要临床表现为极度呼吸困难，端坐呼吸，紫绀，阵发性咳嗽伴大量白色或粉红色泡沫痰，双肺区布满对称性湿啰音。

一、发病原因

本病见于心衰竭、左心瓣膜狭窄或闭锁不全、全身瘀血、吸入闷热的空气或有刺激性的烟尘、过敏反应及因关节或其他疾病致长期倒卧的犬。

二、临床与病理

病理学上可将肺水肿分为间质性肺水肿和肺泡性肺水肿两类，往往两者同时存在而以其中一类为主。

从临床上，可以将肺水肿分为急性肺水肿和慢性肺水肿两类。

间质性肺水肿多为慢性肺水肿，肺泡性肺水肿可为急性也可为慢性肺水肿。临床上，急性肺泡性肺水肿的典型表现为严重的呼吸困难和肺听诊水泡样啰音，一般伴有咳嗽并有大量的泡沫样痰。若为粉红色泡沫痰，则同时可有其他瘀血性心力衰竭现象，如全身性静脉压增高、肝脾肿大和周围性水肿等。

三、影像学诊断

肺泡性肺水肿的 X 线表现主要是腺泡状增密阴影，说明有一组肺泡为渗出液体所充填。但在大多数的病例中，这些阴影已相互融合而成为片状不规则模糊阴影，可以见于一侧或两侧肺野的任何部位，但以围绕两肺门的两肺野的内、中带较为常见。如果水肿范围较广，则往往显示为均匀密实的阴影，中间可以看见含气的支气管影（图 8-26）。

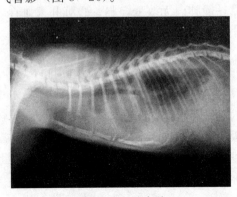

图 8-26　肺水肿

第十节　肺　肿　瘤

肺肿瘤是指肺实质、胸膜和支气管壁发生的肿瘤。肺脏可发生原发性肺肿瘤、转移性肿瘤、淋巴瘤和邻近组织肿瘤。多数原发性肺肿瘤是恶性的，包括腺癌、支气管肺泡癌和鳞状细胞癌。小细胞癌或燕麦细胞肿瘤在犬、猫中少见。原发性肉瘤和良性肿瘤少见。

一、发病原因

多为犬、猫的癌瘤和腺瘤，以及纤维瘤、脂肪瘤、皮样囊肿等。肺肿瘤可分为原发性肿瘤和转移性肿瘤两类，原发性肿瘤又分为良性和恶性肿瘤。

二、临床与病理

原发性肺肿瘤多起源于支气管上皮、腺体、细支气管肺泡上皮，如鳞状上皮瘤、腺瘤、淋巴肉瘤和黑色素瘤等。转移性肺肿瘤是由恶性肿瘤经血液、淋巴或邻近器官蔓延至肺部。

多数肺部肿瘤能引起咳嗽，这是由于支气管受压或受阻、肺叶相关区域分泌物滞留等引起炎症所致。恶性肿瘤可侵蚀血管壁而使血流入气管和肺实质。肿瘤组织使得肺部受损，功能丧失，病变广泛，肺功能丧失会导致呼吸困难。

原发性肿瘤常表现有咳嗽，继发肿瘤时犬、猫主要表现为咳嗽和呼吸困难，某些病例中有些症状源于原发性肿瘤。极恶性肿瘤在幼年犬、猫中可以发现，但肺部肿瘤通常是发生于中年至老年犬、猫的一种疾病。临床症状有渐进性，体重下降可能是其显著标志，跛行、疼痛、四肢浮肿等症状可能是肺部肥大引起骨病的结果。

三、影像学诊断

X线检查可发现原发性肿瘤形成单个的肿块，常能与完整的肺叶实变明显地鉴别。

原发性肺部肿瘤可在肺内转移，可见小结节存在于其他肺叶中。

黑色素瘤呈边缘不平、密度均匀、典型块状阴影。恶性肺肿瘤边缘呈现分叶状或粗糙毛刷状。肺肿瘤可引起支气管阻塞，导致肺气肿和肺不张。

继发性肿瘤常引起大小不等的多结节结构（图8-27、图8-28），较易鉴别。偶发的结节不易鉴别，有多样性。结节空化常与肿瘤的快速生长一起发生。骨膜的新骨沿着长骨骨干生长，尤其是在四肢末端，可诊断为肺性骨质增大。转移性肺肿瘤可侵犯胸膜，引起胸腔积液。

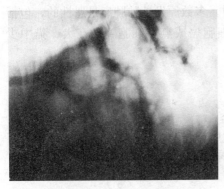

图8-27 肺内结节状肿瘤

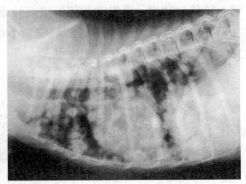

图8-28 肺内大量结节状肿瘤

第十一节 心脏增大

心脏增大是指整个心脏体积的增大，是心脏疾病的重要征象。它包括心壁肥厚和心腔扩张，两者常并存。

一、发病原因

心壁肥厚可单独存在，主要见于肺循环或体循环的阻力增加；心腔扩张是容量增加引起的，主要来自分流（如间隔缺损）或回流（如瓣膜关闭不全）的血液，一般可较快地引起心腔普遍扩张。常常是负担过重的或最早受损害的心腔首先增大，而不是所有心腔都同时增大。

扩张型心肌病、肥大型心肌病、中毒性心肌炎、甲状腺机能亢进、犬心丝虫病、犬的先天性瓣膜病等都可造成心脏增大。

二、临床与病理

心脏增大是心脏疾病的重要征象，上述各种类型的心脏疾病，当发展至一定程度后均会使心脏形态出现改变。

心脏增大可分为全心增大和各房室增大，不同的疾病引起相应房、室的形态变化。患心脏病的宠物常出现咳嗽、气喘、运动能力降低、心动过速，听诊心脏有杂音等临床症状。右心衰竭时还可见肝、脾肿大、腹水。由于宠物的种类、品种、体形和大小差异很大，心脏正常的形态大小也存在较大差别，故对心脏增大尚无统一的判定标准。而由于腹背位会使心脏移位和轮廓变形，故在进行胸部X线摄影时多采用右侧卧位或背腹位。目前临床对心脏大小的判定多依心脏与胸廓的比例大小而定。

三、影像学诊断

（一）全心增大

全心增大常见于心肌肥大或心室扩张，除使用心血管造影技术外，普通X线检查不能区分二者。全心增大的主要X线征象包括在正、侧位X线片上均见心脏变圆，心脏明显占据胸腔的绝大部分（图8-29至图8-31）。在侧位片上心脏后界变得更直且几乎要与膈线重叠，气管和大血管向背侧移位（图8-32、图8-33）；背腹位观察心脏轮廓几乎与胸壁接触，心脏后移。全心增大的最主要原因是瓣膜关闭不全或动脉导管未闭所引发的充血性心力衰竭。

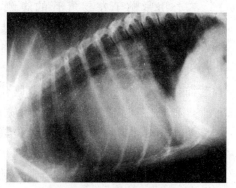

图8-29　全心体积增大侧位片

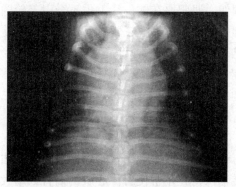

图8-30　全心体积增大正位片

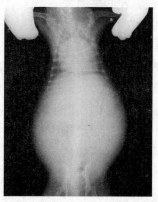

图8-31　全心扩张心衰，腹水

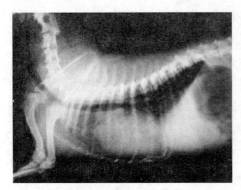

图 8 - 32　全心体积增大，气管上移，
　　　　　夹角变小

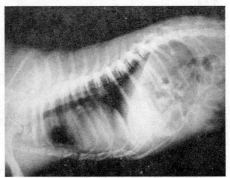

图 8 - 33　心脏体积增大，气管上移，
　　　　　夹角变小

（二）左心房增大

　　左心房紧贴于左支气管的腹侧，侧位片上由于左心房增大而使左主支气管向背侧偏移，同时心脏的后背部也增大（图 8 - 34）；因气管被向背侧顶起而显得心脏的高度增加。背腹位片上，心脏占据胸腔的 2/3～3/4 宽；当涉及左心耳的增大时，在腹背位或背腹位片上可见肺动脉和心尖之间出现局部膨大。二尖瓣闭锁不全常导致左心房增大。

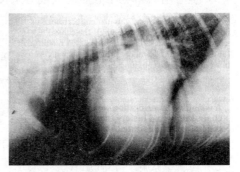

图 8 - 34　犬左心房扩张

（三）左心室增大

　　由于左心室的壁相对较厚，即使心肌肥厚在侧位片上也不会引起轮廓的变化，但此时心尖到心基的距离增加，心脏看起来比正常时长、高，同时使气管向背侧偏移。气管向背侧偏移可见于整段胸部气管，气管与胸部脊柱所形成的夹角变小或消失。心脏的后界变得凸圆（图 8 - 35）。在正位片上显示心脏的左后区域增大，心脏轮廓与左侧胸壁和横膈的距离缩短，心尖部变圆。二尖瓣闭锁不全、主动脉狭窄和动脉导管未闭均可引发左心室增大。

（四）右心房增大

　　右心房增大的侧位片征象具有诊断意义，表现为气管末段向背侧弯曲，如果未并发左心房增大，则气管隆突仍保持在正常位置。心脏的前背部增大（图 8 - 36）。由背腹位观，可见心脏右前区突出，气管向左偏移。右心房增大很少单独发生，常与右心室增大同时发生。

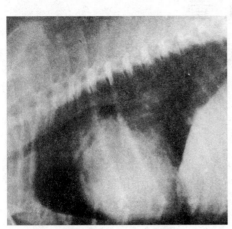

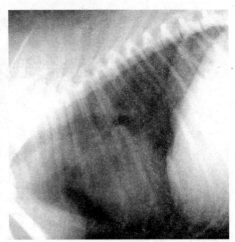

图 8-35　左心增大　　　　　　　　　　图 8-36　右心房增大

（五）右心室增大

　　侧位片可见心前界变圆，心与胸骨的接触范围加大（图 8-37），在正位片上右心区域隆突，在有些病例中，心尖部明显脱离与胸骨的接触。右心室增大一般不影响心基部的结构。右心室增大常见于间隔缺损、肺动脉狭窄、动脉导管未闭、三尖瓣闭锁不全和法洛四联症。

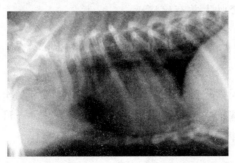

图 8-37　右心室扩张

第 九 章
泌尿生殖系统疾病影像学诊断

泌尿生殖系统疾病除血常规和生化试验等实验室检查外，影像学诊断也具有很大优势，泌尿生殖器官中众多疾病可以通过综合运用超声检查和放射学检查而获得诊断。本章主要介绍常见泌尿生殖器官疾病的 X 线表现与 B 超声像图表现。

第一节　肾　结　石

结石位于肾盂时，称为肾结石。多表现肾盂肾炎的症状，并有血尿、脓尿及肾区敏感现象。结石移动时，可引起短时间的急性疼痛，此时宠物拱背缩腹，拉弓伸腰，运步强拘、步态紧张，大声悲叫，同时患病宠物常作排尿姿势。触摸肾区发现肾肿大并有疼痛感。

一、发病原因

导致肾结石的因素较为复杂，与品种、饮食、生活习惯、个体因素等都有关系。形成结石的基础主要包括有尿液中高浓度的盐、pH 适合的结晶、尿潴留、细菌感染病灶和尿液中结晶抑制剂浓度下降等。

二、临床与病理

尿液中的结晶粒子处在不断溶解和形成的动态平衡之中，结晶粒子处于饱和溶液中时其表面处于既不溶解也不生长的状态。当尿液中活跃的溶质浓度增加时，结晶粒子加速生长；活跃的溶质浓度降低，结晶发生溶解。当活跃产物增加或高于形成沉积的浓度时，就会自发形成沉积物。尿液内的理化过程复杂，形成结石的微粒与尿液的其他物质相互作用。许多组织器官和无机物质在晶体形成和生长过程中扮演着抑制剂和促进剂的角色。此外，当泌尿道发生细菌感染时，可能会导致尿液不能碱化，生成过饱和的鸟粪石和磷灰石结晶。

肾结石是在肾内形成的盐类结晶的凝结物，可使患病宠物出现肾性疝痛和血尿，严重时形成肾积水。肾结石的形状多样（球形、椭圆形或多边形及细颗粒状等），大小不一。结石常由多种化学成分构成，包括草酸盐、磷酸盐、尿酸盐和胱氨酸盐等。

犬肾结石的体积通常小至沙粒，大到桃核大小。较小的肾结石常会随尿液排出体外，犬肾结石在没有感染或阻塞的情况下，通常不会出现异常的临床症状，故早期很容易被忽视。但如果直径增加到数毫米，可能会堵住输尿管，造成尿液受阻，引起腰腹部疼痛和血尿，触诊腹部持续疼痛，肾肿大。如肾感染，可表现全身症状，如发烧、食欲减退、精神沉郁、多尿等。若同时出现输尿管结石、膀胱结石或尿道结石时，可能会出现其他相关症状。

三、影像学诊断

(一) X 线诊断

肾结石多存在于一侧或双侧肾的肾盂或肾盏内，形状、大小、数量不定。高密度结石在普通 X 线片上即可显示（图 9 - 1 至图 9 - 5）；低密度结石需经造影检查，在造影像上显示为充盈缺损的阴影，同时常显示肾盂扩张变形的并发征象。

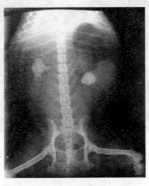 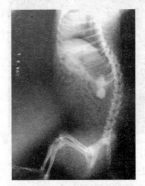

图 9 - 1 双侧肾结石正位片　　图 9 - 2 双侧肾结石侧位片

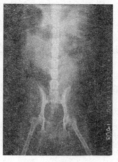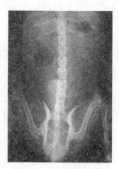

图9-3 单侧肾结石　　　　图9-4 左肾结石　　　图9-5 右肾结石

（二）B超诊断

超声探查有助于肾结石的诊断，特别是对于透X线的结石更有意义。

在声像图上，肾结石表现为在肾窦内有光亮强回声，其形状和大小随结石不同而异；完全的声影投射到整个深层组织（图9-6至图9-9）。这两点是肾结石存在的特征。

声影提示的光亮强回声表面几乎把声能全部反射回去，声束完全不能到达深层组织。肾盂或肾窦结缔组织也可能产生某些回声阴影，因为它比肾实质更易使声能衰减，但并非完全为黑影，其深部组织还可成像。若肾结石导致肾脏阻塞，就会发生肾盂肾窦积水，可兼有积水的声像图特征。

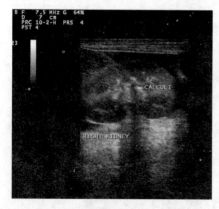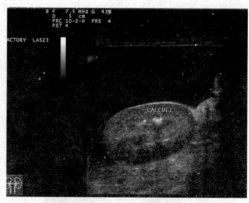

图9-6 肾结石　　　　　　　　图9-7 肾结石
肾窦内光亮强回声，完全的声影投射　　　　　　腹水
　　到整个深层组织

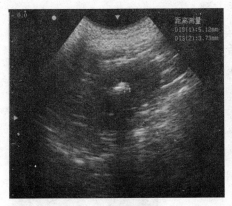
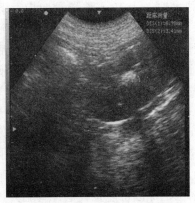

图9-8　左肾结石　　　　　　　　图9-9　右肾结石

第二节　肾 肿 大

一、发病原因

双侧性肾肿大可见于急性肾炎、肾盂积水、多囊肾、肾淋巴肉瘤或肾转移性肿瘤、猫传染性腹膜炎、肾周囊肿等肾脏疾病。

单侧性肾肿大可见于代偿性肾肥大、肾被膜下血肿、原发性或转移性肾肿瘤、肾盂积水等肾病。

肾肿大可通过腹部触诊发现，临床上多表现出肾功能障碍。

二、临床与病理

不同发病原因导致的肾肿大的临床症状与病理特性各不相同，可参见相关疾病。

三、影像学诊断

（一）X线诊断

X线检查可判断肾脏体积大小，并可通过显示肾的形态轮廓及实质结构估计肾肿大的原因。在X线平片上，肾的体积超出正常范围（图9-10），肾的邻近器官发生移位。左肾肿大时，降结肠向右、下方移位，小肠向右移位；右肾肿大时，十二指肠降段向内、下方移位。肿大肾的形态和表面性状能大致反映肾肿大的性质。肾造影可见肾肿大后肾实质显影的密度不均或不显影；肾盂变形或不显影。

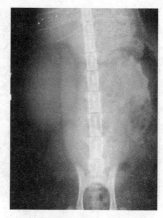

（二）B超诊断

B型超声检查对肾肿大的鉴别诊断及确定疾病的性质具有重要意义（图9-11）。若肿大的肾形状规则、表面平滑，则肿大的原因可能是代偿性肾肥大、肾盂积水（图9-12）、肾弥漫性浸润性肿瘤及肾被膜下血肿等。若肿大的肾形状不规

图9-10　右肾的体积超出正常范围

则、表面不平滑，则肿大原因可能是原发性或转移性肾肿瘤、肾脓肿（图9-13）和肾血肿等。

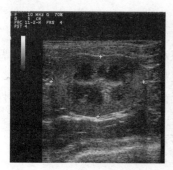

图9-11　肾肿大

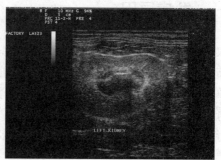

图9-12　肾盂积水，肾肿大

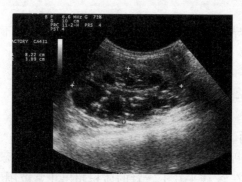

图9-13　肾囊肿，肾肿大

第三节　肾脏肿瘤

肾脏肿瘤在犬、猫均有报道，犬的肾脏肿瘤种类多。通常肾脏肿瘤可经超声探查发现，经组织学检查证实。犬最重要的两种肾脏原发性肿瘤是肾细胞肉瘤和肾母细胞瘤。肾转移性肿瘤比原发性肿瘤多见，可由邻近器官转移。骨肉瘤、淋巴肉瘤等恶性肿瘤均可转移至肾脏。

一、发病原因

犬肾原发性肿瘤的原因尚不明确；猫肾原发性淋巴肉瘤与猫白血病病毒感染有关。

二、临床与病理

在临床病例中，犬肾细胞肉瘤在公犬发病多于母犬，且多为单侧发生；肾母细胞瘤多发生于幼年犬、猫。患病宠物临床可见进行性消瘦、贫血、血尿。当双侧肾发生肿瘤时，会出现氮血症。由于肾脏中红细胞生成素过多，故可引起红细胞过多症。腹部触诊可触及增大而不规则的肾脏。

三、影像学诊断

可选择 X 线诊断与超声诊断，超声诊断可以观察肾脏内部结构状况。

（一）X 线诊断

可见肾脏肿大，表面不规则，肾脏周围脏器影像移位。

（二）B 超诊断

由于肿瘤的种类、大小和数目不一，所以其声像图也不完全一样。一般来说，肾脏肿瘤声像图中所见的肾脏肿瘤为一种占位性病变，在肾的声像图中出现异常回声。肾实质肿瘤的声像图可分为实质均质暗区、实质不均质暗区和密集强光团回声等（图 9 - 14）。恶性肿瘤可见肾脏表面隆起、肿块边缘不整齐，呈强弱不等回声或混合性回声，可有由坏死、囊变所致的液性暗区。

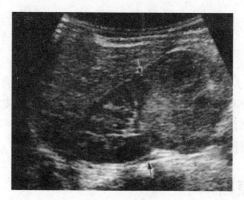

图 9 - 14　肾肿瘤
肾实质内异常回声

第四节　肾 积 水

肾积水是由于泌尿系统的梗阻导致肾盂与肾盏扩张，使其中潴留尿液。因为肾内尿液积聚，压力升高，使肾盂与肾盏扩大，肾实质萎缩。如潴留的尿液发生感染，则称为感染性肾积水；当肾组织因感染而坏死失去功能时，肾盂充满脓液，称为肾积脓。

一、发病原因

造成肾积水的最主要病因是肾盂输尿管交界处梗阻。

二、临床与病理

泌尿系统及其各邻近各种病变引起尿流梗阻，最终都可能导致肾积水。

由于梗阻原发病因、部位和程度的差异，在不同病犬，肾积水的临床表现和过程并不一致。

先天性病变，如肾盂输尿管连接部狭窄，肾下极异位血管或纤维束压迫输尿管等引起的肾积水，发展比较缓慢，可长期无明显症状，达到一定体积时才出现腹部肿块。

泌尿系各部的结石、肿瘤、炎症和结核所引起的继发性肾积水，临床表现主要为原发性的症状和体征，很少显出肾积水的病象。

继发性肾积水合并感染时，常表现为原发病症状的加重。肾积水有时呈间歇性地发作，称为间歇性肾积水。发作时，患侧腹部有剧烈绞痛，恶心呕吐，尿量减少；经数小时或更长的时间后，疼痛消失，随后排出大量尿液。这种情况多见于输尿管梗阻。长时间梗阻引起的肾积水终将导致肾功能逐渐衰退。双侧肾或孤立肾完全梗阻时可导致无尿，乃至肾功能衰竭。

三、影像学诊断

肾积水声像图表现为肾脏体积不同程度增大。

少量积水可见肾盂光点分开，中间出现透声暗区；随着积液量增多，透声暗区也随之增大（图9-15），肾实质明显受压变薄。有的病例还可见输尿管近端扩张。

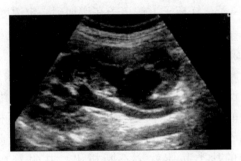

图9-15　肾盂积水
液性暗区

第五节　膀胱、尿道结石

犬膀胱、尿道结石是犬泌尿道结石中最常见的疾病之一，公、母犬均可发生，主要见于中老龄犬，公犬膀胱与尿道常同时发生结石。患病犬因结石颗粒增大引起尿路损伤性炎症或阻塞，出现尿频、血尿、尿淋漓或尿闭等明显的临床症状，若不及时治疗，随着病程延长可引致犬的死亡。

一、发病原因

膀胱、尿道结石的形成原因是错综复杂的，是众多因素相互关联、相互作用的结果，原发病因与继发病因难以区分。尽管尿道结石的成因说法不一，但总结起来，引起膀胱、尿道结石的因素主要有以下几方面。

（一）环境因素

犬生活在气候干热、日光照射时间长的环境中，汗液蒸发加上补水不及时，可使其尿液浓缩，利于结石的形成。此外，季节、不同地区的水源、水质等都能影响结石的发病率。

（二）日粮因素

主人以鸡肝、猪肝或牛肉、瘦猪肉及含高动物蛋白的食物长期单一饲喂，导致饲料中磷钙比例升高，引起血清和尿中磷水平升高，尿结石的发病率增高。鸡肝、猪肝等动物内脏中钙与磷的比例明显高出饲养标准，镁的含量往往也高出饲养标准。如长期饲喂上述食物，会导致犬经尿排出的磷、镁量增加。又因鸡肝、猪肝、猪肉等含丰富的蛋白质，其中的含氮化合物最后降解为铵离子，尿中的磷酸根离子、镁离子、铵离子在增加到一定浓度时就形成磷酸铵镁而析出沉淀，形成结石。

（三）泌尿系统感染因素

泌尿系统受到葡萄球菌、变形杆菌等细菌感染，使尿道上皮受到损伤以致上皮细胞脱落、产生管型，形成结石的核心。此外，维生素 A 的缺乏和雌激素及手术线头的刺激也可引起上皮脱落，导致结石核心形成，这些因素都是形成尿道结石的诱因。如果尿液中的盐类晶体及胶体之间的相对平衡被破坏，则尿中的盐类晶体就会不断析出，并附着在核心异物上形成结石。

（四）饮水因素

不喜饮水或饮水不足的犬，发生膀胱、尿道结石的概率更高。饮水不足可导致尿液浓缩，使尿液中的结石晶体处于过饱和状态，更易形成结晶沉淀，可进一步增加结石形成的机会。

（五）性别因素

一般情况下，雄性犬膀胱、尿道结石的临床发病率，均较雌性犬要高。雄性犬的尿道沿骨盆腔底壁正中向后方延伸，绕过坐骨弓至阴囊基部，之后转入阴茎的腹侧，沿阴茎的腹侧延伸开口于阴茎头，其尿路比较长，从而增加了结石形成的机会。临床中雄性犬常常是膀胱结石与尿道结石同时发生。此外，经过去势的犬尿道结石的发病率高，可能是去势后易发生尿道梗阻所致。不同品种犬的结石发病率也有一定差异，北京犬、西施犬多发。

二、临床与病理

雄性犬膀胱、尿道结石的主要症状表现为排尿困难、尿频、尿血；患犬排尿时出现努责、呻吟，早期可排出少量尿液、尿淋漓，以后完全不能排出；随病情发展患犬出现腹胀，触摸腹部可感觉到膀胱充盈、膨大，最终会因膀胱破裂出现并发症而死亡。

雌性犬多患膀胱结石，初期表现为尿频，尿液混浊、带有黏性或纤维素性絮状物，或排出的尿液中带有血丝，严重的为血尿；有的犬排尿时有疼痛反应，尿量少、次数多；有的犬排尿时可排出小颗粒或细砂样结石；结石较大、量较多的，站立保定时以双手触压腹腔上部、髋结节前方可触按到有轻微活动性的硬实、充盈的膀胱。

三、影像学诊断

(一) X 线检查

大多数膀胱阳性结石经 X 线检查即可显示，显示为大小、形状、数目不定的高密度阴影。一般雌性犬、猫膀胱内结石个体较大，数目较少（图 9 - 16 至图 9 - 18）；雄性犬、猫结石数量相对较多，体积较小（图 9 - 19）；结石阻塞尿道后膀胱膨大、密度增高（图 9 - 20）。结石的形态各不相同（图 9 - 21 至图 9 - 24）。

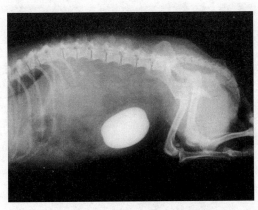

图 9 - 16　膀胱结石伴双肾结石

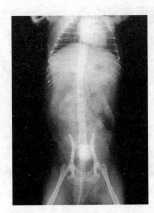

图 9 - 17　膀胱结石 X 线诊断

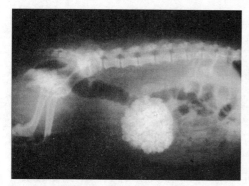

图 9-18 膀胱结石

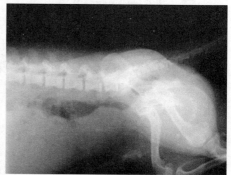

图 9-19 公犬尿道结石

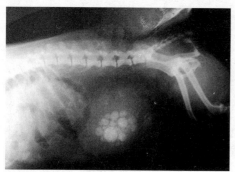

图 9-20 母犬膀胱结石

图 9-21 膀胱结石手术取出的结石

图 9-22 膀胱结石手术取出的结石

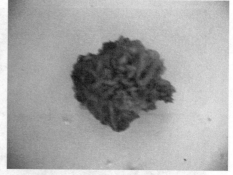

图 9-23 膀胱结石手术取出的结石

图9-24　膀胱结石手术取出的结石

对于密度较低或透X线的结石，可进行膀胱阳性或阴性造影。透射线结石在进行阳性造影时表现为充盈缺损象，多位于膀胱中部；膀胱充气造影时可在低密度背景衬托下显示出较低密度或较小的结石。

（二）B超检查

通过超声扫查能确定肿块的性质，判定结石的大小、数目、形状、部位及膀胱壁有无增厚等。

结石声像图表现为膀胱内无回声区域中有致密的强回声光点或光团，其强回声的大小和形状视结石大小和形状而定；强回声的光团或光点后方伴有声影，未粘连的结石随体位变化而变位（图9-25至图9-30）。

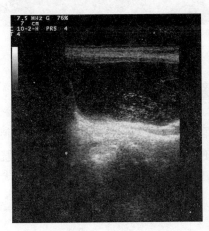

图9-25　膀胱结石

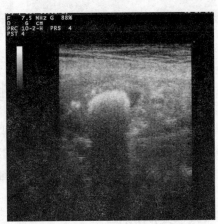

图9-26　膀胱结石

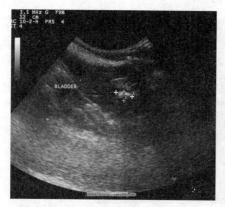

图 9-27　膀胱结石，翻动

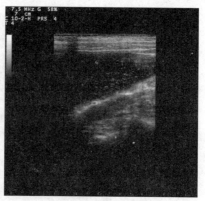

图 9-28　膀胱结石

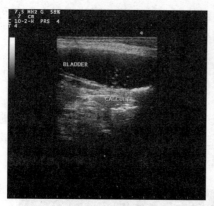

图 9-29　膀胱结石

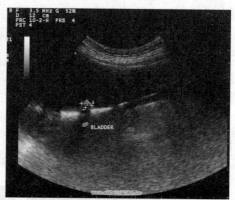

图 9-30　膀胱结石

第六节　膀　胱　炎

　　膀胱炎是由病原微生物感染、邻近器官炎症的蔓延和膀胱黏膜的机械性刺激或损伤等因素所引起膀胱黏膜和黏膜下层的炎症。临床特征为尿频、尿痛，膀胱触痛，尿液中出现较多的膀胱上皮细胞、白细胞、红细胞等。常见于母犬和老龄犬。

一、发病原因

　　本病主要是由病原微生物感染、邻近器官炎症的蔓延和膀胱黏膜的机械性刺激或损伤等因素引起。

(一) 细菌感染

膀胱炎多由变形杆菌、化脓杆菌、葡萄球菌、绿脓杆菌、大肠杆菌等所引起，病原菌通过血液、淋巴或尿道侵入膀胱。

(二) 真菌性感染

常见的有念珠菌、隐球菌属、曲霉菌等，因真菌生长繁殖，侵入膀胱而引起感染。

(三) 邻近器官炎症蔓延

肾炎、输尿管炎、阴道炎、子宫内膜炎、前列腺炎蔓延至膀胱。

(四) 机械性损伤及刺激

膀胱穿刺、导尿损伤膀胱黏膜；膀胱结石、肿瘤、有毒物质、强烈刺激性药物的刺激、各种原因引起的尿潴留（如尿道结石、肿瘤及排尿神经障碍等）均可引起本病。

二、临床与病理

(一) 急性膀胱炎

由于膀胱黏膜敏感性增高，故患犬频频排尿或作排尿姿势，但每次排出的尿量很少或呈点滴状流出。排尿时，表现疼痛不安，严重时由于膀胱颈黏膜肿胀或膀胱括约肌痉挛性收缩，引起尿闭，犬不时作排尿动作，但不见尿液排出。触诊膀胱时，表现出疼痛不安，膀胱体积缩小。但在膀胱颈组织增厚、痉挛、尿闭时，膀胱高度充盈。

尿检时，见尿液混浊恶臭，含有黏膜絮片、脓液絮片、血凝块及坏死组织碎片；尿沉渣中有大量白细胞、脓细胞、少量红细胞、膀胱上皮细胞、磷酸铵镁结晶及散在的细菌。

全身症状一般不明显，当炎症波及深层组织时体温升高，食欲降低，精神沉郁。严重的出血性膀胱炎可出现贫血现象。

(二) 慢性膀胱炎

慢性膀胱炎与急性膀胱炎相似，但程度轻、病程长，往往无排尿困难表现，膀胱壁增厚。

三、影像学诊断

影像学手段能诊断尿结石、肿瘤、尿道异常、膀胱憩室等合并症。慢性膀胱炎可见膀胱壁肥厚。

（一）X 线检查

普通 X 线检查法对于诊断膀胱炎意义不大，需进行膀胱造影检查。可进行膀胱充气造影或膀胱双重造影，观察膀胱壁的影像变化。造影检查可见膀胱壁增厚，黏膜不规则，呈局灶性或弥散性轮廓不整，其程度从轻度的毛刷状表面到显著的凹凸不平。

（二）B 超检查

膀胱炎的声像图表现为膀胱壁增厚、轮廓不规则，黏膜下层为低回声带（图 9-31）。

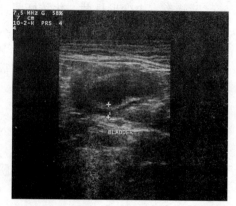

图 9-31　膀胱炎

第七节　膀胱肿瘤

膀胱肿瘤包括良性和恶性两类，在犬和猫的发病率均较低。

一、发病原因

发病原因尚不清楚，影响肿瘤发生的可能因素有尿液潴留、尿液中致癌物质诱发及慢性刺激。肿瘤的种类包括乳头状瘤、平滑肌瘤、平滑肌肉瘤、鳞状细胞癌、淋巴肉瘤及一些转移性恶性肿瘤。

二、临床与病理

常见尿频、血尿、脓尿；当肿瘤部分阻塞尿道时，则会发生排尿困难和尿淋漓，也有的因尿道完全阻塞而导致尿闭。

三、影像学诊断

（一）X 线检查

X 线检查时，因肿瘤的密度与软组织的密度相等而无法显影，在患犬排尿后摄片，可见增大的膀胱影像（图9-32、图9-33）。

膀胱阳性造影，肿瘤表现为大小不等的充盈缺损，通常单发，也可多发。乳头状瘤一般较小，有蒂，表面光滑。膀胱壁表现广泛性或片状增厚且不规则。

膀胱阴性空气造影，因空气的密度比肿瘤的密度低，可见膀胱内有占位性病变。

图9-32　膀胱肿瘤

排尿后片

图9-33　膀胱肿瘤术后

（二）B超检查

选择在膀胱积尿情况下进行。声像图可见膀胱无回声区内有自膀胱壁向腔内突入的肿瘤团块状回声（图9-34、图9-35），呈强光团，边缘清晰，后方不伴声影。深部浸润性肿瘤可穿透膀胱壁，使膀胱壁回声中断，出现向膀胱外突出的实质性肿块图像（图9-36）。

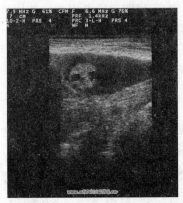
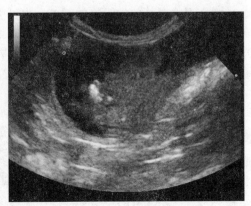

图9-34　膀胱肿瘤

自膀胱壁向腔内突入的肿瘤团块状回声

图9-35　膀胱肿瘤

自膀胱壁向腔内突入的肿瘤团块状回声

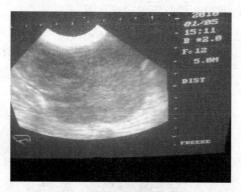

图 9 - 36　膀胱肿瘤
向膀胱外突出的实质性肿块

第八节　膀胱破裂

膀胱破裂是膀胱壁发生裂伤，尿液和血液流入腹腔所引起的一种膀胱疾患。以排尿障碍、腹膜炎、尿毒症和休克为特征。

一、发病原因

当腹部受到重剧的冲撞、打击、按压及摔跌、坠落等，尤其当膀胱尿液充满时，膀胱内压急剧升高、膀胱壁可因张力过度增大而破裂。骨盆骨折的断端、子弹、刀片或其他尖锐物的刺入，也可引起膀胱壁贯通性损伤。使用质地较硬的导尿管导尿时，插入过深或操作过于粗暴及膀胱内留置插管过长等，都会引起膀胱壁的穿孔性损伤。此外，膀胱结石、溃疡和肿瘤等病变中也易发生本病。

二、临床与病理

膀胱破裂后尿液立即进入腹腔，膨胀的膀胱抵抗感突然消失，多量尿液积聚腹腔内，可引起严重腹膜炎，病犬表现腹痛和不安，无尿或排出少量血尿。触诊腹壁紧张，且有压痛。随着病程的进展，可出现呕吐、腹痛、体温升高、脉搏和呼吸加快、精神沉郁、血压降低、昏睡等尿毒症和休克症状。

三、影像学诊断

本病可通过进行导尿、膀胱穿刺和 X 线与超声检查来确诊。

（一）X 线检查

在 24h 未排尿的情况下，X 线平片未见膀胱影像，腹腔见腹水影像，通过 X 线膀胱造影检查发现造影剂外溢，解剖学部位未见膀胱影像，根据以上检查可确诊为膀胱破裂。

（二）B 超检查

在 24h 未排尿的情况下，B 超探查不见充满尿液的液性暗区，而腹腔有液性暗区。

第九节　膀胱麻痹

膀胱麻痹是膀胱平滑肌的紧张度下降和收缩力丧失，导致膀胱尿液滞留。临床上以不随意排尿、膀胱充盈、无疼痛为特征。

一、发病原因

膀胱麻痹通常是由腰荐部脊髓疼痛（如炎症、创伤、出血等）、尿路阻塞、泌尿系统疾病（如膀胱炎）等造成膀胱暂时性或持久性丧失收缩功能，患病犬、猫不能正常排尿，导致膀胱尿液积留，表现出腹部膨胀（膀胱充盈所致）、不随意排尿的症状。

二、临床与病理

由尿道阻塞和膀胱括约肌痉挛引起的膀胱麻痹，在初期或膀胱不全麻痹时，病犬、猫常有频频排尿动作，但只有少量尿液成滴状或线状排出或无尿排出。

由脊髓、脑损伤引起的膀胱麻痹或膀胱完全麻痹中，病犬、猫常缺乏排尿反射，也无频频排尿动作出现，只有当膀胱高度充满尿液时才不随意地少量排除，通过腹壁压迫膀胱和插入导尿管可排出大量尿液。同时伴有膀胱括约肌麻痹的病例，尿液不随意地、时断时续地呈线状或滴状排出，出现排尿失禁症状。触诊膀胱内少尿或空虚。

膀胱麻痹的病犬、猫，除有上述排尿反射、动作和排尿量的变化症状外，由于大量尿液滞留于膀胱内，腹压增高，可致腹部膨胀，但腹部触诊按压膀胱时无任何疼痛反应。

三、影像学诊断

（一）X线检查

X线检查可见膀胱充盈（图9-37），排除结石等病因，胸、腹、腰段X线检查有助于寻找引起膀胱麻痹的原因。

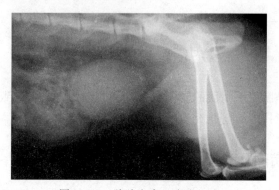

图9-37　膀胱麻痹，膀胱积尿

（二）B超检查

B超检查可见膀胱充满尿液，呈液性暗区，排除结石、肿瘤等病变。

第十节　前列腺肿大

前列腺肿大是前列腺的体积变大，可由多种原因引起。

一、发病原因

前列腺肿大是犬的常见病，肿大的原因主要是前列腺增生。前列腺增生包括良性增生和囊性增生。前列腺增生与雄激素和雌激素比例变化、公犬未去势有关。导致前列腺肿大的原因还有前列腺炎、前列腺脓肿、前列腺肿瘤等。

二、临床与病理

随着前列腺的增生，腺体内的小血管数量也不断增加，因此腺体具有出血倾向，临床可见病犬尿道滴血或有血尿。

在前列腺增生初期，大多数犬无临床症状，随前列腺体积的增大，对直肠造成压迫，使犬经常出现便意，逐渐发展为里急后重。严重者排便困难，表现出痛苦状。后腹部触诊敏感，走路姿势异常。

三、影像学诊断

（一）X 线检查

在普通侧位 X 线片上，肿大的前列腺位于耻骨前缘，膀胱向前下方移位，结肠向背侧移位。当 X 线片不能清楚显示前列腺时，经膀胱充气造影即能显示增大的前列腺对膀胱的压迫象。逆行性尿道膀胱造影检查可显示部分前列腺肿大的性质。

（二）B 超检查

增大的前列腺结构均质，回声强度正常（图 9 - 38）。可见多个细小的低回声或无回声区（图 9 - 39）。囊性增生的前列腺，如果腺体内出现空洞，则腺体表现广泛的强回声。

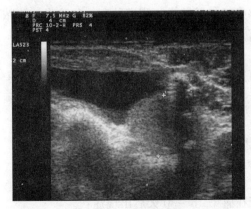 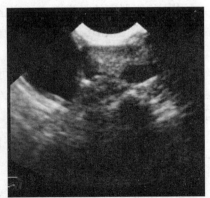

图 9 - 38　前列腺肿大　　　　　　　图 9 - 39　前列腺囊肿
　　　　　　　　　　　　　　　　　　前列腺内出现无回声暗区

第十一节　子宫蓄脓

犬子宫蓄脓是犬子宫内蓄积大量脓液，通常继发于细菌感染。部分子宫蓄脓是由于细菌感染绝育犬残余的子宫体而引起。根据子宫颈的开放与否分为开放型和闭锁型。

一、发病原因

造成子宫蓄脓的原因很多，主要有以下几种。

（一）发情后感染

发情后雌激素使子宫颈口扩张，外阴肿胀，子宫内膜脱落、出血使生殖道抵抗力降低，同时犬常坐于地面，阴道易被地面的细菌等病原微生物污染，如果主人不注意清洗公犬和母犬的生殖器官，在配种时也会引起细菌感染。

母犬发情间期产生的孕酮促使子宫分泌物积聚，刺激子宫内膜增生。子宫分泌物中含有大量的白细胞和蛋白质，白细胞分解形成的脓液蓄积在子宫内造成子宫蓄脓。

（二）雌激素使用不当

雌激素使用不当，可使接受治疗的年轻母犬产生急性子宫蓄脓。已经证明孕酮和合成孕激素如甲地孕酮的使用可以导致母犬子宫蓄脓。

（三）继发感染

周围组织器官的炎症造成子宫感染，如膀胱炎、阴道肿瘤、盆腔炎、化脓性腹膜炎等，化脓菌由血液进入子宫造成子宫蓄脓。

（四）产后感染

死胎、助产不当和胎衣不下等可造成子宫颈阻塞，引流不畅可导致母犬子宫化脓性炎症。子宫内异物如剖腹产手术时用不可吸收缝线缝合子宫或子宫颈阻塞引流不畅可导致子宫蓄脓。

二、临床与病理

患犬初期全身症状不明显，一般在感染 15～30 天后出现症状。

（一）开放型子宫蓄脓

开放型子宫蓄脓的特征是流出脓性或脓血性分泌物。有些犬具有全身症状，精神欠佳、食欲不振、烦渴、排尿次数增多，有些犬除了阴道分泌物外，其他表现正常。

（二）闭锁型子宫蓄脓

闭锁型子宫蓄脓无阴道分泌物，由于子宫内容物的存在而使犬腹部膨大，犬由于毒血症症状加重，表现为呕吐、脱水、氮血症等。

血液学检查显示病犬的白细胞总数增加。子宫颈闭锁型病例有的会出现脱水，可能出现氮血症和高磷酸盐血症。

三、影像学诊断

（一）X 线检查

X 线检查时选择腹部侧位和腹背位，在腹腔中后部可观察轮廓清晰、密度中等的圆筒状或念珠样影像。

严重的闭锁型病例可见子宫膨胀如囊状，并将肠管压迫至胸腔方向（图 9-40 至图 9-42）。开放型子宫蓄脓在 X 线检查时子宫可能不增大。

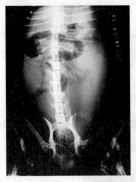
图 9-40　X 线正位片示子宫蓄脓

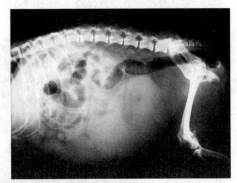
图 9-41　X 线侧位片示子宫蓄脓

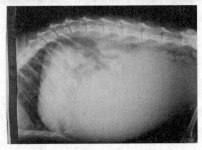
图 9-42　10 岁猫子宫蓄脓

（二）B超检查

病犬采取仰卧姿势，用5MHz探头于脐孔部位纵向和横向断层扫描。当探头于腹白线方向平行纵切时，表现为长条形宽径的无回声均匀液性暗区。当改变探头位置，于腹白线方向垂直横切时，显示多个层叠相间的类圆形无回声液性暗区，都有明显的较强回声壁围绕，主要为管状液性结构的病变回声（图9－43至图9－45）。

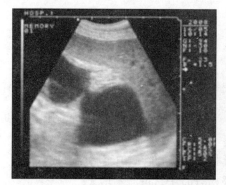 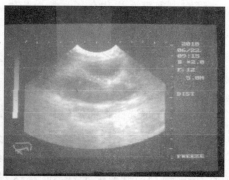

图9-43　B超显示子宫积液　　　　图9-44　B超显示子宫蓄脓（子宫纵切声像图）

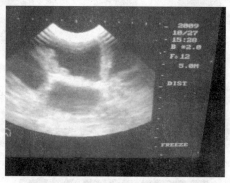

图9-45　B超显示子宫积液见多个液性暗区（横切）

第十二节　难　　产

母犬怀孕期超过预产期的5～8天，同时出现食欲急剧减少、焦躁不安、痛苦哀鸣等症状，阴部流出带绿色的黏液仍不产仔或产仔间隔超过3h，可视为难产。

一、发病原因

（一）胎儿性难产

胎儿性难产包括胎儿过大、胎位不正、激素含量不足。

1. 胎儿过大　母犬怀孕期营养好、胎儿生长快、窝产仔犬少、大型公犬与小型母犬交配、怀孕期长、胎儿畸形等都可造成胎儿过大而发生难产。

2. 胎位不正　胎位异常，如下位、侧位；胎势异常，如后产式（飞节屈曲、被关节屈曲）、前产式（头侧弯、上仰、下弯，前肢腕关节屈曲、肘关节屈曲、肩关节屈曲）等都可发生难产。

3. 激素含量不足　胎儿垂体及肾上腺皮质激素不足，无法发动分娩或分娩发动无力。

（二）母体性难产

母体性难产包括骨盆因素、腹腔因素、子宫因素。

1. 骨盆因素　母犬未完全达到性成熟年龄，骨盆骨未发育到生育状态；犬骨盆有骨折病史；骨盆骨有骨窟；骨盆发育畸形等。尤其是小型犬，由于体形小，骨盆狭窄易造成难产。

2. 腹腔因素　母犬年龄偏大、腹壁有疮痛、隔肌损伤等因素可造成母犬阵缩疼痛或无力而发生难产。

3. 子宫因素　母犬子宫先天性发育畸形、子宫肌纤维变性、子宫扭转等都易导致母犬难产。

二、临床与病理

难产的症状显而易见，但区分是哪种难产、难产的程度，以及是否还有胎儿娩出，则需进行病史调查和临床影像学检查。

三、影像学诊断

（一）X线检查

临产母犬 X 线摄片可显示胎儿个数，胎儿体位及是否进入产道等（图 9-46 至图 9-48）。

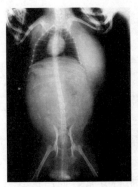
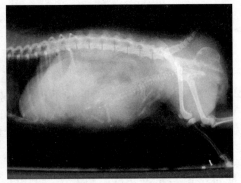

图 9-46　难　产
车祸后子宫肌壁疝

图 9-47　胎儿过大导致的难产

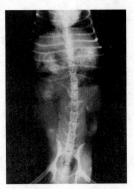

图 9-48　难产胎儿骨骼

（二）B 超检查

临产母犬 B 超检查可显示胎儿数量，胎儿是否存活及活力，子宫内有无囊肿（图 9-49、图 9-50）。

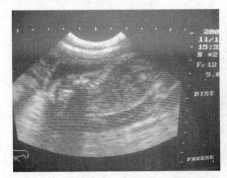
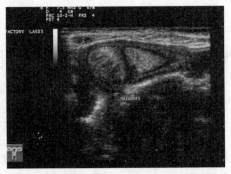

图 9-49　B 超子宫内死胎，无心跳

图 9-50　胎衣不下

第十三节　妊娠诊断

妊娠诊断方法包括 X 线检查法及多普勒法、A 型超声波法和 B 型超声波法等超声波检查方法。

一、X 线检查法

在配种后的第 45 天以后，当胎儿骨钙化时，可用 X 线检查法进行妊娠诊断，并对胎儿的发育情况进行分析（图 9-51）。

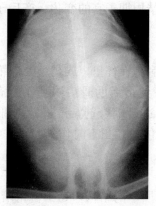

图 9-51　45 天 X 线子宫粗大，见胎儿骨骼影像

二、多普勒法测定

多普勒法可在配种后的第 29～35 天探测胎儿的心跳情况。这种方法的诊断准确率随妊娠的进程而提高。

三、A 型超声波法

A 型超声波法在配种后的第 18～20 天进行母犬妊娠的早期诊断，因为在妊娠早期，尽管胚胎尚未附植于子宫壁上，但此时子宫中已出现了足够的液体。此法在配种后第 32～60 天诊断的准确率可达 90%。但在应用此法时注意，探头不可太朝后，以免将膀胱中尿液误认为是胎儿反射出的信号而发生误诊。

四、B 型超声波法

B 型超声波法可通过调节深度在荧光屏上反映子宫不同深度的断面图，可以判断胎儿的存活或死亡。在配种后的第 18～19 天就可诊断出来，在第 28～35 天是最适检查期，第 40 天以后可清楚观察到胎儿的身体情况甚至鉴别胎儿的性别。

因 B 型超声仪同时发射多束超声，在一个面上进行扫查，显示的是子宫和胎儿机体的断层切面图，诊断结果清晰、准确，而且可以复制。它不仅可以用于诊断妊娠，而且可以监测雌性宠物整个生殖器官的生理和病理状态，并进行测量，如卵泡发育、发情周期子宫的变化、产后子宫的恢复、胎儿的发育、生长和一些生理活动。

（一）探查方法

主人可以选择将犬仰卧抱在怀里，或是令犬自然站立保定。

探查部位从耻骨前缘到最后肋骨后缘或下腹部。B 超常用超声频率为 3.5～5.0MHz，探头上涂适量耦合剂，再将检查部位均匀涂布适量耦合剂。准确把握被查部位的解剖位置，扫查时作矢状面、横切面、冠状面等多切面扫查。

（二）B 超探查

1. 孕囊　孕囊是一低回声的结构，在子宫角暗区内呈现椭圆形反射不强的光团，暗区中的细线状弱回声光环为胎膜的反射，环绕妊娠袋的子宫组织变薄，与其连接的子宫组织呈强回声（图 9-52、图 9-53）。

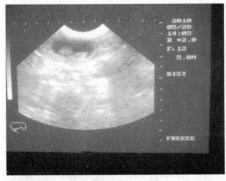 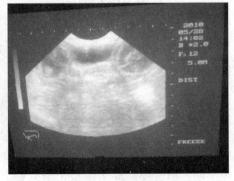

図 9-52　妊娠诊断
子宫角暗区内出现椭圆形反射不强的光团

図 9-53　妊娠诊断

　　B超探测最早发现的变化是子宫径增大。在非妊娠状态下，处于发情期犬的性激素也会使子宫增大，但此时的子宫增大不具有怀孕的特异性。

　　确定妊娠的第一征象是孕囊的探测，孕囊被探测到的时间一般为妊娠20～24天，初期的孕囊非常小，直径仅数毫米。诊断时因肠内气体叠压等情况的影响，可导致妊娠判定失误。但B超诊断妊娠比人工触摸诊断要早，准确性高。在30天左右可以为犬的妊娠与未妊娠作出95％以上准确率的诊断。

　　2. 胎心与胎动　　心脏搏动、胎儿移动是胎儿活力的标志。

　　随着妊娠时间的延长，在配种23～25天时，可在孕囊暗区底部即子宫壁的底部出现胚体反射。

　　在配种后的26～28天，胚囊、胚体逐渐增大，可在胚体部观察到一有规律快速闪动的光点，是同胚胎一起迅速扑动的小回声区，也就是心脏结构和搏动的反应。

　　妊娠40天后，胎体增加，此时探头才能扫查到胎儿胸腔内的心脏搏动，同时能观察到比较明显的胎动；妊娠35天可观察到胎儿四肢的摆动；妊娠49天可观察到胎儿头颈摇动。

　　3. 胎儿骨骼　　在犬妊娠31～35天，首先观察到颅骨反射，这是与头部固有形态相一致的较强反射带。

　　随着胎儿颅腔和眼眶骨骼的形成及钙化，形态越来越清晰，出现由弱到强的回声光环，形成比较明显的颅骨声影。随后可以看到脊椎、肋骨及四肢骨的影像反射。

　　妊娠36～38天，基本上可以观察到胎儿的整体骨骼轮廓（图9-54）。

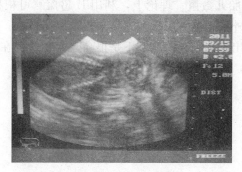

图9-54　妊娠诊断
胎儿骨骼及胎心

　　4. 胎儿内脏　　妊娠31～35天时，根据颅骨反射和其他骨骼的影像回声可以辨认胎向，通过胎向及心脏搏动可以确定心脏、胃和膀胱的位置（图9-55）。

妊娠 36 天左右，在胎儿腹部靠前部分，可观察到一椭圆形暗区，是充有液体的胃。胎儿腹腔后部可观察到一比胃略小的椭圆形暗区，是积尿的膀胱。妊娠 38 天左右时在胎儿背部可观察到椭圆形的胎儿的肾，回声反射较周围组织弱。胎儿发育到 39～43 天时，相对于肝脏、肺脏的位置有些弱回声。到 43 天可以分辨胎儿的眼、嘴。直到临近分娩的一段时间，才能够看到胎儿腹腔内的肠管。

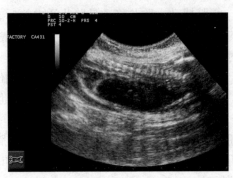

图 9-55　妊娠诊断
胎儿骨骼及胎心与内脏

5. 胎盘与脐带　犬是带状胎盘，位于胎囊中部，在妊娠后第 31 天左右，可在子宫壁一侧观察到扁椭圆形隆起，为均质的弱回声区的胎盘层和胎盘带，随妊娠天数增加而不断增长，妊娠 45 天后胎盘大小不再随妊娠天数的增加而增长。

6. 胎儿性别与胎儿数量　理论上，利用 B 超探测可根据胎儿生殖结节的分化和移位、胎儿外生殖器官阴囊和乳房来预测胎儿性别。但是因胎动、胎儿体位变动，实际作出正确判断的比例不是很高，为了避免在临床诊断中带来的一些不必要的麻烦，一般不主张利用 B 超判定胎儿的性别。

第 十 章
消化系统疾病影像学诊断

消化系统疾病发病较多，有些需要通过影像学诊断方法进行诊断，可以通过综合运用超声检查和放射学检查而获得确诊。本章主要介绍常见消化系统疾病的 X 线诊断与 B 超声像图诊断。

第一节　颈部食道异物

颈部食道异物通常是由骨头、石块、木块、布片、塑料、块根、饲料等大块物体所致。大块异物可引起胸部食道完全阻塞、扩张。临床表现为流涎、吞咽困难或食物反流等。

一、发病原因

犬食道阻塞最常见于吞食骨头或带骨肉时。

二、临床与病理

容易发生阻塞的部位多在咽部或胸腔入口前的颈部食道，通常食后由于异物停留而立刻表现出临床症状。主要表现为骚动不安，频繁吞咽，干呕、流涎等。异物在食道局部停留的结果是使该部扩张，其中除有异物外还存留一定量的液体。阻塞一定时间后，异物周围的食道壁会因炎性肿胀而增厚，时间过久则有可能造成食道壁穿孔。

三、影像学诊断

颈部食道异物的确诊需进行 X 线诊断，影像学上将异物分为高密度不透射线和低密度能透 X 线两类。

（一）高密度不透射线异物

如骨块（图 10-1）、硬鱼刺（图 10-2）、针（图 10-3）、鱼钩等，在平片上即可显示，并可显示出异物的形状、大小及所在的位置。但摄片时需要拍摄正位和侧位来判断异物的形状。

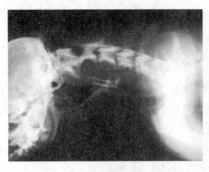 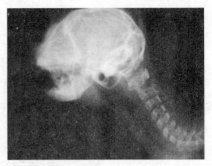

图 10-1　颈部中段食道异物　　　　图 10-2　颈部咽后食道异物（硬鱼刺）

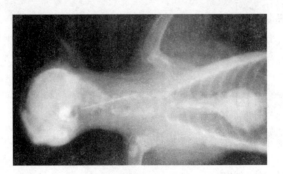

图 10-3　颈部食道异物（缝针）

（二）低密度能透 X 线异物

X 线可透性异物如木块、布片、塑料、块根、饲料等，因密度小，在常规 X 线检查中不易检出。

可灌服少量钡剂，借助残钡涂布而显示异物。如食道完全阻塞，则阻塞上段的食道可有扩张、积液，X 线显示食道阻塞部前段有粗大带状阴影。食道的造影检查，可准确显示阻塞的部位，钡液流至异物阻塞处而停止，不能通过。如食道不完全阻塞，钡液经过异物后附着在异物表面，可显示阻塞物的轮廓。

第二节　胸部食道梗塞

食道梗塞是食团或异物停留于食道致使食道闭塞。最易发生的部位是胸部食道入口与心基底部之间或心基底部与隔的食道裂孔之间。本病特征性症状是突发高度吞咽困难。犬比猫多发。

一、发病原因

混于食物中的铁丝、针、鱼钩等异物，粗大的骨头或软骨块、肉块、鱼刺等饲料团块，及由于玩耍而误咽的手套、木球、玩具等物品均可造成食道阻塞。此外，由于饥饿而采食过急，在采食中受到惊恐而突然仰头吞咽，食物进入食道后突然滞留等，也都是本病发生的常见原因。

二、临床与病理

当食道完全阻塞时，患病宠物表现高度不安，头颈伸直，流涎，拒食，并出现哽噎或呕吐，吐出大量泡沫状黏液或血性分泌物。间有采食或饮水后伴发逆呕，宠物极度痛苦。食道呈不完全阻塞时，仅液体食物能通过入胃，而固体食物停滞食道内或逆呕出来。

食道阻塞与食道炎症状相似，仅凭临床表现有时难以区分。食道炎原发病较少，其病因多为异物（特别是尖锐、细小异物）、机械、药物等刺激或食道阻塞而引起。确诊主要依靠食道造影或食道内窥镜直接观察食道壁，以判断其性质和损害程度。

三、影像学诊断

X 线可透性异物如木块、布片、塑料、饲料等，因其密度低，在常规 X线检查中不易检出，可灌服少量钡剂，借助残钡涂布而显示异物。如食道完全阻塞，则阻塞处上段的食道可有扩张、积液，X 线检查显示食道阻塞部前段呈粗大带状阴影。

金属异物（图 10 - 4、图 10 - 5）、骨头（图 10 - 6）、石块呈高度致密阴影，边缘锐利清楚，常规 X 线检查即可根据其形状确定。

食道的造影检查，可准确显示阻塞的部位，钡剂到达异物阻塞处而停止，不能通过（图10-7）。如食道不完全阻塞，钡剂经过异物后附着在异物表面，可显示阻塞物的轮廓（图10-8）。如继发食道穿孔、破裂或形成瘘管，钡剂可从破损溢出胸部食道外的胸腔内，故胸部食道造影检查时应慎重。

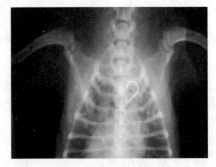

图10-4　胸腔入口处食道异物（鱼钩）正位片

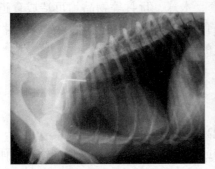

图10-5　胸腔入口处食道异物
（鱼钩）侧位片

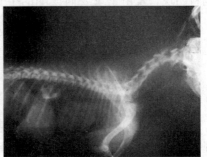

图10-6　胸腔心基底部与隔的食道
裂孔之间食道异物

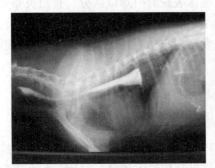

图10-7　食道造影
胸部食道完全阻塞

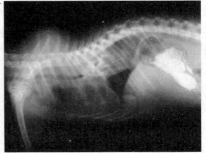

图10-8　食道造影
胸腔心基底部与隔的食道裂孔之间
食道异物，不完全阻塞

第三节　食道狭窄

食道的管腔变窄而影响吞咽者，称食道狭窄。

一、发病原因

(一)食道创伤

本病往往是由于食道受机械性、物理性、化学性、寄生虫等因素的作用，其黏膜发生增生性炎症形成瘢痕，瘢痕老化收缩后引起食道狭窄。食道手术后缝合过紧也可导致本病。

(二)食道管腔受压

食道壁内外肿瘤、脓肿、颈部肌炎、甲状腺肿大、犬永久性右位主动脉弓都可压迫食道而致食道狭窄。

二、临床与病理

主要临床表现为吞咽困难，患病宠物不能连续大量采食或采食过程中突然出现停食现象，有时可出现食物反流。如果是颈部食道狭窄，常可在患病宠物采食时见到狭窄部前方有团块状物膨出。反复阻塞可使食道弹力变弱，可能会导致食道扩张或憩室。

三、影像学诊断

X线检查时，常可发现在狭窄部前有大量气体。如灌入硫酸钡混悬液，透视下可见钡柱到达狭窄部时流速趋缓，随后食道黏膜皱褶的影像发生改变（瘢痕性狭窄）。如果是因食道内外的压迫所致的狭窄，压迫处可见充盈缺损，而显示压迫物的轮廓。

第四节　食道扩张

食道扩张是指食道管腔的直径增加，可发生于食道全部，或仅发生于食道的某一段。

一、发病原因

先天性食道扩张是遗传性疾病，某些品种的幼犬多发。大丹犬发病率最高，其次为德国牧羊犬和爱尔兰塞特猎犬。猫以泰国的暹罗猫和与暹罗猫有血缘关系的猫发病率较高。

后天性食道扩张可发生于任何年龄和品种的犬、猫，大部分原发病因目前还不甚清楚。重症肌无力、甲状腺机能低下、肾上腺皮质机能低下等影响骨骼的疾病，均会继发性地引起食道扩张。此外，神经丛受损、外伤、肿瘤和贲门痉挛等也可引起本病。

二、临床与病理

临床特征是吞咽困难、食物返流和进行性消瘦。

在病的初始阶段，进食后即返流，以后随病情发展，食道扩张加剧，食物返流延迟。

先天性食道扩张的幼犬，在哺乳期吃奶完全正常，当长大至主要吃固体食物时，才发生食物返流。由于食物滞留在扩张的食道内，病犬、猫多有口臭，并可引发食道炎或咽炎。若返流的食物呛入呼吸道，则可引起严重的气管炎和异物性肺炎。

根据患病动物经常性的食道返流的症状，可怀疑为本病。若扩张发生在颈部食道，则在颈部触诊可摸到粗大、发硬的食道和内容物。X 线检查（图 10 - 9），可确诊食道扩张。

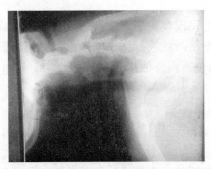

图 10 - 9　食道扩张

三、影像学诊断

如用钡剂造影，可探明扩张的程度和病变范围。

食道扩张的犬，口服钡餐后立即摄片，在气管背侧可见含有钡剂扩张的食道；间隔15min后摄片，食道内仍有钡剂残留（图10-10），呈横置的宽带状密影。

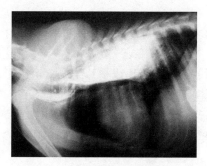

图10-10　食道扩张造影后

第五节　犬巨食道症

犬巨食道症分先天性和后天性两种，患病犬表现食管扩张且蠕动停止。成年犬原发性巨食管症是指不明原因的食管扩张，成年犬后天性巨食道症是指原因明了的食管扩张。巨食道症在犬常引起返流而在猫少见。

一、发病原因

本病的病因尚未清楚，可能与心理、遗传、中毒和外伤有关。犬巨食道症常见于更换犬粮过程中的幼犬，但至7岁的成年犬也可发生。多见于德国牧羊犬和德国大丹犬，公犬较母犬多发。本病也可伴发于杰克犬、哄猎犬、猎狐犬及大种犬幼犬的重症肌无力。

二、临床与病理

食道因无贲门开张反射而长时间紧张收缩，导致食道麻痹扩张。扩张常发生于膈裂孔的前段食道，胸腔入口或心基部的前段食道也可发生。

临床表现为吞咽困难，采食后呕吐出未消化食物，但食欲良好，甚至极度饥饿，后期多因衰竭死亡。

犬巨食道症的临床经过可分为三个阶段。第一阶段是突然发病，以呕吐食物和黏液为特征，X线造影检查，仅显示食道轻度扩张，食道蠕动和排空减慢。第二阶段是食道不断扩张，排空明显变慢。第三阶段出现多次自发性呕吐，X线检查显示食道极度扩张。

三、影像学诊断

犬巨食道症的X线检查采用X线平片结合食道造影。

（一）X线平片检查

常规X线检查，显示从胸腔入口至膈裂孔处有一条横置的高度扩大的软组织密影。如扩大的食道内有液体和气体，则可见其气液面。背侧的食道壁因气体存在而清晰可见。

（二）造影检查

造影检查，显示食道异常扩张，呈横置的宽带状密影，可出现气液面。食道的贲门部明显狭窄，边缘光滑整齐（图10-11）。

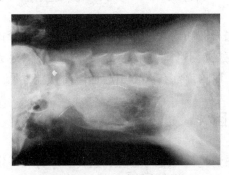

图10-11 巨食道症造影

第六节 膈 疝

膈疝指腹腔内脏器官通过天然或外伤性横膈裂孔突入胸腔，是一种对宠物生命具有潜在威胁的疾病，疝内容物以胃、小肠和肝脏多见。

一、发病原因

本病可分为先天性和后天性两类。

（一）先天性膈疝

先天性膈疝的发病率很低，是由于膈的先天性发育不全或缺陷、腹膜腔与心包腔相通或膈的食道裂隙过大所致，大多数不具有遗传性。

（二）后天性膈疝

后天性膈疝，多是由于受机动车辆冲撞，胸、腹壁受钝性物打击，从高处坠落或身体过度扭曲等因素致腹内压突然增大，引起横膈某处破裂所致。

二、临床与病理

患犬呼吸极度困难，表现为张口呼吸，头颈伸直，烦躁不安，腹部膨大。口腔黏膜及眼结膜无明显变化。

多数外伤性膈疝的宠物表现为明显的腹式呼吸，黏膜发绀，听诊心音模糊不清。若发生嵌闭则可见急腹症症状，肝脏嵌闭可引起急性胸水和黄疸。先天性膈疝或心包疝，临床可无明显异常，但当剧烈运动时，或多量腹腔器官疝入胸腔后则表现气喘、窒息等呼吸困难症状。

三、影像学诊断

（一）X线平片

宠物取右侧卧姿势，置胸部和前腹部于照射野内，拍摄胸部和前腹部 X线片。可见胃扩张，其内有大量的气体，表现为密度极低的透明阴影。膈影不明显，胸腔内结构紊乱，心脏及大血管影像被大片高密度阴影遮挡，肺纹理消失，代之以斑块状或成片密度高低不均的阴影。阴影围绕在心脏前后和心基上部，阴影旁侧为低密度透明区（图 10 - 12）。先天性心包疝时，心脏阴影普遍增大（图 10 - 13），密度均匀，边界清晰，可同时显示疝入肝脏的块状影像或嵌入肠管的气体阴影。

（二）X线造影

X线造影检查有助于确诊进入胸腔的脏器（图 10 - 14）。

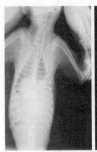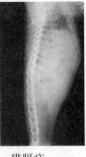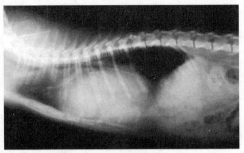

图 10 - 12　猫膈疝　　　　　　　图 10 - 13　猫心包疝（侧位）

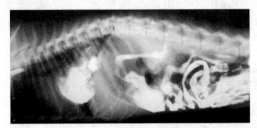

图 10 - 14　膈疝造影 1h 后

第七节　胃内异物

　　犬、猫胃内长期滞留骨骼、石块、鱼钩、毛球、破布、袜子、线团和玩具等异物，不能被胃液消化，又不易通过呕吐或肠道排出体外，容易使胃黏膜遭受损伤，影响胃的功能，严重时还能引起胃穿孔，继发腹膜炎。

一、发病原因

　　幼年或成年犬、猫可吞食各种异物，如骨骼、橡皮球、石头、破布、线团、针、鱼钩等。特别是猫有梳理被毛的习惯，可将脱落的被毛吞食，在胃内积聚形成毛球。毛球因各种原因不能及时排出时，滞留在胃内形成异物（长毛猫比短毛猫多发）。此外，犬患有某种疾病，如狂犬病、胰腺疾病、寄生虫病、维生素缺乏症或矿物质不足等时，常伴有异嗜现象，甚至个别犬生来就有吞食石块的恶习。

二、临床与病理

　　胃内存有异物的犬、猫，根据异物的不同，在临床症状上有较大差异，有的胃内虽有异物，但不表现临床症状，因而长期不被发现。此种患病宠物在采食固体食物时，有间断性呕吐史，呈进行性消瘦。胃内存有大而硬的异物时，宠物表现胃炎症状。尖锐或具有刺激性异物伤及胃黏膜时，可引起出血或胃穿孔，但此种情况较为少见。

胃内异物常可根据病史和临床检查，作出初步诊断。小型犬和猫腹壁较柔软，胃内有较大异物时，用手触诊可觉察到异物。X线检查可帮助诊断，必要时投服造影剂，查明异物的大小和性质。

三、影像学诊断

（一）高密度不透射线异物

如骨块（图 10 - 15）、石头、金属（图 10 - 16）、玻璃（图 10 - 17）、针（图 10 - 18、图 10 - 19）、鱼钩等在腹部平片上即可显示，并可显示出异物的形状、大小及所在的位置（图 10 - 20）。但摄片时需要拍摄正位和侧位两张片来判断异物的形状。

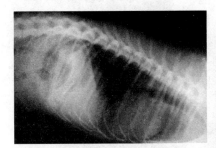

图 10 - 15　胃内异物（骨块）

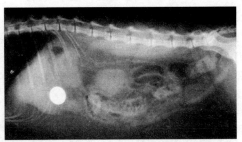

图 10 - 16　胃内异物（硬币）

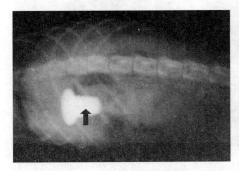

图 10 - 17　胃内玻璃塞

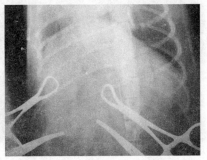

图 10 - 18　犬胃内缝针异物术中

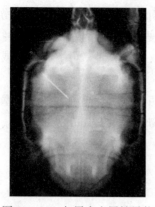
图 10 - 19　龟胃内金属针异物

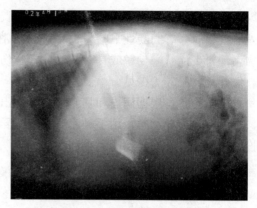
图 10 - 20　胃内异物（麻将子）

（二）低密度能透 X 线异物

如橡皮球、乒乓球（图 10 - 21）、线团、碎布、袜子等在平片上不能显现，诊断时先拍摄平片，若不能发现，则最好方法是利用钡剂造影。造影时钡剂采用稀钡，以增加通过胃内速度，造影剂的量不能过多，以免遮蔽异物。在胃的造影片上，玩具等低密度异物可吸附钡剂，故在胃排空后仍能显示异物阴影（图 10 - 22、图 10 - 23）。利用造影剂诊断时，根据需要拍摄数张不同时间点的 X 线片。

图 10 - 21　胃内异物（乒乓球）

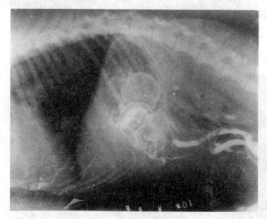
图 10 - 22　胃内异物造影后，
异物吸附造影剂

图 10 - 23　手术取出的图 10 - 22
造影确诊的胃内异物

第八节　胃扩张-扭转综合征

胃扭转是胃幽门部从右转向左侧，并被挤压于肝脏、食道的末端和胃底之间，导致胃内容物不能后送的疾病。胃扭转后很快发生胃扩张，因此称之为胃扩张-扭转综合征。本病多发于大型犬及胸部狭长品种的犬，雄犬比雌犬发病率高，猫较少发生该病。急性胃扩张-扭转综合征为一种急腹症，疾病发展迅速，预后应慎重。胃扩张-扭转综合征在临床上常见三种情况：胃扩张与扭转同时发生；只发生胃扩张而无扭转；只发生扭转而无明显扩张。其中，胃扩张与扭转同时发生时最严重，常呈急性经过，重者迅速引起循环衰竭而死亡。

一、发病原因

胃下垂、胃内食糜胀满、脾肿大、钙磷比例失衡，以及可使胃韧带伸长、扭转的因素，如饱食后打滚、跳跃、迅速上下楼梯时的旋转等，都可使犬发生胃扭转。

二、临床与病理

患犬突然表现腹痛，躺卧于地，口吐白沫。由于胃扭转时，胃贲门和幽门都闭塞，故可发生急性胃扩张。腹部叩诊呈鼓音或金属音。腹部触诊，可摸到球状囊袋，急剧冲击胃下部时可听到拍水音。病犬呼吸困难，脉搏频数。多于24～48h死亡。

胃急性膨大时，胃内积气或积液，但多以气体为主。气体的蓄积是由于胃肠内容物排出受阻所致，气体不能通过正常机制逸出体外，必然会引起胃扩张。单纯胃扩张时，胃的体积增大，而胃在腹腔内的位置及胃与其他脏器的解剖位置关系没有变化。胃扩张扭转同时发生时，胃在腹腔内的解剖位置发生变化，胃发生自身扭转，扭转的程度从 $90°$～$360°$ 不等。宠物取仰卧位时，从尾部向头看，胃是以顺时针方向发生扭转的。扭转的结果是幽门从腹部的右侧移至左侧，胃底部则随之转到了右侧，约 95% 的患犬都是发生此种类型的扭转。患犬发生胃扭转后，由于胃部扩张，腹部后腔静脉受压，从而使回流入心脏的静脉血减少，相应的心输出量也减少，组织灌注量下降，最终发生循环衰竭。

主要根据临床症状、X线和胃插管检查的结果来确诊。注意要与单纯性胃扩张、肠扭转及脾扭转相鉴别，通常以插胃管来区分。单纯性胃扩张，胃管插到胃内，腹部胀满可以减轻；胃扭转时，胃管插不到胃内，因而不能减轻腹部胀满；肠扭转及脾扭转时，胃管插到胃内，但腹部胀满仍不能减轻，且即使胃内贮留的气体消失，患犬仍逐渐衰竭。

三、影像学诊断

确诊需进行 X 线检查，这也是鉴别普通胃扩张和胃扩张-扭转综合征的可靠方法。分别拍摄右侧位、左侧位和正位 X 线片，但右侧位 X 线片更具有诊断意义。

（一）左侧位投照

一般左侧位投照时，胃扩张和扭转 X 线片均呈显著的积气性、积液性膨大阴影，腹腔内其他脏器后移，并且因受挤压而影像不清（图 10 - 24 至图 10 - 26）。

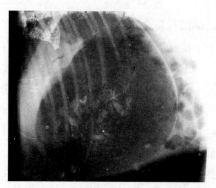
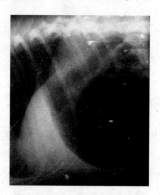

图 10 - 24　灵缇犬溺水致胃扩张　　图 10 - 25　萨摩犬胃扩张

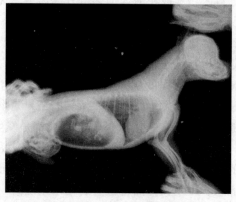

图 10 - 26　胃扩张-腹股沟疝

（二）右侧位投照

右侧位投照时，可见 X 线片上胃腔被分割成两个或多个小室，这是由胃扭转后移向左侧且其中充满气体的幽门和充满气体的胃底共同构成的影像。在小室之间可见线状软组织阴影，是由胃的扭转索或胃的折转处形成（图 10 - 27）。

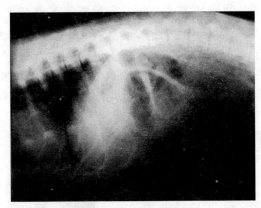

图 10 - 27　胃扭转扩张

（三）胃造影

从平片上不易对胃扩张和胃扭转作出鉴别诊断时可行胃造影。通过观察幽门的位置进行鉴别诊断。但一般胃扭转后贲门常由于受到压迫而阻塞，故造影不易成功。

第九节　胃肠穿孔或破裂

一、发病原因

胃肠穿孔或破裂常发生于以下几种情况：腹部以外的钝性或锐性损伤；胃肠内的异物刺破胃、肠壁；胃肠过度膨胀；胃肠手术后有术后并发症。

二、临床与病理

胃肠穿孔或破裂常引发腹膜炎，主要临床表现为呕吐、发热，并有感染中毒症状。随渗出液的增多，腹部逐渐增大，呼吸方式改变，腹式呼吸减弱。腹痛明显，表现为腹肌紧张，腹壁触诊敏感。

三、影像学诊断

（一）X线平片

多用水平X线进行站立、直立或侧卧位投照，胃肠穿孔或破裂后由于有气体从胃肠道逸出进入腹膜腔，故在所拍摄的X线片上，于腹腔的最高处可见到气影。如果腹腔内气体的量较少，可做侧卧位投照，易发现气影。

常由于继发腹膜炎而出现腹腔内积液，在X线平片上腹部呈均质密度增高的阴影，腹腔器官外形轮廓模糊不清。局限性腹膜炎只是局部感染区的结构轮廓消失；广泛性腹膜炎时，整个腹部影像模糊不清。如果腹腔内同时有一定量的气体蓄积，则在站立水平投照时显示出气-液界面阴影。

（二）X线造影

当怀疑为胃肠穿孔时，如做胃肠造影，应选择刺激性较小的碘制剂作造影剂，禁用硫酸钡造影剂。造影检查可见造影剂漏入腹膜腔内，腹腔呈内弥散性高密度造影剂分布（图10-28）。

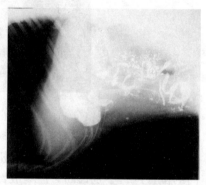

图10-28　胃肠穿孔

第十节　胃肿瘤

犬肿瘤主要有平滑肌瘤、腺癌、淋巴肉瘤和腺瘤，其中最常见的肿瘤是腺癌，最常发生的部位是胃的幽门窦和幽门。淋巴肉瘤是猫的最常见肿瘤。

一、发病原因

发病与饮食习惯、胃部疾病等因素有关。胃平滑肌瘤是起源于平滑肌组织（多源自胃壁环肌或纵肌），少数起自黏膜肌层的良性肿瘤，多发于胃底、胃体，小弯侧较大弯侧多见，后壁较前壁多见。

二、临床与病理

肿瘤可影响胃的正常运动性，阻塞幽门，引起黏膜溃疡。

本病多发于中老龄宠物，表现为程度和频数逐渐增加的慢性呕吐、食欲不振和体重减轻。有时可出现贫血、腹泻、黑粪、多涎、口臭等症状。从开始发病到表现出明显症状可能只需要 2～3 周，也可能长至 12 个月。

三、影像学检查

腹部 X 线显示胃壁增厚、缺乏正常的皱褶形态。造影后发现胃排空延迟、填充缺陷、胃壁强直、皱褶缺失或排列紊乱。超声波检查可发现胃黏膜增厚。上述这些影像学技术只能够发现病变，而不能确诊。

（一）X 线检查

在 X 线平片上，肿瘤灶不易显现，偶尔在胃内气体的衬托下可显示胃腔内有软组织块影像突入胃腔内。在胃造影或胃钡-气双重造影像上，可清楚显示出胃变形、胃腔内占位性充盈缺损或有溃疡龛影。胃壁增厚或不规则，幽门狭窄或闭锁。

（二）B 超检查

胃肿瘤的声像图显示胃壁异常增厚，呈非均质的低回声，表面不规则隆起。胃壁的多层清晰结构被破坏。肿瘤类型可表现为向胃腔内突入的肿块型、弥漫使胃壁增厚的浸润型和溃疡型。

第十一节　幽门流出障碍

幽门流出障碍是由于各种原因引起幽门狭窄或阻塞而导致的胃排空不畅或排空受阻。

一、发病原因

主要病因为幽门狭窄、阻塞。

急性阻塞常见于胃扭转或胃内异物阻塞幽门部，使排空受阻；慢性阻塞则是由于幽门的病理性狭窄。

幽门病理性狭窄见于幽门肥厚、幽门痉挛、纤维化、肿瘤、黏膜肥大及幽门周围脏器占位性病变等。

二、临床与病理

由于胃扭转或胃内异物引起的幽门阻塞，发病急，有相关的发病史及特征性症状。幽门痉挛多发生在幼龄、神经兴奋型的犬和猫，多由于胃的运动或蠕动异常所致。

幽门狭窄可能源于幽门运动功能异常，也可能是先天性或后天获得性狭窄。局部肥厚性胃炎也可引起幽门阻塞。

当食物因幽门阻塞而滞留时，便引起胃的臌胀，临床常见呕吐，呕吐多发生在采食后数分钟至数小时。常为喷射状呕吐，呕吐物为未消化或部分消化的食物，不见胆汁。

三、影像学诊断

（一）X 线检查

1. X 线平片　在普通 X 线片上，慢性幽门阻塞无特异性 X 线征象，一般仅见胃体积增大，胃内容物较多。

2. 胃造影　在胃造影像上，幽门可呈盲端（完全阻塞）、鸟喙状或细线状（部分阻塞），幽门口或其附近可能有充盈缺损。胃排空时间延长（图 10 - 29、图 10 - 30）。

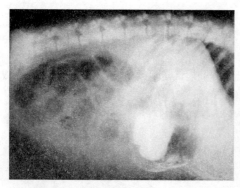 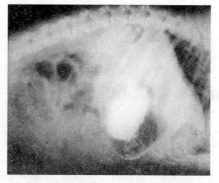

图 10 - 29　幽门流出障碍（造影 1h）　　图 10 - 30　幽门流出障碍（造影 6h）

如为幽门痉挛所致，在应用解痉药后幽门括约肌松弛，幽门管通畅，幽门狭窄或闭锁的 X 线征象消失。

(二) B 超检查

B 超检查对于幽门病变的诊断有意义，通常胃由于充满液体而膨胀，这使声像图看起来更方便。幽门窦肥厚时可见幽门呈环行增厚，淋巴肉瘤和腺癌能引起广泛性或局限性幽门增厚，回声强弱不等，同时胃壁的正常的回声层次消失。

第十二节　肠　梗　阻

肠梗阻为犬的一种急腹症，发病部位主要为小肠。常由于小肠肠腔发生机械性阻塞或小肠正常生理位置发生不可逆变化所致。小肠梗阻不仅使肠腔机械性不通，而且常伴发局部血液循环严重障碍，致使宠物剧烈腹痛、呕吐或休克。本病发生急剧，病程发展迅速，预后慎重，如治疗不及时，则死亡率高。

一、发病原因

小肠梗阻多由骨骼、果核、橡皮、弹性玩具、破布、线团、毛球、粪便、寄生虫等突然阻塞肠腔所致。也可由于肠管手术后结缔组织增生或粘连或肠腔内新生物、肿瘤、肉芽肿等致肠腔狭窄引起。

二、临床与病理

小肠梗阻部位越接近于胃，其临床症状越急剧，病程发展越迅速。特征性症状是剧烈腹痛、持续性呕吐、迅速消瘦、精神沉郁、食欲废绝。腹痛初期，表现出腹部僵硬，抗拒检查。

根据病史和临床症状，可初步诊断为肠梗阻。腹部触诊，常能在梗阻肠段的前方触及到充满气体和液体的扩张肠管。腹壁紧张而影响检查时，可施行麻醉或注射氯丙嗪使其镇静、松弛以利诊断。应用 X 线检查作辅助诊断，最好投以造影剂，增加对比度。在直立侧位腹部 X 线片上，不论胃肠空虚还是肠道液体水平面上积有气体的病例，都可在梗阻部位前方见到扩张肠祥。

三、影像学诊断

（一）高密度异物

高密度异物可观察到金属或矿物质异物，X线平片即可显示出异物的形状和大小及其阻塞的部位（图 10 - 31、图 10 - 32），但如发现锐利金属异物，应注意观察有无穿孔。

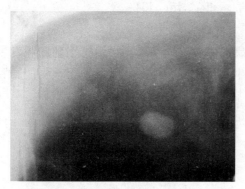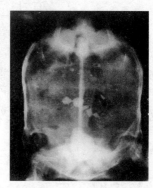

图 10 - 31　肠梗阻（石头）　　　　图 10 - 32　陆龟肠结石导致肠梗阻

（二）液体-软组织密度异物

一些液体-软组织密度异物，可有典型形态，在气体衬托下显示更好。线状异物在犬、猫也常见，典型的表现是手风琴状肠管或折叠状聚集的肠环，若为猫，则要注意观察猫的舌下有无绳状的异物。

（三）低密度异物或与腹腔软组织密度相近的异物

对于低密度异物或与腹腔软组织密度相近的异物，需进行肠道造影。肠道造影可显示钡剂前进迟缓或受阻，还可显示阻塞的部位和程度及类型。

嵌闭性阻塞，普通 X 线检查或造影检查一般可确定肠嵌闭的部位（如膈疝、腹壁疝等）。肿瘤性阻塞，X 线平片可显示腹内肿块的软组织阴影，造影检查可显示肠黏膜不规则、充盈缺损、肠壁增厚、肠腔狭窄或造影剂进入肿瘤组织中。

X 线平片检查还可见到在阻塞部位前的肠管有不同程度的充气（图 10 - 33）、充液及肠腔直径增大。水平投照检查可见肠管内对比良好的液-气界面阴影。

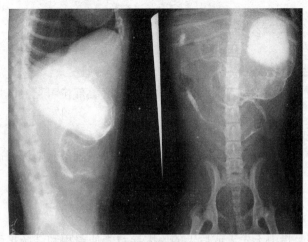

图 10 - 33　肠内低密度异物梗阻致胃排空慢及胃积气（造影 140min 后）

第十三节　肠 套 叠

肠套叠是一段肠管连同肠系膜套入后段肠管内，形成双层肠壁重叠现象。套叠部位短者，可自然复位；套叠部位长者，剧烈腹痛，局部瘀血、肿胀和坏死，迅速死亡。犬的肠套叠较多见，尤其幼犬发病率较高，多见小肠下部套入结肠。

一、发病原因

多因肠蠕动过度或逆蠕动引起，如受惊、饮冰冷的水、肠炎、肠梗阻及寄生虫和异物的刺激等。此外，受惊、剧烈运动而使腹内压突然增高也会导致本病。患犬细小病毒病的犬易患肠套叠。

二、临床与病理

病初拒食、停止排便，有时排出带血的恶臭粪便。腹痛，精神沉郁，饮欲亢进，呈顽固性呕吐。腹部触诊常能摸到一个坚实有弹性、弯曲而能移动的圆柱形物体，压之有敏感疼痛。急性病例表现为高位肠梗阻症状，几天内即可死亡。

三、影像学诊断

（一）X线平片

扩张积气、积液的肠环常提示肠梗阻。在套叠部位可见液体—软组织密度阴影。

（二）X线造影

造影剂停留于套叠部位，或套叠后部只有少量细条状造影剂通过。

第十四节　巨结肠症

巨结肠症是指由于先天或后天的原因导致粪便蓄积和结肠扩张，持续性便秘。猫特发性巨结肠症主要是由结肠平滑肌功能障碍引起的结肠扩张和粪便蓄积。

一、发病原因

后天性的巨结肠症，是由于粪便的滞留，如便秘与结肠阻塞，使粪便中的水分被结肠吸收，形成较硬的粪便，不易排出，在长期的粪便滞留后，会导致结肠活动力不可逆性的改变，使得粪便滞留的情形更为严重。

大多数的巨结肠症在发生前，多半已经有明显的生活习惯异常，如慢性便秘或有排便动作却排不出来等症状，若不及时处理，很容易发展成巨结肠症。

二、临床与病理

突然出现排便困难，频繁努责，初期使用开塞露后或软皂灌肠后，排便顺畅，随着病情发展，开塞露失去作用。

临床症状主要包括持续性便秘、流涎、呕吐、食欲时好时坏和体重持续下降。腹部触诊见结肠充满粗大的长条状硬粪。

三、影像学诊断

（一）X线平片

可见高密度粪便充满整个结肠，从回盲口至骨盆腔入口处均见结肠扩张，骨盆腔入口处的高密度粪便直径大于骨盆腔入口直径（图 10 - 34）。

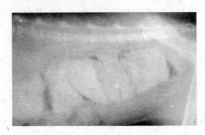

图 10 - 34　犬巨结肠
结肠扩张直径大于骨盆腔入口直径

（二）X 线造影

在高密度造影剂下可见异常扩展的结肠。

第十五节　便　　秘

便秘是动物消化道常见的一种症状。多由于粪便在肠内停留过久，水分太少引起，表现为大便干结，患病动物排便费力、排出困难。同时伴有腹胀、腹痛、恶心、食欲减退、口臭、全身无力等症状，有时可在患犬小腹左侧摸到包块（即粪便）及发生痉挛的肠管。多发生于老年犬、猫。

一、发病原因

（一）不良的饮食和排便习惯

由于进食量不多或食物过于精细，没有足够的食物纤维以致食物残渣太少；经常采食骨头，饮水不足及肠蠕动过缓，导致从粪便中持续再吸收水分和电解质；犬缺乏运动，使体内肠蠕动不够；排便也与条件反射有关，有规律的良好的排便习惯，可定时产生强烈的排便感，相应的，无规律的不良排便习惯则容易引起便秘。

（二）内分泌紊乱

常发生于甲状腺功能低下、低钙血症、高钙血症、糖尿病、催乳素升高、雌激素降低、铅中毒等。

（三）药物因素

长期滥用泻药，使肠道的敏感性下降，形成对泻药的依赖性。中枢抑制药如吗啡、鸦片等能降低排便反射刺激的敏感性；抗胆碱药能减低肠道平滑肌的张力；抗酸药如次碳酸铋、氢氧化铝等的收敛作用也可引起便秘。

二、临床与病理

根据引起便秘的疾病的不同，可有不同的临床症状。主要症状为排便次数减少，一般少于每周 2 次，粪便干结，排出的粪便有时呈羊粪状，排出困难。

三、影像学诊断

X 线检查可见结肠扩张，内有大量粪渣，使其密度增高（图 10 - 35）。X线平片可显示便秘部位和肠道积粪数量。

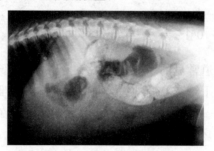

图 10 - 35　便秘引起肠道积粪

第十六节　肝脏肿瘤

肝脏肿瘤是指发生在肝胆系统的原发性或转移性肿瘤。

一、发病原因

肝脏肿瘤发病原因复杂，包括内因和外因两方面。外因是指外界环境中各种可能使宠物致癌的原因，包括化学性、物理性、生物性的原因；内因是指机体抵抗肿瘤的能力降低。

肝脏肿瘤有原发性和继发性两种类型。犬、猫临床常见的原发性肝脏肿瘤包括肝细胞瘤、肝细胞癌、胆管癌和血管瘤。常见的转移性肝脏肿瘤主要来自于乳腺癌、心脏或脾脏的血管肉瘤、胰腺癌等。

二、临床与病理

犬的肝细胞瘤在体积不大时，一般没有症状；当体积较大，压迫邻近脏器时出现临床症状，并可经腹壁触及。原发性恶性肿瘤对肝脏的破坏明显，引起较严重的临床症状。丙氨酸氨基转移酶和碱性磷酸酶极度升高，同时伴发血清总胆红素升高。血清球蛋白升高而白蛋白下降。患病宠物厌食、体重减轻、腹水和黄疸。

三、影像学诊断

（一）X线检查

X线检查可见肝脏阴影扩大，在发病肝叶上能显示数量不等、大小不一的高密度肿瘤阴影（图 10-36、图 10-37）。气腹造影则能更清楚地显示肝脏的轮廓和肿瘤的形态；钡餐造影显示增大的肝脏将其邻近的胃和结肠向后推移。

（二）B超检查

肿瘤的声像图随肿瘤性质不同而异。原发性肝癌表现为肝脏肿大，在肝实质内有癌肿结节样图像，肿块回声可表现为多种类型，有低回声、等回声、高回声、混合回声和弥漫型回声（图 10-38 至图 10-41）。肝脏转移性肿瘤声像图表现为肝内多个结节性肿块（图 10-42），其图像有多种类型。

淋巴肉瘤是最常见的肝脏肿瘤。这种肿瘤的浸润过程可导致弥漫性肝肿大，也可出现淋巴结节。通过直肠探查或腹部用超声显像法检查，均可发现淋巴肉瘤。

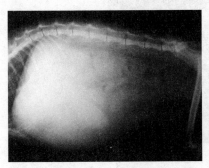

图 10-36　犬肝脏肿瘤

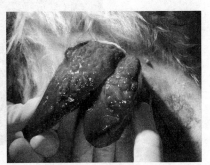

图 10-37　犬肝脏肿瘤

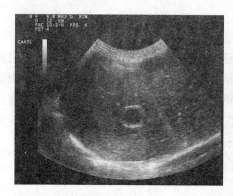

图 10 - 38　肝脏肿瘤
　　　　结节状

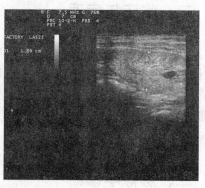

图 10 - 39　肝脏肿瘤

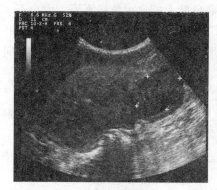

图 10 - 40　肝脏肿瘤

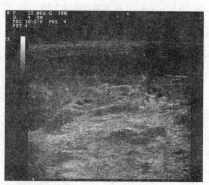

图 10 - 41　肝脏肿瘤

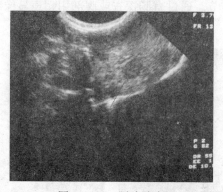

图 10 - 42　肝脏肿瘤

第十七节 肝 肿 大

肝肿大指肝脏体积增大，可由许多疾病引起。

一、发病原因

肝肿大是由多种原因引起的，可见于肝肿瘤、肝炎、右心衰竭所致的肝充血、肝脂肪变性、肝结节性增生、肝或胆道囊肿、肝脓肿及肝血肿等。

二、影像学诊断

X线检查可发现肝肿大并可判断肿大的程度，但一般不能鉴别肝肿大的原因和疾病的性质。

（一）侧位 X 线平片

在侧位 X 线平片上可见肝的后下缘后移，超出最后肋弓一个肋宽以上（图 10 - 43）。肝后缘变钝，在腹腔内有适量脂肪的情况下，肝后缘轮廓显示得较清楚；胃后移，胃轴向后下方倾斜并与肋骨形成一定角度，幽门向后背侧移位。

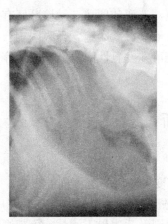

图 10 - 43 肝脏增大

（二）腹背位 X 线片

在腹背位 X 线片上，可见胃体和幽门向左后方移位；经胃造影后则能更清楚地显示。

（三）气腹造影

气腹造影能清楚显示肿大肝的轮廓、肿大范围及肝表面的形态。胸腔积液、积气和肺气肿等疾病也可引起肝和胃后移，应注意鉴别。

第十八节　肝　脓　肿

肝脓肿是各种化脓性细菌感染致使肝脏形成脓性病灶，大小不等，单个也可能是多个。

一、发病原因

常见细菌有链球菌、葡萄球菌、绿脓杆菌和大肠杆菌等。

寄生虫侵袭胆道继发感染时，细菌可沿胆道上行，感染肝脏而形成肝脓肿；消化道、腹腔和盆腔炎症时经门脉系统侵入肝脏；细菌性心内膜炎等败血症时，细菌经肝动脉侵入肝脏，以上均可导致肝发生脓肿。

二、临床与病理

病犬出现间歇性高热，消瘦和便秘，触诊肝区有疼痛反应。

重症病例精神高度沉郁，食欲废绝，呼吸困难，胸部触诊敏感等。若脓肿破溃，脓汁进入腹腔，则可并发急性腹膜炎，若治疗不及时则预后不良，本病死亡率较高。

三、影像学诊断

（一）B超检查

B超检查根据病理演变，脓肿处有不同的表现。

1. 脓肿初期　由于脓肿尚未液化，病变在肝脏局部显示为低至中等回声区，形态呈类圆形或不规则形，边界不清楚、不规则，内有粗大的光点或不规则稍强光团。后方回声可轻度增强。

2. 脓肿形成期　脓肿液化不全时，内呈蜂窝状，不规则无回声区内夹杂光点和高回声光团，有脓肿壁存在，但不平整，边缘也不平滑，后壁和后方回声轻度增强。脓肿完全液化时，一般无回声较均匀（图 10 - 44），仅有少许光点回声。暗区周边轮廓清晰，有的外周可见回声增强带即脓肿壁，壁的内缘不平整，呈"虫蚀状"，壁外周可有弱回声环绕（声晕）。后壁和后方回声增强，有内收的侧边声影。有的可出现自上而下的由细到粗的分层，转动体位时分层消失，内可见弥漫的光点漂浮，静卧后漂浮光点逐渐沉降并恢复分层现象。如脓液浓稠并含有较多坏死组织时，脓肿呈较均匀的低回声，易误认为实质性病变。慢性肝脓肿壁较厚，不光滑，回声较强。脓肿内的坏死物多，呈不规则的光团与光点。肝脓肿吸收期表现为脓肿暗区逐渐缩小，内可有残存的光团回声，最后无回声区消失，或仅残留小的高回声斑块，以后也逐渐消失或形成钙化斑。

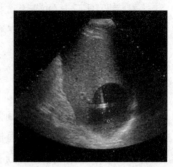

图 10 - 44　肝脓肿穿刺

（二）彩色多普勒和频谱多普勒表现

脓肿初期，因病变区有明显的充血水肿，病灶内及边缘可见斑点状或条状的彩色血流，频谱显示为搏动型小动脉血流，为低阻力型。脓肿液化后，在脓肿的周边可检出较丰富的血流信号，有的在脓肿壁上也可见血流显示，频谱显示主要为阻力指数降低的动脉型血流，也可有连续的静脉型血流显示，但无畸形的或高速的（有动-静脉瘘）血流显示。

（三）声学造影表现

依肝脓肿内液化情况不同而有不同的表现。

肝脓肿内部完全液化后的典型造影增强表现为动脉相病灶周边环状增强，中央无增强；门脉相周边为高回声环状增强或等回声增强，中央无增强；延迟相增强的部分无明显消退。

液化不全的肝脓肿，病灶内部呈分隔增强或呈网状增强。肝脓肿所在的肝段可因炎症反应增强高于其他肝段。

第十九节　胆　结　石

胆结石症是指胆囊、胆管内有结石，常合并胆囊炎，从而使患病宠物反复出现疝痛、黄疸和体温升高的一种慢性疾病。胆结石含有胆固醇、胆色素等成分，其形状、大小、数量不一。

一、发病原因

发病原因不十分清楚，推测其可能的病因包括胆汁瘀滞、肝胆系统炎症或感染、胆汁成分发生变化，也可能与食物有关。

二、临床与病理

犬和猫胆结石形成机制尚不十分清楚，经分析可知胆结石中胆固醇含量比人的胆结石低。胆结石含有胆固醇、胆红素、钙、镁和草酸盐等。胆结石一般无明显症状，当胆囊结石嵌在胆囊颈部时，可导致胆囊内压力升高，胆汁酸刺激胆囊黏膜，造成炎症、水肿、充血、渗出，引起胆囊炎。相应表现出腹痛、呕吐、腹泻、脱水及黄疸等症状。

三、影像学诊断

阳性结石经 X 线检查即可显示，阴性结石需做胆囊造影；胆囊结石首选 B 超检查。

（一）X 线检查

X 线检查可显示阳性结石，常堆积在胆囊内，结石形状、大小和数量不定，表现为高密度阴影。造影检查用于发现阴性结石，胆囊造影常显示为多数成堆充盈缺损，呈圆形或多边形。

（二）B 超检查

胆囊内有胆结石形成时，其典型的声像图有下列特点。

胆囊内出现强回声光团，由于结石的形态、大小不同，强回声可以呈斑点状或团块状（图 10 - 45）；散在球形结石多呈新月形或半圆形（图 10 - 46）。结石强回声明亮稳定、边界清楚，并伴有声影。声影边缘锐利、明晰，其内无多重反射回声。有时强回声不明显而声影显著。

非典型胆囊结石的声像图表现：

1. 充满型结石　位于胆囊窝的正常胆囊液性透声腔消失，囊壁明显增厚，胆囊轮廓的前壁呈弧形或半月形中等或强回声带，胆囊腔被不规则的强回声及后方的宽大声影取代，至胆囊的后壁完全不显示。

2. 胆囊颈结石　当结石嵌顿于胆囊颈部时，由于囊壁与结石紧密接触，

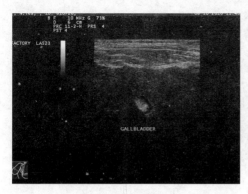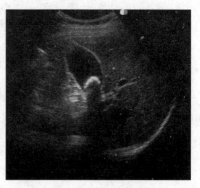

图 10 - 45　胆结石
胆囊团状强回声

图 10 - 46　胆结石
半月强回声及后方声影

其间无胆汁衬托，强回声减弱，声影混淆，检查者若不留意，容易漏诊，需多切面扫查，通过胆囊肿大和颈部的声影进行诊断；若颈部结石尚未嵌顿，周围有胆汁衬托，在横断面上出现"靶环征"，则较易诊断。

3. 胆囊泥沙样结石　泥沙样结石沉积在胆囊最低位置，形成沿胆囊壁分布的强回声带，后方有弱声影（图 10 - 47）；如颗粒较粗或沉积较厚，则不难诊断。结石细小、沉积层较薄的可能无明显声影，仅表现为胆囊后壁较粗糙，回声稍增强，极易与胆囊后壁的增强效应相混淆。让宠物变动体位，实时观察结石的移动，对诊断泥沙样结石有较大的帮助（图 10 - 48）。

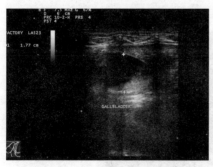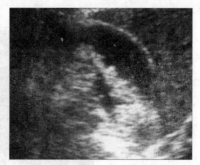

图 10 - 47　胆囊泥沙样结石

图 10 - 48　胆囊泥沙样结石
变换体位结石流动

第二十节　胆　囊　炎

胆囊炎是细菌性感染或化学性刺激（胆汁成分改变）引起的胆囊炎性病

变，为胆囊的常见病。

一、发病原因

胆囊炎常与胆结石合并发生。患胆囊炎时，由于充血、水肿及细胞浸润，可使胆囊壁增厚，胆囊呈不同程度肿大，可因反复发作而使胆囊与周围组织粘连。

二、临床与病理

胆囊发生炎症后会出现胆囊壁充血，黏膜水肿，上皮脱落，白细胞浸润，形成坏死和溃疡，并与周围组织粘连，胆汁也变得混浊，最后化脓，胆囊腔内充满脓液，随胆汁流入胆总管，引起括约肌痉挛，造成胆管炎。发展下去，将导致胆囊坏死，穿孔。

三、影像学诊断

胆囊炎的声像图特征为胆囊增大，形状呈圆形或椭圆形，轮廓不光滑。胆囊壁弥漫性增厚，呈高回声带，其间为低回声带，表现为"双边征"。胆囊内出现稀疏或密集的光点回声，后方无声影。若胆囊内有结石，则可见结石高回声伴后方声影（图 10 - 49）。

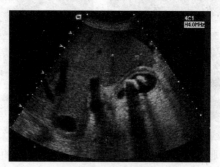

图 10 - 49　胆囊炎双边征及胆囊结石后方伴声影

第二十一节　腹　　水

腹水指腹腔内液体非生理性潴留的状态。潴留液分为炎性渗出液和非炎性漏出液。腹水不是一种疾病，只是一种继发症状。

一、发病原因

（一）渗出液的贮留原因

包括腹膜炎及癌性腹膜炎，腹膜通透性异常增强而且吸收功能降低，淋巴管阻塞造成渗出性腹水。

（二）漏出液的贮留原因

1. 低蛋白血症　因膜性肾小球肾炎及肾病选择性低蛋白血症引起血清胶体渗透压降低，使组织间液增多而产生腹水。长期食用低蛋白饮食，也可引起低蛋白性腹水。

2. 肝实质障碍　因肝内血流障碍而引起门脉压增高，肝静脉流出障碍，肝淋巴液增加和漏出，肝脏合成蛋白的功能减弱，非活性醛固酮增加使水、钠潴留而发生腹水。

3. 心脏功能不全　因肾功能减弱，钠排泄障碍，水潴留及毛细血管压升高造成组织间液增多，表现水肿和腹水。

二、临床与病理

腹围膨隆，腹水未充满时腹部呈梨形下垂，腹水充满时腹壁紧张呈桶状。腹部触诊有波动感，随体位变换表现不同的水平面。

背侧脊柱和肋骨显露，渐进性消瘦，食欲减退和呕吐，不耐运动。因腹内压增高，横膈膜及腹肌运动受阻而压迫胸腔致使循环障碍、呼吸加速甚至呼吸困难，脉搏异常增加。

根据特征性的临床症状，结合腹腔穿刺及X线检查可以确诊。穿刺使用18号注射针，于脐和耻骨前缘之间腹部正中线偏左或偏右刺入，可抽出腹水。注意鉴别漏出液和渗出液，同时要与肥胖症、卵巢肿瘤、子宫蓄脓、膀胱麻痹及渗出性腹膜炎相区别。

三、影像学诊断

（一）X线检查

腹部膨大，全腹密度增大，影像模糊，腹腔器官影像被遮挡，有时可见充气的肠袢浮集于腹中部，肠袢间隙增大（图 10 - 50）。站立侧位水平投照时，下腹部的密度明显高于背侧部，肠袢漂浮于背侧液面上。

（二）B 超声像图

超声探测腹腔积液，可探出积液的厚度，估算出积液的量。在需要穿刺放液时，利用超声探查可提示穿刺部位、进针方向、角度和深度，并可在整个病程中监视病情的发展和结局。超声探查部位在下腹壁或侧腹壁均可。

在用 B 型超声诊断仪扫查时，若存在的液体是清亮（均质）的，由于没有声学界面就不产生回声，于是腹水显示为液性暗区（图 10 - 51 至图 10 - 54）。在浆膜面上若有纤维蛋白条状物存在，则有条块强回声（图 10 - 55），提示有严重的炎症反应。超声显像法可用于证实腹水的存在，也可根据液体性质（清亮或混合的）判断疾病侵害的程度，确定最佳穿刺部位。

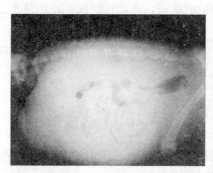

图 10 - 50 腹 水

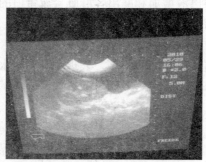

图 10 - 51 腹 水

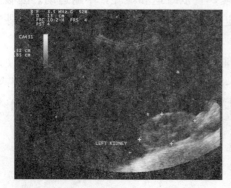

图 10 - 52 腹 水

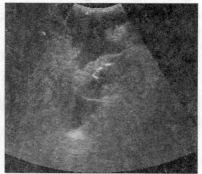

图 10 - 53 腹 水

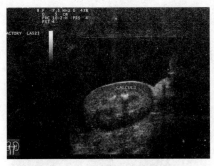

图 10 - 54 腹水肾结石

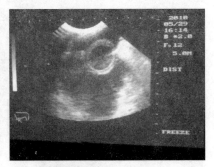

图 10 - 55 腹 水

第二十二节 腹腔肿块

腹腔内器官由于各种原因而发生肿大、膨胀、增生、粘连或移位，导致腹部形成异常肿块。腹腔肿块有些是来源于泌尿生殖器官，有些是来源于肠、肝、脾、胰等器官。

一、发病原因

腹部肿块的常见原因有生理性肿大，如饱食的胃、妊娠子宫等；病理性肿大如肝、脾、胰肿大及胆囊等空腔器官的膨胀，各种增生的肿瘤，炎性组织的粘连（腹内脓肿）；另外，还可见于腹内脏器的移位，如游走肾、移位脾。

二、临床与病理

病理性肿块有囊性肿块、实质性肿块和混合性肿块。这些肿块可起自不同的组织器官，病理性质也有区别，故在临床上表现出相应的症状和并发症。比如当恶性肿瘤形成肿块时，除有疼痛外还会出现腹水；而良性肿瘤时，随肿瘤体积的增大则出现对邻近器官的压迫症状。腹腔脓肿时，经腹部触诊可扪及肿块及局部压痛并有感染症状。

三、影像学诊断

（一）X 线检查
当肿块足够大时，X 线平片可以显示。

　　肿块影像多表现为均质的软组织密度块影，有较清晰的边界（图10－56至图10－61）。

　　当腹腔内积有较多液体时，由于其遮挡而使肿块影像模糊不清，应先将腹水放出一部分再拍片。

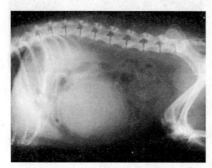

图10－56　腹腔肿块

脾肿瘤

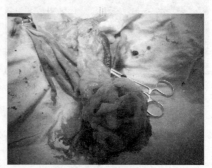

图10－57　腹腔肿块

脾肿瘤，实物见图10－56

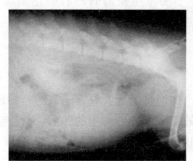

图10－58　腹腔肿块

隐睾肿瘤

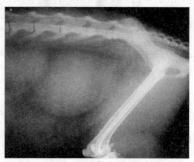

图10－59　腹腔肿块

肾与膀胱

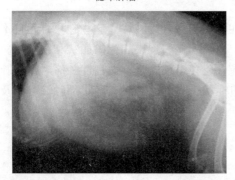

图10－60　巴贝斯虫致脾脏肿大

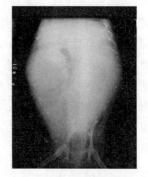

图10－61　腹腔肿块

蓄脓的子宫

应用气腹造影则能更清楚显示肿块影像。

应用相应的造影技术，根据脏器的形态变化和移位情况判断肿块的原发位置。如胃后移常提示为肝肿大；腰下肿块可使腹腔器官向腹侧移位。

（二）B超检查

B超检查可以鉴别肿块的性质、形态轮廓、肿块的来源及肿块与邻近脏器的关系。

囊性肿块表现为无回声区，肿块暗区边缘光滑、清晰。

实质均质性肿块内部均匀分布，其中有中等强度光点回声或强光点回声；实质非均质肿块内部回声多变、强弱不等、分布不均，间有低回声区，边缘轮廓不规则；实质浸润性肿块内部回声极不均匀，多数可见强光团回声，肿块边缘不规则，轮廓不清晰。混合性肿块多为囊性和实质性混合存在，肿块区有上述两种及以上的图像同时存在（图 10 - 62、图 10 - 63）。

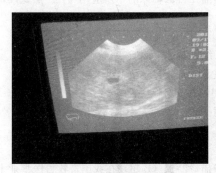

图 10 - 62　腹腔肿块
睾丸肿瘤

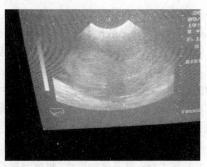

图 10 - 63　腹腔肿块

参 考 文 献

柴春彦，刘国艳，李文范，1999. 犬消化道 X 线造影检查 ［J］. 中国兽医学报，19（5）：483-485.

柴春彦，刘国艳，李文范，2000. 犬胆囊 X 线造影检查方法的研究 ［J］. 中国兽医科技，30（3）：30-32.

陈白希，1994. 兽医 X 线诊断学 ［M］. 北京：中国农业大学出版社.

陈灿贤，1999. 实用放射学 ［M］. 北京：人民卫生出版社.

陈兆英，张成林，张一国，1996. 超声断层扫描在兽医临床的初步应用 ［J］. 黑龙江畜牧兽医（12）：31-33.

陈兆英，1997. 超声诊断技术在小动物的应用 ［J］. 中国兽医杂志（10）：1-22.

董悦农，杨万莲，2003. 犬椎间盘突出症的 X 线诊断 ［J］. 当代畜牧（4）：1-6.

何英，叶俊华，2003. 宠物医生手册 ［M］. 沈阳：辽宁科学技术出版社.

侯加法，2002. 小动物疾病学 ［M］. 北京：中国农业出版社.

李树忠，2009. 动物 X 线实用技术与读片指南 ［M］. 北京：中国林业出版社.

林德贵，2004. 兽医外科手术学 ［M］. 北京：中国农业出版社.

刘小峰，耿德良，2004. X 线分析与诊断 ［J］. 医用放射技术杂志（24）：87-90.

卢正兴，论士春，陈兆英，1995. 超声断层扫描诊断仪（B 超）在我国畜牧兽医事业上的应用前景 ［J］. 中国兽医杂志，21（11）：53-54.

卢正兴，1995. 兽医放射学 ［M］. 北京：北京农业大学出版社.

论士春，陈兆英，1994.130 例犬猫疾病 B 超诊断分析 ［J］. 中国兽医科技，24（10）：39-40.

秦效苏，刘宏祥，等.1991. 犬胃内异物的 X 线诊断 ［J］. 中国兽医杂志，17（11）：19-20.

邱德正，沈天真，陈星荣.1996. 午前与晚间胃气钡双对比造影检查的比较 ［J］. 中华放射学杂志，30（6）：411-412.

荣独山，1963. X 线诊断学 ［M］. 北京：人民卫生出版社.

尚克中，俞暄，过美娟，1985. 胃肠道双对比影像成像原理的实验研究及临床应用 ［J］. 中华放射学杂志，19（4）：197-200.

施海彬，刘圣，等，2005. 犬急性脑栓塞模型的建立及 CT 灌注成像早期诊断的研究 ［J］. 介入放射学杂志（2）：1-5.

孙大丹，李京城，等，1994. 犬消化道异物的诊断和治疗 ［J］. 吉林畜牧兽医（4）：7-8.

王贵，刘桂荣，刘志荣，1996. 犬胃肠道疾病的超声诊断 [J]. 毛皮动物饲养 (1)：24 - 25.

吴建光，熊道焕，1999. 小动物腹部超声显像探查技术 [J]. 动物医学进展，20 (4)：18 - 21.

谢富强，潘庆山，1995. 犬食管扩张及 X 线诊断 [J]. 中国兽医杂志 (9)：1 - 10.

谢富强，2004. 兽医影像学 [M]. 北京：中国农业大学出版社.

杨德吉，范涤，尚学东，1996. 犬的人工肠套叠初期钡灌肠影像观察 [J]. 中国兽医科技 (7)：1 - 9.

杨灵捷，彭广能，石锦江，等，2008. 犬下颌骨骨折钛板内固定治疗病例 [J]. 中国兽医杂志，44 (8)：67 - 68.

杨文革，刘双，赵雅芝，等，2003. 犬胃内异物及其诊断 [J]. 黑龙江畜牧兽医 (3)：27 - 28.

姚志兰，傅宏庆，卓国荣，等，2011. 犬肠套叠的影像诊断与手术治疗 [J]. 湖北畜牧兽医 (5)：16 - 17.

张里仁，2000. 医学影像设备学 [M]. 北京：人民卫生出版社.

赵凯，田文儒，刘焕奇，等，2000. 超声诊断技术在兽医产科上的应用 [J]. 黑龙江畜牧兽医 (9)：39 - 40.

赵陆章，1991. 关于家畜妊娠超声检诊技术临床应用的几点看法 [J]. 中国兽医科技，21 (5)：39 - 40.

周更生，宁志华，1991. 超声诊断技术在畜牧兽医临床上的应用前景 [J]. 江西畜牧兽医杂志 (1)：47 - 49.

周庆国，邓富文，何锐灵，等，2004. 犬消化道与泌尿道 X 线造影方法探讨 [J]. 动物医学进展 (3)：1 - 9.

卓国荣，丁明星，2007. 犬膀胱尿道结石病因分析及临床手术治疗体会 [J]. 黑龙江畜牧兽医 (8)：31 - 33.

卓国荣，卢炜，等，2011. 犬呼吸道异物影像诊断与手术治疗 [J]. 湖北畜牧兽医 (10)：18 - 20.

卓国荣，万世平，2011. 犬泌尿系结石 X 射线与 B 超对比诊断研究 [J]. 黑龙江畜牧兽医 (12)：41 - 43.

卓国荣，周红蕾，张斌，2011. 犬子宫蓄脓 B 超及 X 线诊断与手术疗法 [J]. 湖北畜牧兽医 (2)：22 - 23.

Arlence Coulson，Noreen Lewis，2008 犬猫 X 线解剖图谱 [M]. 谢富强主译. 北京：中国农业出版社.

Christopher R，Jon L.，1988. The Firb Twenty-one Years of Veterinary Diagnostic Ultrasound. ABioholography [J]. Veterinary Radiology，29：37 - 45.

England G C W.，1992. Ultrasound evaluation of pregnancy and spontaneous embryonic resorption in the bitch [J]. Journal of small Animal Practice，33 (9)：430 - 436.

England G C W., 1996. Renal and hepatic ultrasonography in the neonatal dog [J]. Veterinary Radiology and Ultrasound, 35 (5): 391 - 397.

Espada Y, Ruiz de, Gopegui R., 1998. Diagnosis of splenomegaly using ultrasound and cytology [J]. Medicine Veterinary, 15 (5): 281 - 285.

Gilenko I A, Demianiuk D Q Dikhtenko G L., 1993. The diagnosis and treatment of patients with foreign bodies in the stomach and intestines [J]. Klin Khir (2): 15 - 17.

Hanson J A, Tidwell A S., 1996. Ultrasonographic appearance of urethral cell carcinoma in ten dogs [J]. Veterinary Radiology and Ultrasound, 37 (4): 293 - 299.

J. Kevin Kealy, Hester McAllister, 2006. 犬猫 X 线与 B 超诊断技术 [M]. 谢富强主译. 4 版. 沈阳：辽宁科技出版社.

H00. Schebitz, H. Wilkens, H. Waibl, et al, 2009. 犬猫放射解剖学图谱 [M]. 熊惠军主译. 沈阳：辽宁科技出版社.

图书在版编目（CIP）数据

宠物医师临床影像手册／张红超，卓国荣，刘建柱
主编 .—北京：中国农业出版社，2017.9
（执业兽医技能培训全攻略）
ISBN 978-7-109-18946-1

Ⅰ．①宠… Ⅱ．①张… ②卓… ③刘… Ⅲ．①兽医学
－影像诊断－手册 Ⅳ．①S85-62

中国版本图书馆 CIP 数据核字（2015）第 093026 号

中国农业出版社出版
（北京市朝阳区麦子店街 18 号楼）
（邮政编码 100125）
责任编辑 周锦玉

北京中兴印刷有限公司印刷 新华书店北京发行所发行
2017 年 9 月第 1 版 2017 年 9 月北京第 1 次印刷

开本：720mm×960mm 1/16 印张：24
字数：400 千字
定价：68.00 元
（凡本版图书出现印刷、装订错误，请向出版社发行部调换）